Dr. Cornelie Jäger

DIE SACHE MIT DEM SUPPENHUHN

Wie landwirtschaftliche Tierhaltung endlich allen gerecht wird

Inhalt

2

Vorwort

Landwirtschaftliche Tierhaltung war in Deutschland noch nie zuvor so breiter öffentlicher Kritik ausgesetzt wie in den zurückliegenden Jahren. Häufige Kritikpunkte beziehen sich auf das eingeschränkte Wohlbefinden landwirtschaftlich genutzter Tiere und die Auswirkungen der Tierhaltung auf die Umwelt. Viele Konsumenten erwarten inzwischen erkennbare Anstrengungen der Tierhalter für mehr Tierschutz bei Wiederkäuern, Schweinen und Geflügel neben einem effektiven Schutz der natürlichen Ressourcen.

Gleichzeitig hatte die Mehrheit der Bevölkerung noch nie so wenig regelmäßigen Kontakt zu landwirtschaftlich gehaltenen Tieren. Deshalb ist der erfahrene Umgang mit Fragen zur Tiernutzung seltener geworden. Die Verunsicherung der Bevölkerung über Art und Ausmaß der zumeist theoretisch erlebten Haltung landwirtschaftlich genutzter Tiere hat zugenommen. Dabei bietet die größere Distanz vieler Menschen zur landwirtschaftlichen Tierhaltung auch die Chance zur konstruktiven Reflexion der gesamten Thematik.

Auch unter den Tierhaltern gibt es einige selbstkritische Stimmen. Häufiger ist jedoch zu beobachten, dass Tierhalter fast reflexartig die derzeitige Praxis und die bisherigen Zielsetzungen ihrer Tätigkeit verteidigen und sich zu Unrecht angeprangert fühlen. Zur öffentlichen Kritik kommt die schwierige wirtschaftliche Lage vieler tierhaltender Betriebe hinzu. Manche Landwirte fühlen sich deshalb existenziell bedrängt und lehnen zusätzliche Anforderungen an die Tierhaltung ab. Vor diesem Hintergrund ist die öffentliche Debatte häufig von mangelnder gegenseitiger Akzeptanz und fortschreitender Entfremdung geprägt.

Neben der vielfach emotional geführten Auseinandersetzung, ob und wie die Nutzung von Tieren ethisch vertretbar ist, gibt es eine Vielzahl an fachlichen Fragestellungen, die im Zusammenhang mit der landwirtschaftlichen Tierhaltung bedacht werden müssen. Das

Spektrum dieser Fragen umfasst die Bedeutung der landwirtschaftlichen Tierhaltung für die menschliche Ernährung oder für die Kulturlandschaft ebenso wie Problemstellungen im Zusammenhang mit der Gülle oder der Vermarktung von Lebensmitteln tierischer Herkunft. Bei einigen dieser Fragestellungen entstehen Zielkonflikte, bei deren Lösung Tierwohl, Umweltschutz und Ökonomie sorgfältig gegeneinander abgewogen werden müssen.

Aus Kapazitätsgründen werden die Darstellungen in diesem Buch zumeist auf die in Deutschland herrschenden Bedingungen und die wichtigsten landwirtschaftlich genutzten Tierarten in dieser Region begrenzt, ohne allerdings die internationalen Auswirkungen zu vergessen. Ausgeklammert bleiben außerdem der Transport und die Schlachtung von landwirtschaftlich genutzten Tieren, weil der Fokus auf der Haltung der Tiere und ihren Auswirkungen liegen soll. Zur Illustrierung der Problemstellungen werden mehrfach Daten und Fakten aus der Hühnerhaltung in Form von Kasten speziell beleuchtet. Einige grundlegende Informationen werden außerdem in gesondert gekennzeichneten Textabschnitten, den Infoboxen, vorgestellt.

Ziel des Buches ist es, die Leserinnen und Leser in die Lage zu versetzen, gut informiert die notwendigen Abwägungen für ihre eigene Einstellung zur landwirtschaftlichen Tierhaltung und das persönliche Konsumverhalten vorzunehmen. Außerdem soll begründet werden, warum eine moderne Gesellschaft landwirtschaftliche Tierhaltung benötigt, wie diese – auch und gerade im Hinblick auf das Wohlbefinden der Tiere – ausgestaltet werden müsste und wo ihre Grenzen liegen.

Schließlich wird aus den vorangegangenen Überlegungen der Vorschlag für ein Leitbild einer gesamtgesellschaftlich akzeptablen Haltung und Nutzung von Tieren abgeleitet. Falls es sich dabei um ein mehrheitsfähiges Modell künftiger Tierhaltung handelt, kann ein solches Leitbild zur Handlungsanleitung für Politik und Gesellschaft ausgebaut werden und der Planungssicherheit bei den Tierhaltern dienen. In einem letzten Abschnitt werden deshalb Entwicklungsschritte und notwendige Rahmenbedingungen für die Realisierung des Leitbilds vorgeschlagen, in der Hoffnung, so die eingangs geschilderten Konflikte überwinden zu helfen.

Vereinfachend wird in diesem Buch auf die durchgängige Nennung beider Geschlechter verzichtet. Es sind jedoch stets beide gemeint.

Mein besonderer Dank gilt meinen wohlwollend-kritischen Probelesern, allen voran Vera Schmid-Dannert, Maxi Karpeles, Stefanie Paprotka und Wolfgang Reimer.

Stuttgart, im April 2018

Cornelie Jäger
(Landesbeauftragte
für Tierschutz a. D.)

6

Einleitung

Eine herkömmliche Legehenne im 21. Jahrhundert legt während einer Legeperiode, also innerhalb von rund 50 Wochen, über 300 Eier.[1] Bei einem durchschnittlichen Gewicht von 60 g pro Ei sind das knapp 20 kg Eimasse und damit das Zehnfache des Körpergewichts des Huhns. Diese Leistung verbunden mit den aktuellen Haltungssystemen ermöglicht, in Deutschland zehn Eier für einen Preis von deutlich unter 2 Euro zu kaufen. Allerdings ist diese Leistung auch mit dem Abbau von Knochensubstanz bei den Hühnern, einer erheblichen Zahl von Todesfällen und häufig mit Federpicken oder Kannibalismus verbunden. Die Auswirkungen dieser beiden Störungen versuchte man jahrzehntelang durch das routinemäßige Kupieren der Hühnerschnäbel direkt nach dem Schlüpfen der Küken zu begrenzen. Das Kupieren des Schnabels ist ein Eingriff, der nicht nur unbelebte Hornsubstanz, sondern auch schmerzempfindliche Gewebe wie Knochenhaut, Blutgefäße und Nervengewebe betrifft. Der Anfang eines Legehennenlebens wird außerdem meistens dadurch begleitet, dass die männlichen Individuen der Legehühnerhybridzucht unmittelbar nach dem Schlüpfen getötet und in der Regel als Tierfutter vermarktet werden. Am Ende des Lebens als Legehuhn stehen schließlich die Schlachtung und die Vermarktung des Tierkörpers zu einem so niedrigen Preis, dass der Erlös häufig die Kosten des Abtransports und der Schlachtung nicht deckt.

Diese Darstellung lässt beispielhaft erkennen, dass es Entwicklungen bei der Haltung und Nutzung von Tieren gibt, die zu Recht irritieren und Kritik hervorrufen. Über viele Generationen war die Hühnerhaltung mit dem Ziel, Eier und Fleisch zu gewinnen, ein weit verbreiteter Bestandteil landwirtschaftlicher Tierhaltung und ein wichtiges Element der Grundversorgung großer Bevölkerungsteile. Eier galten über Jahrhunderte als wertvolles Nahrungsmittel und Hühnerfleisch war begehrt. Hühnersuppe stand in dem Ruf, hervorragende Krankenkost zu sein, und der steigende Verzehr von gebratenem oder gegrilltem Mastgeflügelfleisch kann bis zur Jahrtausendwende geradezu als Sinnbild für bürgerlichen Wohlstand verstanden werden. Inzwischen ist besonders die Vermarktung von Suppenhühnern schwierig geworden. Eine ehemalige Legehenne zu einer Mahlzeit zu verarbeiten, passt heute kaum mehr in den Tagesablauf berufstätiger Menschen. Grillhähnchen sind mittlerweile zu Fastfood mit Unterschicht-Image verkommen, und Eier werden allzu oft zu Schnäppchenpreisen angeboten, mit denen die Kosten der Erzeugung nicht gedeckt werden können. Was war geschehen?

Strukturwandel

Seit der zweiten Hälfte des 20. Jahrhunderts prägen grundlegende, fast umsturzartige Veränderungen die landwirtschaftliche Tierhaltung, die als Spätfolge der Industrialisierung verstanden werden können. Bevölkerungsexplosion, Verstädterung und zunehmende Beschäftigung außerhalb der Landwirtschaft, aber auch eine insgesamt bessere Versorgungslage gelten als Auswirkungen und Begleiterscheinungen der Industrialisierung in Mitteleuropa. In der Landwirtschaft mündeten diese Entwicklungen spät in einen oft schmerzhaften Strukturwandel, der dazu führte, dass ein Landwirt in Deutschland heute im Durchschnitt Nahrungsmittel für 135 bis 145 Menschen erzeugt, während es 1950 nur zehn und um 1900 etwa vier Personen waren.[2] Die Tierhaltung war von diesem Strukturwandel nicht ausgenommen. Versorgte ein Milchviehhalter 1960 im damaligen Westdeutschland noch durchschnittlich 5,4 Milchkühe[3], waren es 2016 bundesweit mit durchschnittlich rund 60 Kühen zehn Mal so viele, wobei deutliche regionale Unterschiede bestehen[4]. Noch stärkere Zunahmen der durchschnittlichen Bestandsgrößen lassen sich in der Schweine- und Geflügelhaltung verzeichnen.

Während die Zahl der tierhaltenden landwirtschaftlichen Betriebe zurückging, stieg die Zahl der pro Betrieb gehaltenen Tiere nahezu kontinuierlich an. Dieser Konzentrationsprozess, der einerseits durch technische Arbeitserleichterungen wie moderne Melkanlagen und automatisierte Entmistungssysteme möglich wurde, machte andererseits immer neue Veränderungen erforderlich. Die zunehmende Ausrichtung an arbeitswirtschaftlichen Erfordernissen, wie beispielsweise der Verzicht auf Einstreu, trug insgesamt dazu bei, dass die heutige Haltung von landwirtschaftlich genutzten Tieren von vielen Menschen als industrialisiert wahrgenommen und abgelehnt wird. Als besonders kennzeichnend werden die Böden aus Beton mit Spalten zum Durchtreten des Kots und für den Abfluss des Harns zusammen mit dem hohem Automatisierungsgrad in den Tierhaltungen wahrgenommen.

Die steigenden Anforderungen an die Biosicherheit, also das Bestreben, ganze Herden und Bestände vor Infektionen zu schützen, führten zeitgleich zu verschlossenen Stalltüren. Auf diese Weise gerieten insbesondere Schweine und Geflügel aus dem Blickfeld der Bevölkerung. Daraus wiederum erwuchs in Verbindung mit der abnehmenden Zahl von Tierhaltern eine Entfremdung, die die wachsende Skepsis vieler Verbraucher begünstigte. Ereignisse wie die BSE-Krise ab den 1990er-Jahren trugen dazu bei, dass viele Menschen durch die Kluft zwischen ihrem traditionell geprägten Bild von der Tierhaltung und deren Realität zusätzlich verunsichert wurden.

Viel Interesse – große Diskussion

Es verwundert daher nicht, dass die Diskussion über den Schutz und die Rechte von Tieren, die insbesondere seit den 1960er-Jahren von Großbritannien ausgehend an Intensität zunahm[5], inzwischen die Mehrheit der europäischen Bevölkerung[6] erreicht hat. Vorausgegangen waren vor allem in den letzten 200 Jahren bemerkenswerte Veränderungen im philosophischen und allgemeinen Verständnis der Tier-Mensch-Beziehung. Zunehmend wird den Tieren ein Eigenwert zugebilligt, was sich nicht zuletzt in der

9

Tierschutz-Rechtssetzung widerspiegelt. Gleichzeitig war es offenbar notwendig geworden, landwirtschaftlich genutzte Tiere im 21. Jahrhundert flächendeckender als jemals zuvor durch chirurgische Eingriffe, wie beispielsweise dem Kürzen der Ringelschwänze von Ferkeln oder der Schnäbel von Küken, an die Haltungsbedingungen anzupassen und dies mit dem Schutz der Tiere vor schwerwiegenderen Auswirkungen zu begründen. Ähnlich Widersprüchliches gilt für die häufig kurze Lebensdauer der Tiere bei zugleich angeblich optimierter Qualität der Tierhaltung.

Die Lage, in der sich die landwirtschaftliche Tierhaltung derzeit befindet, ist insgesamt durch solche Gegensätze und Zielkonflikte geprägt: Trotz zunehmender Kenntnisse über die Zusammenhänge in diesem Wirtschaftszweig, die Bedürfnisse der Tiere und die Voraussetzungen für eine zeitgemäße Tierhaltung in einer landwirtschaftsfernen Gesellschaft haben derzeit viele Menschen – tierhaltend oder konsumierend – den Eindruck, dass sich die landwirtschaftliche Tierhaltung in einer Sackgasse befindet. Um diese Situation zu überwinden, werden sich Tierhalter, Verarbeiter, Handel, Verbraucher und Agrarpolitik den zentralen Fragen und Kritikpunkten stellen und vor allem fachlich fundierte Antworten liefern müssen. Dies wird auch durch hochrangige aktuelle Gutachten deutlich. Für belastbare Antworten und eine tragfähige Perspektive der landwirtschaftlichen Tierhaltung wird es nicht ausreichen, die einzelnen Aspekte – Tiergerechtheit, Umweltverträglichkeit, Ethik, Wirtschaftlichkeit, Technik – gesondert zu betrachten.

Die Fragen, die im zweiten Teil des Buches erörtert werden sollen, reichen deshalb von der Versorgung der Menschen und Tiere über die Auswirkungen landwirtschaftlicher Tierhaltung auf Tiere, Umwelt und Klima bis zu den Einflussmöglichkeiten von Konsumenten und Handel. Für jede Problemstellung muss geklärt werden, ob und – falls ja – wie eine künftige Haltung und Nutzung von Tieren idealerweise aussehen sollte und wie eine Annäherung an diesen Zustand erfolgen kann, ohne die daraus entstehenden Zielkonflikte zu ignorieren.

Landwirtschaft ohne Tiere?

Trotz weitreichender sozialer und wirtschaftlicher Veränderungen für die gesamte mitteleuropäische Bevölkerung während der zurückliegenden zwei Jahrhunderte gleichen die biologischen Grundlagen und physiologischen Bedürfnisse der Menschen noch immer weitgehend denen ihrer steinzeitlichen Vorfahren. Menschen sind auch im 21. Jahrhundert omnivore Lebewesen, also Gemischtkostesser. Erheblich verändert hat sich allerdings, auf welche Weise der Bedarf an Nahrungsmitteln gedeckt wird oder gedeckt werden könnte. Es stellt sich deshalb die Frage, was die evolutionär „altmodischen" Menschen in einer neuzeitlichen, modernen Gesellschaft tatsächlich benötigen.

Mit zunehmender Schärfe und nicht ohne Grund wird die Vermutung formuliert, dass die erfolgreiche Expansion der Spezies Mensch zulasten der landwirtschaftlich genutzten Tiere und der natürlichen Ressourcen stattgefunden habe. Deshalb soll in diesem Buch gezeigt werden, inwieweit sich Tiernutzung auf die nähere und fernere Umgebung auswirkt. Dazu gehört zu prüfen, wie sich Landschaften mit und ohne Tierhaltung entwickeln einschließlich der Frage nach der langfristigen Bodenfruchtbarkeit. Ist es außerdem tatsächlich zutreffend, dass Rinder besonders klimaschädlich sind, während Mastgeflügel auf den ersten Blick durch eine vergleichsweise niedrige CO_2-Bilanz[7] überzeugen kann? Und welche Formen der Tierhaltung belasten das Grundwasser besonders stark oder führen zu schädlichen Wirkungen auf die Umwelt?

Im Hinblick auf die Tiere selbst stellt sich mit hoher Dringlichkeit die Frage, wie die Belastungen und Einschränkungen, denen sie offenkundig ausgesetzt sind, bewertet werden müssen. Lassen sich Tiergerechtheit und Tierwohl erfassen, gar messen, und was setzen sie voraus? Immer wieder sind es verstörende Berichte in den Medien, die Zweifel daran nähren, dass landwirtschaftlich genutzte Tiere im Deutschland des 21. Jahrhunderts rechtlich und tatsächlich ausreichend geschützt werden.

Was zählt für Verbraucher?

Auch wenn viele Antworten auf diese Fragen nicht allgemein bekannt sind, ist doch unbestritten, dass die Bürgerinnen und Bürger mit ihren Kaufentscheidungen – welche Kriterien auch immer dafür herangezogen werden – Einfluss auf den Agrarsektor haben. Dabei sind es nicht die Konsumenten alleine, die diesen Einfluss ausüben. Molkereien, Fleischwaren- oder andere Lebensmittelhersteller und der Einzelhandel greifen diese Entscheidungen auf. Häufig nehmen sie anstehende Konsumentscheidungen sogar vorweg, passen ihre Vermarktungsstrategie an und vervielfachen auf diese Weise den Effekt der individuellen Entscheidung. Für eine zukunftsfähige gesellschaftlich akzeptierte landwirtschaftliche Tierhaltung wird ausschlaggebend sein, welche Merkmale eines Produktes und seiner Entstehung künftig kaufbeeinflussend sein werden. Wird es weiterhin eine Dominanz des Preisargumentes geben oder können auch andere Merkmale an Bedeutung gewinnen? Das müsste einschließen, dass Verbraucher solche zusätzlichen Merkmale beim Einkauf erkennen können. Die Diskussionen und Vorschläge für mehr Transparenz in der Lebensmittelerzeugung sind mittlerweile so vielfältig geworden, dass viele Verbraucher den Überblick verlieren.

Die Vielfalt und Vielschichtigkeit der im ersten und zweiten Teil des Buches angerissenen Fragestellungen verweisen darauf, dass offenbar umfassende Abwägungen notwendig sind, um zu einer eigenen, fachlich differenzierten Einstellung gegenüber der Haltung und Nutzung von Tieren zu gelangen. Diese Abwägungen könnten dazu führen, dass sich die Einschätzung ändert, welche Arten und Methoden der Nutzung gerechtfertigt oder welche ethisch nicht mehr vertretbar sind.

Das Ringen um ein angemessenes Verhältnis von Menschen und Tieren, das offensichtlich immer breitere Kreise der Zivilgesellschaft erfasst, kommt nicht zuletzt in neueren tierhaltungskritischen Veröffentlichungen wie den populären Büchern von J. S. Foer[8] oder H. Sezgin[9] zum Ausdruck. Auch Bestrebungen, die kulturgeschichtliche Rolle der Tiere[10] zu beleuchten, unterstreichen, dass sich immer mehr Menschen damit befassen, warum Menschen Tiere halten und wie dies geschehen sollte. Besonders bemerkenswert ist in diesem Zusammenhang, dass sich auch der wissenschaftliche Beirat für Agrarpolitik der Bunderegierung nachdrücklich dazu geäußert hat, wie die Haltung landwirtschaftlich genutzter Tiere künftig ausgestaltet werden müsste, um gesellschaftlich akzeptiert zu werden. In dem von der Bundesregierung im Frühjahr 2015 herausgegebenen Gutachten des Beirats[11] werden konkrete Handlungsfelder identifiziert und Sofortmaßnahmen vorgestellt, um die wichtigsten Defizite der landwirtschaftlichen Tierhaltung im Bereich Tier- und Umweltschutz zu überwinden. Spätestens durch dieses Gutachten sollte die schon seit knapp 50 Jahren stattfindende öffentliche Debatte ziemlich weit oben auf der politischen Agenda angelangt sein. Dass sich inzwischen auch Organisationen der sogenannten Nutzerseite, also aus dem landwirtschaftlichen Bereich, mit eigenen Leitlinien und Vorschlägen[12] zu Wort melden, unterstreicht ebenfalls, wie notwendig es geworden ist, Position zu beziehen.

Wie kann es weitergehen?

Vor dem Hintergrund der zuvor erörterten Ausgangslage und der Zielkonflikte wird deshalb im dritten Teil des Buches ein eigener Vorschlag für ein Leitbild der landwirtschaftlichen Tierhaltung vorgestellt. Dieser Vorschlag soll beispielhaft zeigen, was sich bei der Abwägung der unterschiedlichen Argumente als zukunftsträchtiger Weg für die landwirtschaftliche Haltung von Tieren herauskristallisieren könnte. Mit dem Vorschlag wird angestrebt, die beteiligten Fachgebiete und Kenntnisse möglichst sachlich zu berücksichtigen. Es geht darum, nicht bei der Kritik an der derzeitigen Art, Tiere zu nutzen, zu verharren, sondern zukunftsorientiert zu diskutieren und dabei aktuelles Wissen inklusive moderner technischer Möglichkeiten zum Wohle aller einzubeziehen.

Ausgangslage ───────────────────

Die Spezies Mensch und ihre Nahrung

Nie zuvor gab es so viele Menschen wie heutzutage. *Homo sapiens* ist eine Spezies mit bemerkenswerter Entwicklungsgeschichte, großer Anpassungsfähigkeit, aber auch nahezu unerfüllbaren Ansprüchen. Es lohnt sich, einen Blick darauf zu werfen, was die Menschen kennzeichnet. Es ist Ursache für viele Probleme auf der Welt und zugleich Anlass zur Hoffnung, Lösungen finden zu können.

Mensch: woher und wohin

Vieles spricht dafür, dass der sogenannte moderne Mensch, die Spezies *Homo sapiens* vor 150.000 bis 200.000 Jahren im östlichen Afrika entstand. Vor ca. 100.000 Jahren machten sich Gruppen dieser Art auf, andere Regionen der Erde zu besiedeln. In Europa ist *Homo sapiens* erstmals vor 40.000 Jahren nachweisbar. Die sogenannten Cro-Magnon-Menschen mit ihren weltberühmten Höhlenmalereien gelten als Vorläufer der heutigen Europäer.[13]

Charakteristisch für alle Menschenarten sind ihr zweibeiniger Gang, mit dem sie sehr energiesparend weite Strecken zurücklegen können, der geringe Entwicklungsgrad ihrer Neugeborenen und diverse weitere Merkmale in ihrem Lebenszyklus.[14] Lange galt die gezielte Herstellung von Werkzeugen als menschenspezifisch, was inzwischen widerlegt wurde. Auch die Weitergabe von erlerntem Wissen ist nicht den Menschen vorbehalten, sondern wird beispielsweise auch bei Schimpansen beobachtet. Als besondere geistige Fähigkeiten der Menschen bleiben nur die sehr ausdifferenzierte Sprache und die ausgeprägte Möglichkeit zu planen bestehen. Alle diese Entwicklungen stellen trotz einiger Besonderheiten eine Fortführung von Trends der Evolution bei Primaten dar. Eine Sonderstellung der Menschen in der Natur gibt es deshalb aus biologischer Sicht nicht.[15]

Hängen Gehirnentwicklung und Ernährungsweise zusammen?

Für die Entstehung des großen und komplexen Gehirns der Menschenarten wurde der Ernährung lange eine besondere Bedeutung zugewiesen. Die Hypothese vom „teuren Gewebe" (Expensive-Tissue-Hypothese) war ein verbreiteter Erklärungsversuch für die Entstehung der leistungsfähigen menschlichen Gehirne und besagte vereinfacht: Das menschliche Gehirn ist ein energieintensives Organ. Der ebenfalls energieintensive Verdauungsapparat wurde im Lauf der Evolution zugunsten des Gehirns reduziert. Dies sei nur durch eine Ernährungsanpassung möglich gewesen, die nährstoffdichtere, hochverdauliche Nahrungsmittel einschließlich eines höheren Fleischanteils mit sich brachte.[16] Diese Ernährungsanpassung hätte demnach die enorme Gehirnentwicklung erst ermöglicht. Inzwischen wurde die Aussagekraft dieser Expensive-Tissue-Hypothese stark eingeschränkt. Der große Energiebedarf der hochentwickelten Gehirne wird wahrscheinlich durch andere Mechanismen ausgeglichen.[17]

Für die enorme Gehirnentwicklung bei den Primaten werden andere Faktoren als wichtiger eingeschätzt. So wird angenommen, dass ausgeprägte kognitive Fähigkeiten die Anpassung an neue Anforderungen und Lebensbedingungen erleichterten. Das würde einen Evolutionsvorteil bedeuten und könnte die Gehirnentwicklung vorangetrieben haben.[18] Die aktuelle Wissenschaft interpretiert die außergewöhnliche Gehirnentwicklung des *Homo sapiens* eher als das Ergebnis mehrerer Ursachen und nicht als Folge der Anpassung an einzelne Bedingungen.[19] Von großer Bedeutung für die Entwicklung des modernen Menschen dürfte die Entstehung des artspezifischen Sozialverhaltens gewesen sein. Die Fähigkeit, umfangreich zusammenzuarbeiten, vereinfachte zwar den Nahrungserwerb, erforderte jedoch auch günstige Umgebungsbedingungen, die das Überleben größerer Gruppen zuließen. Möglicherweise hat die Intelligenz von Primaten ganz allgemein eine soziale Funktion.[20]

Der Gemischtkostesser Mensch und die Stufen der Ernährung

Die längste Zeit lebten die verschiedenen Menschenarten als sogenannte Wildbeuter. Sie waren nomadisierende Sammler und Gelegenheitsjäger. Ihre Ernährung bestand überwiegend aus pflanzlichen Bestandteilen[21] wie Pflanzenteilen, Beeren, Nüssen und Wurzeln. Sie verzehrten aber auch Eier, Kleinsäuger und Fleisch von gelegentlich erjagten größeren Tieren oder von Kadaverteilen.

Im Verlauf der weiteren Entwicklungen spielten die Nahrungsmittel, die von Tieren stammten, eine wechselnde Rolle. Beeinflusst wurde dies durch den Umfang der menschlichen Bevölkerung, die Konkurrenz um Flächen für Ackerbau oder Viehhaltung, klimatische Bedingungen, Handelsbeziehungen und die Kaufkraft.

Für die Nordhälfte Europas lassen sich ab dem Mittelalter vereinfacht drei Stufen der Ernährung unterscheiden: Solange die menschliche Bevölkerung klein war, wurde viel Fleisch verzehrt; als die Bevölkerung wuchs, musste die extensive Tierhaltung dem Getreideanbau weichen.[22] Je größer die Bevölkerung wurde, umso weniger Lebensmittel tierischen Ursprungs kamen auf den Tisch, weil die Landwirtschaft nur so genügend bezahlbare Kalorien für die wachsende Zahl an Menschen zur Verfügung stellen konnte. Vor allem in der Neuzeit reduzierte sich der Fleischkonsum für die breite Masse der Bevölkerung deutlich, bis er in der ersten Hälfte des 19. Jahrhunderts ein Minimum erreichte.[23] Die oft unfreiwillig nahezu vegetarische Lebensweise war hauptsächlich ein Ausdruck von Armut.[24] Als dritte Stufe kann man schließlich die bis heute anhaltende Phase betrachten, die als Veredelungswirtschaft bezeichnet wird. Dabei werden pflanzliche Nahrungsmittel in großem Umfang zur Erzeugung tierischer Lebensmittel eingesetzt. Die Haltung landwirtschaftlich genutzter Tiere wurde damit vom Mittel zum Zweck – also der Bereitstellung von Arbeitskraft und Dünger für die Bewirtschaftung der Felder – zum Selbstzweck[25], und der Umfang des Fleischkonsums erreichte trotz vervielfachter Bevölkerung mittelalterliche Ausmaße.

Nahrungsmittel für Menschen

Jagdglück, Angebot und Nachfrage, Kaufkraft, Moden, klimatische Einflüsse, Hungerkrisen und individuelle Vorlieben bestimmten, was auf dem Speiseplan der Menschen landete. Diese Mechanismen spielen im Prinzip auch heute noch eine Rolle. Es gibt inzwischen aber auch viele wissenschaftliche Erkenntnisse, woraus sich menschliche Ernährung zusammensetzen sollte.

Nach dem derzeitigen Stand der Ernährungswissenschaften sollten bei der menschlichen Ernährung einige grundlegende Aspekte berücksichtigt werden, um negative Auswirkungen auf die Gesundheit zu vermeiden. So sollte der Energiegehalt dem Energieverbrauch entsprechen. Empfehlungen zum Energiebedarf beziehen heute Alter und Geschlecht, Entwicklungsphase und Aktivitätsniveau einschließlich der Freizeitaktivitäten ein. Deshalb gibt es keine einheitliche Empfehlung für die Energieaufnahme über die Nahrung. Für viele erwachsene Menschen liegen die Empfehlungen sehr vereinfacht zwischen 2000 und 3000 kcal pro Person und Tag.[26, 27, 28] 2500 kcal entsprechen beispielsweise 700 g Reis, 720 g Weizenmehl oder 470 g Vollmilchschokolade. Diese Beispiele dienen allerdings nur der Veranschaulichung. Eine gesunde Ernährung sollte sich immer aus verschiedenen Komponenten zusammensetzen.

International wird empfohlen, durch Fette in der Nahrung zwischen 15 und maximal 30 % des Energiebedarfs zu decken.[29] Damit soll einer zu hohen Energiezufuhr vorgebeugt werden. Zugleich muss der Bedarf an bestimmten Fettbestandteilen, die vom Menschen nicht selbst synthetisiert werden, sichergestellt werden. Der Energiebeitrag durch Kohlenhydrate in der Nahrung sollte über 50 % betragen, wobei der Anteil von freiem Zucker 10 % nicht übersteigen sollte. Der in Schwellen- und Entwicklungsländern häufig deutlich höhere Energiebeitrag durch Kohlenhydrate von bis zu 80 %[30] ist ebenfalls nicht erwünscht, weil dadurch andere notwendige Komponenten aus der Ration verdrängt werden.

Proteine liefern lebensnotwendige Bausteine

In einer ausgewogenen Ernährung spielen Proteine als Energie-
träger eine untergeordnete Rolle. Die Hauptaufgabe der Nah-
rungsproteine besteht im Aufbau und der Erneuerung der körper-
eigenen Eiweiße. Die Zufuhr von Proteinen über die Nahrung ist
lebensnotwendig, weil der Organismus nur so die essenziellen
Aminosäuren – also bestimmte unentbehrliche Proteinbausteine –
erhält, die er nicht selbst erzeugen kann.[31]

Die Qualität eines Nahrungsproteins wird durch die Möglichkeit bestimmt, daraus körperspezifische Proteine und andere
Stoffwechselprodukte zu bilden. Deshalb macht die biologische
Wertigkeit eines Nahrungsproteins aus, wie viele essenzielle Aminosäuren es zur Verfügung stellen kann und ob es dem Bedarf für
die Herstellung körpereigener Proteine entspricht. Manche pflanzlichen Eiweiße sind in qualitativer Hinsicht bestimmten tierischen
Proteinen unterlegen. Auch mengenmäßig ist der Proteingehalt
in Pflanzen meist geringer als in Nahrungsmitteln tierischen
Ursprungs. Eine besonders hohe Qualität und damit biologische Wertigkeit des Nahrungsproteins lässt sich allerdings durch
die Kombination verschiedener Proteinquellen wie beispielsweise
Eiern in Kombination mit Kartoffeleiweiß erreichen.[32]

Pro Kilogramm Körpergewicht und Tag wird bei gleichzeitig
ausreichender Energiezufuhr eine Menge von 0,75 bis 0,8 g Protein – umgerechnet auf die Qualität von Ei, Fleisch oder Soja-
protein – empfohlen.[33, 34] Eine erwachsene Person sollte demnach
zwischen 45 und knapp 60 g Protein am Tag aufnehmen. Zur Veranschaulichung kann stark gerundet berechnet werden, dass 50 g
Nahrungseiweiß in 500 g Getreide, 250 g Fleisch oder 150 bis
250 g Hülsenfrüchten enthalten sind.[35] Etwa ein Drittel der Pro-
teinaufnahme sollte aus hochwertigen Proteinen bestehen, wie
sie beispielsweise in Fleisch, Eiern, Milch- und Sojaprodukten vorliegen.[36]

Das Gelbe vom Ei

Eier stellen eine wertvolle Quelle für Nahrungsprotein dar. Ein Hühnerei besteht zu 12,5 % aus Protein und enthält knapp 10 % Fett.[37] Ein anderer Inhaltsstoff der Eier, das Cholesterin, wurde lange Zeit kritisch bewertet. Mittlerweile ist allerdings klargestellt, dass die Cholesterinaufnahme mit der Nahrung nicht alleine die Ursache für erhöhte Cholesterinspiegel im Blut ist und sich nur bei einem Teil der Menschen erhöhend auswirkt.[38]

Bei Eiern empfinden viele Verbraucher eine kräftig gelbe Dotterfarbe als Qualitätsmerkmal. Sie wird offenbar damit in Verbindung gebracht, dass die Hühner Zugang zum Freien haben und wertvolles Futter, auch Grünfutter, erhalten. Tatsächlich ist es aber so, dass der Gehalt an Carotinoiden, die maßgeblich für die Dotterfärbung verantwortlich sind, im Futter stark schwankt und mit der Lagerungszeit des Futters abnimmt. Das könnte zwar durch den Einsatz farbstoffgebender Futtermittel ausgeglichen werden. In der kommerziellen Hühnerhaltung ist dies aber durch die Anforderungen an die sonstigen Nährstoffkonzentrationen nur begrenzt möglich. Deshalb werden bei vielen handelsüblichen Futtermitteln für Hühner synthetische Carotinoide zugesetzt, die eine genaue Dosierung zur Auswahl der entstehenden Dotterfarbe zulassen. Diese Farbcarotinoide haben anders als das natürlich vorkommende Provitamin Beta-Carotin aus grünen Pflanzenteilen keine nennenswerte Vitamin-A-Wirkung. Von der Dotterfarbe eines Eis kann deshalb nicht auf seine Vitamin-A-Wirksamkeit geschlossen werden.[39]

Vitamine und andere Mikronährstoffe

Neben diesen Hauptnährstoffen – Kohlenhydrate, Proteine und Fette – sind weitere Substanzen für eine gesunde Ernährung nötig. Dazu zählen vor allem Vitamine und Mineralstoffe. Die Hauptnährstoffe, aber auch die mengenmäßig geringeren Mikronährstoffe können alle – abgesehen von der einzigen Ausnahme des Vitamin B12 – aus pflanzlichen Nahrungsmitteln aufgenommen werden. In manchen Fällen ist allerdings der Gehalt oder die Verfügbarkeit in den pflanzlichen Nahrungsmitteln ungünstiger als in Nahrungsmitteln, die von Tieren stammen. Ein Beispiel dafür ist die Aufnahme der verschiedenen Eisenverbindungen aus dem

Darm. Umgekehrt trifft aber auch zu, dass die Zusammensetzung der Lebensmittel tierischer Herkunft sich gesundheitlich negativ auswirken kann. Das gilt insbesondere für den zum Teil hohen Fettanteil und den niedrigen Gehalt an Ballaststoffen.

Empfehlungen für eine vollwertige Ernährung

Üblicherweise setzt sich die menschliche Kost aus verschiedenen Nahrungsmitteln zusammen. Dadurch lassen sich ernährungsphysiologische Vor- und Nachteile der jeweiligen Nahrungsmittel ausgleichen.

Eine vollwertige Ernährung gesunder Personen sollte aus ernährungswissenschaftlicher Sicht heutzutage abwechslungsreich sein und überwiegend aus pflanzlichen Lebensmitteln bestehen. Jeden Tag sollten mehrere Portionen Obst und Gemüse verzehrt werden. Milch und Milchprodukte sollten ebenfalls täglich und Fisch ein- bis zweimal pro Woche auf dem Speiseplan stehen. Falls Fleisch und Wurst konsumiert werden, dann sollten nicht mehr als 300 bis 600 g pro Woche, also rund 15 bis 30 kg im Jahr, verzehrt werden.[40]

Die Realität weicht allerdings von diesen Empfehlungen ab. Beim Obstverzehr werden die Empfehlungen mengenmäßig erfüllt. Beim Gemüse liegt der Konsum allerdings nur bei zwei Dritteln der empfohlenen Menge.[41] Verschiedene Statistiken belegen außerdem, dass in Deutschland seit Jahren pro Person durchschnittlich ca. 60 kg Fleisch und Fleischwaren – also doppelt so viel wie empfohlen – verzehrt werden. Deutlich über die Hälfte davon ist Schweinefleisch.[42, 43]

Die wichtigsten ernährungsbedingten Krankheiten der Menschen

Durch Fehlernährung, also Mangel- oder Überversorgung mit Nährstoffen, können ernährungsbedingte Erkrankungen entstehen. Fehlernährung ist weltweit die häufigste Krankheitsursache.[44] Im Folgenden werden nur die Krankheitsbilder angesprochen, die im Zusammenhang mit der Frage von Bedeutung sind, wie zukünftige landwirtschaftliche Tierhaltung aussehen könnte und in welchem Umfang sie stattfinden sollte.

Ohne Zweifel dominieren in den Ländern Europas und Nordamerikas die ernährungsbedingten Erkrankungen, die von einer Überversorgung mit Energie beeinflusst werden. Dazu zählen Übergewicht und Fettleibigkeit, Diabetes, Bluthochdruck und arteriosklerotische Erkrankungen. Außerdem wird eine krebsfördernde Wirkung[45] des umfangreichen Fleischverzehrs diskutiert.

In anderen Regionen der Welt existieren daneben nach wie vor verschiedene Formen der Mangelernährung. Die ausgeprägteren Formen der Mangelernährung tragen entscheidend zur Sterblichkeit von Kindern unter fünf Jahren bei. Sie sind in manchen Regionen die Ursache für 60 % der Todesfälle in dieser Altersgruppe. Symptome einer umfassenden Mangelernährung können völlige Auszehrung, Muskelschwund, Ödeme, Veränderungen der Haarfarbe, Apathie und vieles mehr sein. Auch leichtere Formen der sogenannten globalen Malnutrition, also einer allgemeinen Mangelernährung, werden wegen des geschwächten Immunsystems häufig von Infektionskrankheiten begleitet. Außerdem treten verschiedene Mangelanämien auf. Die geistige Entwicklung unterversorgter Kinder leidet insbesondere bei chronischer Fehlernährung.[46]

Ernährungswissenschaftliche Bewertung vegetarischer und veganer Ernährung

Häufige Einwände gegen vegetarische oder vegane Ernährungsweisen sind, dass sie zu Ernährungsdefiziten und zu Erkrankungen führen würden. Eine vegetarische Ernährung schließt den Verzehr von Fleisch und Fisch aus; Eier und Milchprodukte werden dagegen üblicherweise konsumiert. Der vegane Ernährungs- oder Lebensstil lehnt jegliche Nutzung von Erzeugnissen ab, die von Tieren stammen.

Zahlreiche Studien belegen, dass Vegetarier – auch unter Berücksichtigung ihrer insgesamt häufig gesünderen Lebensweise – gesundheitlich von dieser Ernährungsform profitieren. Sie sind deutlich seltener übergewichtig und weisen weniger Anzeichen der gängigen ernährungsbedingten Erkrankungen in Wohlstandsgesellschaften auf. Die Aufnahme von Proteinen durch die lakto-ovo-vegetarische Ernährung – das heißt, eine Ernährung ohne Fleisch, aber mit Milchprodukten und Eiern – ist zwar reduziert, erfüllt aber problemlos die empfohlenen Verzehrmengen. Bei Veganern erfordert die Rationszusammenstellung in dieser Hinsicht eine gute Planung. Viele Vitamine und Mineralstoffe werden dagegen durch die pflanzenbetonte Ernährung eher vermehrt aufgenommen. Auch das Risiko für Defizite bei der Versorgung mit Vitamin D ist bei Vegetariern und Veganern nicht grundlegend anders als bei Gemischtkostessern.[47]

Als besonders kritischer Nahrungsbestandteil bei vegetarischer oder veganer Ernährung wird meistens Vitamin B12 eingeschätzt.[48] Bei der Versorgung mit Vitamin B12, das nur von Mikroorganismen und nicht von Pflanzen gebildet wird, können vor allem bei vollständig pflanzenbasierter Ernährung ernst zu nehmende Defizite entstehen. Gemischtkostesser nehmen Vitamin B12 durch Fleisch, Milchprodukte und Eier auf, nachdem Vitamin B12 im Darm der Tiere durch Mikroorganismen gebildet, anschließend resorbiert und im Gewebe eingelagert bzw. in die Milch und die Eier abgegeben wurde. Die Synthese von Vitamin B12 im menschlichen Darm ist dagegen gering und reicht nicht für die Versorgung aus. Ein lang anhaltender Mangel dieses Vitamins kann zu Blutbildungsstörungen und zur sogenannten perniziösen Anämie führen. Vegetariern wird deshalb geraten, Vitamin B12 zusätzlich einzunehmen. Für Veganer wird eine solche zusätzliche Einnahme als zwingend eingestuft.[49]

Zusammenfassend gelangt jedoch beispielsweise die Kanadische Gesellschaft für Kinderheilkunde zu der Einschätzung, dass eine gut geplante vegetarische oder vegane Kost ein gesunder alternativer Lebensstil für alle Entwicklungsphasen einschließlich des fetalen Wachstums sein kann.[50] Zu einer ähnlichen Einschätzung kommt die American Dietetic Association.[51] Skeptischer äußert sich dagegen die Deutsche Gesellschaft für Ernährung über die vegane Ernährungsweise. Für Schwangere, Stillende, Säuglinge, Kinder und Jugendliche wird eine vegane Ernährung von dieser Vereinigung ausdrücklich nicht empfohlen.[52] Auch die Ernährungskommission der Deutschen Gesellschaft für Kinder- und Jugendmedizin lehnt eine vegane Ernährung für Kinder im Säuglingsalter ohne Ergänzung bestimmter Substanzen ab. Eine ausreichende Versorgung durch lakto-ovo-vegetarische Kost in dieser Entwicklungsphase wird dagegen bei sorgfältiger Lebensmittelauswahl für möglich gehalten.[53]

Lohn und Brot, Fleisch und Sozialstatus

Im Verlauf der Geschichte gab es stets unterschiedliche Einstellungen zum Essen. Für die griechische und römische Kultur galt das Ideal des Maßhaltens. Bei den Kelten und Germanen dagegen stellte jemand, der viel essen konnte, eine überlegene Persönlichkeit dar.[54] Im Mittelalter soll das Essen vor allem nördlich der Alpen ebenfalls eine große Bedeutung gehabt haben. Erklärt wird das damit, dass die Menschen damaliger Zeit zwar nicht ständig hungerten, aber immer Angst vor Hungerkrisen hatten und deshalb geradezu krampfhaft konsumierten, wenn es etwas zu essen gab.[55] Mit wachsender Bevölkerung und zunehmender Konkurrenz um Nahrungsmittel wurden die Regeln für die Nutzung der Wälder und Weiden strikter und führten zu Privilegien für die wohlhabenden Klassen. Die Ernährung der schwächeren sozialen Schichten basierte meistens auf Getreide und Gemüse. Fleischverzehr wurde so immer deutlicher zum Statussymbol.[56]

Um Lebensmittelpreise und Kaufkraft über lange Zeitspannen hinweg zu vergleichen, kann man aus historischen Quellen ermitteln, was sich ein durchschnittlicher Arbeitnehmer als Lebensmittel leisten konnte. Um 1400 entsprach der Tageslohn eines Bauhandwerkers 26 kg Roggen. Abzüglich der Sonn- und Feiertage und 30 % Kosten für Unterkunft und andere Ausgaben standen einer fünfköpfigen Familie am Tag pro Kopf 2,5 bis 2,8 kg Roggen zur Verfügung. So viel Getreide wurde allerdings nicht verzehrt. Diese Darstellung verdeutlicht aber, dass es finanziellen Spielraum für andere Lebensmittel gab. Zur damaligen Zeit wurde mehr als die Hälfte des Geldes für den Nahrungsmittelkauf für Lebensmittel tierischer Herkunft ausgegeben – was pro Person einen Verzehr von 65 kg Fleisch, 10 kg Fisch und 7,5 kg Eiern und Milchprodukten im Jahr ermöglichte.[57]

Von einem Sommertagelohn eines Bauarbeiters im Spätmittelalter um das Jahr 1400 konnte man zum Beispiel 4,5 kg Rindfleisch kaufen; um 1800 dagegen nur noch 1,5 kg. Die Kaufkraft war also erheblich gesunken. Da die Löhne um 1800 niedrig und die Getreidepreise hoch waren, mussten fast 80 % des Geldes, das nicht für Unterkunft, Kleidung oder Ähnliches gebraucht wurde, für Nahrungsmittel pflanzlicher Herkunft ausgegeben werden, um eine ausreichende Versorgung mit Kalorien zu erreichen.[58]

Nicht nur die städtische, sondern auch die ländliche Bevölkerung erlebte in Europa im Verlauf der Jahrhunderte immer wieder Hungerkrisen. Sie traten in unterschiedlichem Ausmaß im Mittelalter und in der Neuzeit durchschnittlich alle zwölf Jahre auf.[59] Erst in der zweiten Hälfte des 19. Jahrhunderts änderte sich dies grundlegend (Seite 43).

Kaufkraft heute und Kaufverhalten morgen

Aktuelle Daten zeigen, dass in Deutschland inzwischen nur noch etwas mehr als zwei Arbeitsstunden zu Mindestlohnbedingungen ausreichen, um ein standardisiertes Kilogramm Rindfleisch zu kaufen. Für ein Durchschnittskilogramm Schweinefleisch muss etwas über eine Stunde, für entsprechendes Geflügelfleisch sogar deutlich weniger als eine Stunde gearbeitet werden. Das zeigt, dass sich die Fleischpreise nicht mit der Einkommensentwicklung mitbewegen.[60] Daten, die den Zeitraum von 1961 bis 2016 beleuchten, verdeutlichen, dass diese Entwicklung generell für Le-

Eier, Suppenhuhn und Brathähnchen

Hühner liefern in Form von Fleisch und Eiern biologisch hochwertiges Nahrungsprotein. Das Eiprotein dient in den Ernährungswissenschaften als Referenzprotein zum Vergleich der verschiedenen pflanzlichen und tierischen Proteinquellen. In Deutschland werden im Durchschnitt 235 Eier pro Person im Jahr verzehrt.[62] Dafür wurden 2016 in Deutschland – einschließlich privater Kleinhaltungen und Rassegeflügel – knapp 52 Millionen Legehennen[63] gehalten, die 12 Milliarden Eier legten.[64] Nach der Legeperiode werden diese Hühner geschlachtet und als Suppenhühner oder in geflügelfleischhaltigen Produkten vermarktet.

Während andere Fleischarten im Verlauf der Geschichte zum großen Teil mit den unterschiedlichsten Methoden haltbar gemacht wurden, war Hühnerfleisch als Frischfleisch begehrt. Es war Festtagsmahlzeit und Krankenkost. Keine andere Fleischart hat einen vergleichbaren Boom im 20. Jahrhundert erlebt. In den 1950er-Jahren lag der jährliche Pro-Kopf-Verbrauch von Geflügelfleisch bei etwa 2 kg. Inzwischen werden durchschnittlich ungefähr 12 kg Hähnchenfleisch bzw. 21 kg Geflügelfleisch einschließlich Puten, Wassergeflügel und Suppenhühnern pro Person im Jahr verbraucht, also verzehrt und für Tierfutter oder andere Zwecke genutzt.[65, 66, 67] Über 600 Millionen Masthühner werden dafür in Deutschland geschlachtet.[68] Die Vermarktung der Masthühner erfolgt als ganze Hähnchen, in Teilstücken oder in weiterverarbeiteten Produkten. Musste ein Durchschnittverdiener im Jahr 1960 noch zwei Stunden und elf Minuten für 1 kg Brathähnchen arbeiten, waren es im Jahr 2016 nur noch 13 Minuten.[69]

bensmittel in Deutschland gilt. Im Jahr 1961 musste ein Durchschnittsverdiener für zehn Eier 50 Minuten arbeiten, im Jahr 2016 nur noch sieben Minuten. 1 l Vollmilch erforderte 1960 zehn Minuten Arbeit, 50 Jahre später weniger als ein Drittel davon.[61]

Ganz anders stellt sich die Situation dagegen in vielen sogenannten Billiglohnländern dar. Für 1 kg Rindfleisch muss man beispielsweis in Vietnam und Ägypten 20 Stunden zu Mindestlohnbedingungen arbeiten, in Mexiko fast 19 Stunden und in Indien 22 Stunden.[70]

Der Anteil der Ausgaben für Nahrungs- und Genussmittel am gesamten Konsum der Bevölkerung beträgt in Deutschland heute nur noch 13,8 % – ohne Genussmittel wie alkoholische Getränke und Tabakwaren sogar nur 10,6 % – während es vor 100 Jahren noch über 50 % waren.[71] Die Preisentwicklung für Nahrungsmittel hat sich also deutlich von der Entwicklung der Löhne und Gehälter entkoppelt.

Für das Kauf- und Konsumverhalten ist allerdings nicht nur die Kaufkraft ausschlaggebend. Ernährung ist und bleibt Schauplatz kultureller Einflüsse und Ausdruck der eigenen Gruppenzugehörigkeit. Die kulturwissenschaftliche Nahrungsforschung geht sogar von einem ungewöhnlich starken Beharrungsvermögen im Bereich des Ernährungsverhaltens aus, was als Geschmacks-Konservatismus bezeichnet wird. Fleischverzehr gelte nach wie vor als Statussymbol, was sich auch in den Verzehrstatistiken der Schwellenländer mit ihrem Bedürfnis nach rotem Fleisch widerspiegle.[72]

Zusammenfassung

Die Spezies *Homo sapiens* gibt es erdgeschichtlich betrachtet noch nicht sehr lange. Verschiedene Eigenschaften und Fähigkeiten gelten als charakteristisch für die junge Menschenart. Es handelt sich dabei allerdings um die Fortsetzung von bestehenden evolutionären Trends, sodass eine Sonderstellung des modernen Menschen aus biologischer Sicht nicht zu rechtfertigen ist. Grundsätzlich ist der Mensch ein Omnivore, also ein Gemischtkostesser. Im Verlauf der Geschichte veränderte sich der Anteil von Fleisch oder anderen Lebensmitteln tierischen Ursprungs in der Ernährung immer wieder, vor allem in Abhängigkeit von der Bevölkerungsdichte. Mit Hungerkrisen musste jederzeit gerechnet werden. Mittlerweile existieren viele Kenntnisse darüber, wie eine gesunde menschliche Ernährung zusammengesetzt sein sollte.

Der Umfang der weiterhin wachsenden menschlichen Bevölkerung, deren Nahrungsbedarf und die Umwelt- und Klimarisiken, die im Wesentlichen auf die Lebensweise der Menschen zurückzuführen sind, machen die Debatte darüber, was als Nahrung dienen soll und wie sie entsteht, unumgänglich.

Meilensteine in Landwirtschaft und Tierhaltung

Auch wenn es heute selbstverständlich erscheint, dass Menschen Tiere halten, so liegt dem doch ein jahrtausendelanger Entwicklungsprozess zugrunde, der manches enthält, was den Blick auf die heutige landwirtschaftliche Tierhaltung schärfen könnte.

Wildes wird vertraut

Solange die Menschen als Wildbeuter lebten, wurden keine größeren Vorräte angelegt. Zeiten des Überflusses wurden immer wieder durch Phasen des Mangels abgelöst. Die ständigen Unsicherheiten im Nahrungserwerb gelten als Ursache für hohe Kindersterblichkeit und ein niedriges Lebensalter. Außerdem sollen wenig Freiräume für die Entwicklung neuer Fähigkeiten bestanden haben; der technische Fortschritt verlief deshalb langsam.[73]

Vieles spricht dafür, dass der Hund mehrere Tausend Jahre früher als andere Tierarten zum Haustier, also domestiziert, wurde. Domestikation ist nicht die Gewöhnung einzelner Tierindividuen an das menschliche Umfeld oder die Gefangenhaltung weiterhin wilder Tierarten, sondern ein lang dauernder, stufenweiser Prozess. Die vom Menschen beeinflusste Auswahl und Fortpflanzung führte dazu, dass sich die Haustiere schließlich in Größe, Form, Farben, Behaarung, Fruchtbarkeit, Gehirnentwicklung, manchen Verhaltensweisen und anderen Merkmalen deutlich von den wilden Stammformen unterscheiden.[74]

Während die letzte Kaltzeit vor 12.000 Jahren ausklang, kam es zur sogenannten Neolithischen Revolution. Sie stellt den Übergang zu einer agrarischen Lebens- und Wirtschaftsform dar. Insbesondere aus den Gebieten des sogenannten fruchtbaren Halbmondes sind Funde bekannt, die für die Nutzung von Wildgetreide und ab ungefähr 10.000 Jahren vor unserer Zeitrechnung für eine sesshafte Lebensweise sprechen. 2000 Jahre lang lebten die Menschen im Vorderen Orient bereits sesshaft, als am Ende des 9. Jahrtausends v. Chr. die Haltung der heute noch landwirtschaftlich genutzten Tierarten begann.[75]

Bei den ersten landwirtschaftlich genutzten Tieren handelte es sich um Schafe und Ziegen. Die domestizierten Tiere waren ihren wilden Verwandten zwar ähnlich, aber in der Regel deutlich kleiner und damit auch einfacher zu handhaben. Rinder und Schweine lassen sich erst weitere 1000 Jahre später als Haustiere nachweisen. Um 1.000 v. Chr. wurde der europäische Haustierbestand schließlich um Haushuhn und Hausgans ergänzt.[76]

Die Ausbreitung der Haustierhaltung von Vorderasien nach Europa begann im 7. Jahrtausend v. Chr. Über Griechenland und den Balkan, aber auch über die Küstenregionen des Mittelmeeres breitete sich die bäuerliche Tierhaltung in ganz Europa aus. Angepasst an die Klima- und Vegetationsverhältnisse nahm Richtung Norden vor allem der Anteil der Rinderhaltung im Verhältnis zu den kleinen Wiederkäuern zu, während Schweine eine regional sehr unterschiedliche Bedeutung erlangten.

Ursprünglich diente die Tierhaltung hauptsächlich der Fleischerzeugung. Dies legen die Knochenfunde nahe. Es wurden vor allem jüngere Tiere geschlachtet und das Geschlechterverhältnis war ausgeglichen. Erst mit der später einsetzenden Milchnutzung ab dem 5. Jahrtausend v. Chr. nahm der Anteil weiblicher Tiere bei den ausgewachsenen Rindern und Ziegen zu.[77]

Eine weitere Variante der Tiernutzung – die Anspannung vor Pflug und Wagen – sollte sich als entscheidender Entwicklungsschritt für die Feldbearbeitung und die gesamte Tierhaltung erweisen. Die ersten Darstellungen von Rindern beim Ziehen eines Pfluges stammen aus Vorderasien und Osteuropa um 3000 v. Chr.[78] Pferde, Esel und Maultiere wurden erst einige Zeit später als Zugtiere eingesetzt. Als Reittier bedeutete das Pferd einen erheblichen Mobilitätszuwachs für die Menschen.

Für die frühe Tierhaltung wird eine ganzjährige Weidewirtschaft als Haltungsform angenommen. Zur Unterbringung bei Nacht und zum Schutz vor Raubtieren existierten vermutlich kraal- oder pferchähnliche Einrichtungen. In nördlichen Regionen gab es offenbar für den Winter auch stallartige Unterbringungsmöglichkeiten. Es wurden allerdings noch kaum Futtervorräte angelegt, zumal es wenig grünlandähnliche Strukturen in den vielen nahezu geschlossenen Waldgebieten gab. Futtergrundlage war, was die Rinder, Schafe, Ziegen und Schweine selbstständig im Wald und auf brachliegenden Ackerflächen fanden. Als Winterfutter wurden Laubheu und allenfalls geringe Mengen Wiesenheu eingelagert. Wegen der Futterknappheit wurde der Tierbestand vor dem Winter durch Schlachtung reduziert. Auf diese Weise dienten die Tiere der Lebensmittelbevorratung in futterarmen Zeiten. Erst die Beweidung führte durch Verbiss und Viehtritt allmählich zu einer Auflockerung der Wälder in Siedlungsnähe und zur Entstehung von Magerrasen als erster Grünlandform.[79]

Einflussreiche Römer

Während der Römerzeit war das Leben auf dem Land davon geprägt, dass neben der ansässigen Bevölkerung auch zahlreiche Soldaten mit Lebensmitteln versorgt werden mussten. Erzeugt wurden diese Lebensmittel vorzugsweise von Gutshöfen in der Umgebung der Kastelle. Die römische Gutshofwirtschaft setzte anders als die zuvor existierende vielfältigere keltische oder germanische Landbewirtschaftung auf wenige ertragsstarke Kulturpflanzenarten wie Dinkel oder Nacktweizen. Außerdem war die Gartenkultur von Obst, Gemüse und Kräutern bedeutend.[80] Förderlich dafür war ein über 200 Jahre ausgeglichenes Klima zu Beginn der römischen Kaiserzeit.[81]

Zu den wichtigsten Fleischlieferanten auf römischen Gutshöfen in Deutschland zählten vor allem Rinder, Schafe, Ziegen und Schweine und beim Geflügel hauptsächlich Hühner. Auf dem Speiseplan der sozial besser gestellten Gutsbesitzer oder -verwalter standen besonders häufig das begehrte Schweinefleisch, Geflügel und Wild. Ansonsten wurde das Fleisch älterer Rinder genutzt, die zuvor als Arbeitstiere und Dunglieferanten eingesetzt worden waren.[82]

Die Tierhaltung basierte weiterhin auf Weidewirtschaft. Gleichzeitig entwickelte sich die Stallhaltung für Zugtiere, vor allem Ochsen, aber auch zu Mast- und Zuchtzwecken. Das wichtigste landwirtschaftlich genutzte Tier zu damaliger Zeit dürfte das Rind als Zugtier und Fleischlieferant gewesen sein.[83]

Neben der Stallhaltung von Tieren traten weitere Elemente der heutigen Tierhaltung bereits bei den Römern auf. So betrieben die Römer offenkundig systematisch Tierzucht, was zu einer deutlichen Größenzunahme bei Rindern und Schafen im römischen Einflussbereich führte.[84] Für das frühe germanische Rind wird eine Widerristhöhe von 110 cm angenommen. Ein solches Rind dürfte 60 bis 150 kg Fleisch geliefert haben. Römische Rinder waren durchschnittlich gut 10 cm größer und konnten Widerristhöhen von 150 cm erreichen.[85]

Eine weitere Entwicklung der erfolgreichen römischen Viehzucht war die verbesserte Tierernährung. Grundlage dafür waren zum einen weiterhin Weiden und Wiesen. Die Grünlandbewirtschaftung wurde offenkundig sehr ernst genommen und schloss Maßnahmen wie Düngung oder Be- und Entwässerung ein. In römisch geprägten Gegenden in Süddeutschland konnten über 60 Pflanzenarten von Grünlandstandorten nachgewiesen werden. Die Funde sprechen dafür, dass die Wiesen einmal im Jahr, im Spätsommer, zur Heugewinnung gemäht wurden und die übrige Zeit als Weide dienten. Zum anderen spielte der Anbau von Pflanzen, die auch oder ausschließlich der Futtergewinnung dienten, wie Gerste, Linsen, Lupinen oder Luzerne eine wichtige Rolle. Römische Autoren hielten regelrechte Rezepte für die Tierfütterung fest, bei denen jahreszeitlich anfallende Futtermittel genauso eingeplant wurden wie die jeweilige Leistung der Tiere.[86] Viele Kenntnisse der römischen Landwirtschaft gerieten in der Folgezeit offenbar in Vergessenheit.

Mittelalter: Aufschwung nach der Völkerwanderung

Eine Vielzahl von Gründen führten im 4. bis 6. Jahrhundert zu großen Veränderungen in ganz Europa. Durch die sogenannte Völkerwanderung kam es nicht nur zu erheblichen Verschiebungen von Siedlungsgebieten größerer Bevölkerungsgruppen. In manchen Teilen Europas nahm die Bevölkerung in dieser Zeit stark ab. Auf dem Gebiet der alten Bundesländer sollen um das Jahr 500 nur ungefähr 530.000 bis 700.000 Menschen gelebt haben.[87]

In der Folgezeit verbreitete sich in ganz Europa der Feudalismus mit dem dazugehörigen System der Grundherrschaft. Das Land war Eigentum eines Grundherrn. Der überwiegende Teil der Bauern geriet in persönliche und wirtschaftliche Abhängigkeit und musste Dienste und Abgaben gegenüber dem Grundherrn erbringen. Zu Beginn des Mittelalters wurde Landwirtschaft hauptsächlich zur eigenen Versorgung, also als Subsistenzwirtschaft, betrieben.

Hühner und Eier für den Grundherrn

Während der Zeit der Grundherrschaft mussten die unfreien Bauern nicht nur Dienste bei den Grundherren ableisten, sondern auch verschiedene Abgaben entrichten. Als Abgabe für die genutzten Flächen, also als Grundzins, wurden beispielsweise Ostereier, Fastnachts-, Pfingst- und Herbsthühner fällig. Die Bezeichnung lässt erkennen, wann die Abgabe entrichtet werden musste. Beim sogenannten Leibhuhn oder dem Vogthuhn wird dagegen deutlich, auf welcher rechtlichen Grundlage die Abgabe stattfand. Auch bei der Zehntpflicht, also einer Ertragsabgabe, die meistens der Kirche zugutekam, mussten neben Feldfrüchten auch Tiere und deren Produkte als sogenannter Fleisch- und Tierzehnt entrichtet werden.[88]

Neben dem Feudalsystem kann man die Dreifelderwirtschaft als zweites charakteristisches Element der Landwirtschaft im Mittelalter betrachten. Für die Felderwirtschaft kennzeichnend ist eine geregelte Abfolge von Getreideanbau und dem Liegenlassen der Ackerfläche als Brache. Häufig bestand dieser Wechsel in einer dreigliedrigen Fruchtfolge aus Brache, Winter- und anschließend Sommergetreide. Insgesamt wirkte sich die einseitige Nutzung durch den Getreideanbau negativ auf die Fruchtbarkeit der Böden aus. Als Futtergrundlage für die Tierhaltung dienten im Wesentlichen das gemeinsam genutzte Dauergrünland der Allmende, also der Gemeinschaftsbesitz des Dorfes, die Brachflächen innerhalb der dreigliedrigen Bewirtschaftung der Felder, die Waldweide und außerhalb der Vegetationszeit auch die Getreideflächen. Da die Tiere fast ganzjährig gemeinschaftlich auf diesen Flächen geweidet wurden, stand für den Ackerbau wenig gezielt einsetzbarer natürlicher Dung zur Verfügung.[89]

Insgesamt hatte die Tierhaltung im Mittelalter eine große Bedeutung für die Versorgung der Familien, wobei es hauptsächlich um Fleisch als Nahrungsmittel ging. In waldreichen Gebieten mit ergiebiger Waldweide wurden mehr Schweine gehalten als in grünlanddominierten Gegenden. In manchen Gebieten wurden Schweine zur häufigsten Wirtschaftstierart. In anderen Regionen überwogen weiterhin Rinder, wurden aber teilweise wie in Süddeutschland durch die Schafhaltung in ihrer Bedeutung begrenzt.[90]

Es wird geschätzt, dass im frühen Mittelalter im Jahr bis zu 100 kg Fleisch pro erwachsene Person verzehrt wurden.[91] Als wegen der wachsenden Bevölkerung immer mehr Flächen für den Getreideanbau benötigt wurden, nahm die Zahl der Rinder allerdings deutlich ab. Das wirkte sich auch auf die Versorgung der Bevölkerung mit Milchprodukten und Fleisch aus. Der Pro-Kopf-Verbrauch von Fleisch sank auf ungefähr 50 kg im Jahr.[92] Wenig verändert haben sich dagegen die Tiere selbst während der mittelalterlichen Jahrhunderte. Die Rinder waren verglichen mit der Römerzeit wieder kleiner, die Hausschweine wirkten wildschweinartig[93]. Züchterische Bemühungen konzentrierten sich auf das Pferd.[94]

Alles in allem zeichnete sich die Zeit von 1100 bis 1300 im ganzen westlichen Europa durch Stabilität, mildes Klima[95] und wachsende landwirtschaftliche Erträge durch die Ausdehnung der nutzbaren Flächen aus. Auf dieser Grundlage – ergänzt durch die

Verkürzung der kirchlich bedingten Tabuzeiten für sexuellen Verkehr[96] – entstand die Verdopplung bis Verdreifachung der Bevölkerung in Frankreich, England und den deutschen Regionen.[97] Die wachsende Zahl der Städte führte dazu, dass mehr Produkte für die Märkte in den Ortschaften erzeugt wurden, also marktwirtschaftliche Elemente und Geldverkehr die Subsistenzwirtschaft zu ergänzen begannen.[98] Diese Phase des allgemeinen hochmittelalterlichen Aufschwungs in den Jahren vor 1300, die eine als mindestens ausreichend eingeschätzte Versorgungslage einschloss, endete jedoch bald.

Schwarzer Tod, Kriege, Krisen und Märkte

Für die Agrarkrise des Spätmittelalters werden mehrere Faktoren verantwortlich gemacht. Dazu gehörten das Ende der bis dahin günstigen klimatischen Bedingungen und das vermehrte Auftreten von Seuchen.[99] Nach 1315 kam es zu einer Häufung von langen kalten Wintern, starken und anhaltenden Frühjahrsregen und feuchten Sommern, die die Ernten beeinträchtigten und in manchen Regionen zu regelrechten Hungerkrisen führten.[100, 101] Die schlechten Wetterbedingungen dieser „kleinen Eiszeit", die bis in die Mitte des 19. Jahrhunderts reichte, bewirkten wiederkehrende Nahrungsmittelengpässe[102].

Parallel zur schwieriger werdenden Versorgung der Bevölkerung mit Nahrungsmitteln traten im 14. Jahrhundert in ganz Europa große Seuchenzüge wie beispielsweise der „Schwarze Tod" auf, die europäische Pest-Pandemie der Jahre 1346 bis 1353.[103] Vor diesem Hintergrund erreichte die Bevölkerungsentwicklung in Deutschland in der zweiten Hälfte des 14. Jahrhunderts einen Tiefpunkt.[104] Viele Siedlungen wurden zu sogenannten Wüstungen. Die ackerbauliche Landnutzung nahm ab, dagegen wurde die Tierhaltung auf der Grundlage des größeren Flächenangebots ausgedehnt. Die gemeinschaftliche Weidenutzung von Wald durch den Eintrieb von Schweinen bzw. der Brachen und

Allmenden durch Rinder und Schafe waren weiterhin das charakteristische Element der landwirtschaftlichen Tierhaltung. Der Fleischverzehr jener Zeit muss selbst in weniger bemittelten Bevölkerungsgruppen außerordentlich hoch gewesen sein und wird auf über 100 kg pro Person und Jahr geschätzt.[105]

Als insbesondere auf dem Land wieder eine starke Bevölkerungszunahme zu verzeichnen war[106], die bis zum Dreißigjährigen Krieg andauern sollte, kam es erneut zu Lebensmittelknappheit und Verteilungsproblemen. Sie bildeten den Nährboden für Bauernaufstände, auch wenn sich die als Bauernkrieg bezeichneten Revolten in den Jahren 1524 bis 1526 stärker gegen andere Missstände richteten.[107]

Prägend für die Landwirtschaft im ausklingenden 15. und anschließenden 16. Jahrhundert sind die zunehmende Spezialisierung der Erzeugung und die Intensivierung des Handels. Bergbau- und Textilregionen benötigten nicht nur Nahrungsmittel, sondern auch Rohstoffe wie Flachs, Waid und Hopfen. Außerdem gab es Ansätze, die Brache durch sogenannte Besömmerung, das heißt während des Sommers, zu nutzen, wozu regional Wicken, Erbsen, Linsen und Ackerbohnen angebaut wurden[108], deren bodenverbessernde Wirkung vor dem Hintergrund eines chronischen Mangels an Dung geschätzt war.

Für die Tierhaltung um das Jahr 1600 ist kennzeichnend, dass weiterhin mit vergleichsweise kleinen Tieren und sehr eingeschränkter Futtergrundlage Milch, Fleisch, Dung und Zugkraft erzeugt wurden. Eine damalige Milchkuh soll rund 200 kg gewogen und zwischen 400 und 1000 l Milch im Jahr gegeben haben. Sie wurde ungefähr sechs Jahre zur Milchgewinnung genutzt. Die Futtergrundlage war im Sommer Weidegras, im Winter Heu. Allenfalls auf großen Gütern wurde die Ration durch etwas Getreide ergänzt.[109] Ein Schlachtschwein brachte zur damaligen Zeit 60 kg Lebendgewicht auf die Waage, nachdem es zuvor mit Molke, Gerste, Buchweizen und vor allem Weidefutter von den Gemeinschaftsweiden und im Wald gemästet worden war. Pro Jahr soll eine Zuchtsau etwa acht Ferkel geworfen haben. Je höher die

Getreidepreise waren, umso weniger Schweine wurden gehalten. Die Haltung von Geflügel soll zwar weit verbreitet gewesen sein, einzelbetrieblich aber lediglich wenige Tiere umfasst haben. Von großer Bedeutung war die Schafhaltung zur Wollproduktion.[110]

Wachsende Städte und Gewerberegionen gepaart mit immer wieder auftretenden Versorgungsengpässen hatten mittlerweile zu einem beachtlichen Ausbau der Handelsbeziehungen geführt. Nicht nur Getreide wurde in großem Stil international gehandelt, sondern auch Vieh. Um 1600 sollen 350.000 Ochsen pro Jahr in die deutschen Regionen importiert worden sein. Auf drei Hauptrouten wurden die Tiere aus Nord-, Ost- und Südosteuropa über Hunderte von Kilometern bis zu den großen Verteilermärkten wie zum Beispiel Nürnberg getrieben.[111]

Dann aber folgte der Dreißigjährige Krieg (1618–1648), der viele Entwicklungen unterbrach. Ganze Landstriche wurden nahezu entvölkert. Insgesamt fiel dem Dreißigjährigen Krieg rund ein Drittel der Bevölkerung in Mitteleuropa zum Opfer. Die Landwirtschaft in ganz Europa sollte sich erst ungefähr 50 Jahre später, also um 1700, wieder erholt haben und zu neuen Entwicklungen in der Lage sein.[112, 113]

Zwischen Dreifelderwirtschaft und Wissenschaft

Nach den Kriegswirren begann aus heutiger Sicht eine Phase tiefgreifender Veränderungen. Die Zeit zwischen 1650 und 1880 wird deshalb auch als Zeitalter der Transformationen bezeichnet.[114] Das Feudalsystem wurde allmählich durch staatliche Strukturen abgelöst. Insgesamt ist ein großer Wissenszuwachs in dieser Zeit zu verzeichnen.

Bis zum Beginn des 18. Jahrhunderts war die Haltung und Nutzung von Tieren in der Landwirtschaft unbestritten wichtig, um die vorhandenen Flächen ackerbaulich nutzen und düngen zu können. Fleisch war zudem eine willkommene Abwechslung zur häufig getreidedominierten Ernährung der Menschen. Trotz ihrer

Bedeutung kann man aber den Eindruck gewinnen, dass die Tierhaltung in vielen Regionen bis dahin eher ein unsystematischer Nebeneffekt der sonstigen Landbewirtschaftung war. So wurde wenig Futter gezielt für die Tiere erzeugt und das Grünland offenbar vernachlässigt.[115] Die Futtervorräte für den Winter waren sehr begrenzt, was dazu führte, dass der Zustand der Rinder im Frühjahr erbärmlich gewesen sein soll. Sie mussten wegen Entkräftung am Schwanz aufgerichtet werden oder verhungerten schlicht.[116]

Im 18. Jahrhundert waren die Einkommensmöglichkeiten durch Tierhaltung nach damaliger Einschätzung gering. Viehhaltung wurde sogar als notwendiges Übel wegen der Zugkraft und wegen des Dungs bezeichnet.[117] Sie versprach nur unter sehr günstigen Bedingungen, zum Beispiel im direkten Umfeld größerer Städte oder in den Küstenregionen, wirtschaftlichen Erfolg. Für das Jahr 1770 wurde ein Fleischverzehr von 28 kg pro Person errechnet, wobei die Hälfte davon Rind-, nur ein knappes Drittel Schweinefleisch und der Rest im Wesentlichen Schafffleisch gewesen sein soll.[118]

Zwei Maßnahmen, die aus heutiger Sicht selbstverständlich erscheinen, halfen, die Versorgung der ständig wachsenden Bevölkerung mit Nahrungsmitteln sicherzustellen: der Anbau von Kartoffeln und Hülsenfrüchten auf einem Teil der Brachflächen[119]. Dennoch ereigneten sich aufgrund schwieriger klimatischer Bedingungen wiederkehrend allgemeine Hungersnöte wie beispielsweise in den Jahren 1770 bis 1772 oder nach dem Ausbruch des indonesischen Vulkans Tambora und dem folgenden nasskalten Sommer 1816.[120]

Gleichzeitig wurden viele Gegebenheiten nicht mehr als gottgegeben hingenommen. So nahm auch das Interesse an der landwirtschaftlichen Tierhaltung und -zucht zu. Dazu kam, dass eine Art frühe Fachliteratur entstand und landwirtschaftliche Gesellschaften gegründet wurden, die zur Verbreitung neuer Ansichten und Erfahrungen beitrugen.[121] Auf diese Weise setzte sich die Einsicht durch, dass es bei der Tierhaltung ganz besonders auf Futter und Pflege des Viehs ankomme.[122]

Zu den damaligen Reformansätzen zählten auch die Aufhebung der Leibeigenschaft und die schrittweise Aufteilung der Allmendflächen zur intensiveren individuellen Nutzung. Andere agrarische Neuerungen betrafen den Anbau von Klee auf den Brachflächen, die Düngung der Felder mit Gips und die Ausweitung der Stallhaltung der Tiere, was aus damaliger Sicht eine bessere Fütterung ermöglichte und bewirkte, dass man den gesammelten Mist als Dung für die Felder nutzen konnte. Dazu kam, dass Landwirtschaft immer stärker als gewinnorientiertes Gewerbe und nicht mehr als reine Subsistenzwirtschaft betrachtet wurde.[123] Bemerkenswert sind Debatten der damaligen Landwirtschaftsautoren über die Notwendigkeit und den Umfang der Tier-, vor allem der Schweine- und Mastgeflügelhaltung. So galt manchen die Schweine- oder Geflügelmast mit Getreide als völlig unökonomisch. Andere empfahlen, nur so viele Schweine zu halten, wie sich im jeweiligen Betrieb mit Überresten aus der Wirtschaft, Brauerei oder Brennerei bzw. Eicheln und Bucheckern füttern ließen. Beliebt war die Schweinehaltung allerdings unter anderem deshalb, weil man die geräucherten Produkte über den Winter als Vorrat lagern konnte.[124]

Die agrarischen Entwicklungen des 18. Jahrhunderts lassen sich vor allem durch zwei Elemente beschreiben: Zum einen wird die ursprüngliche Dreifelderwirtschaft mit Brachflächen und nahezu ganzjähriger Weidewirtschaft immer mehr durch vielfältigere, intensivere Fruchtfolgen, Futteranbau und Stallhaltung der Tiere abgelöst. Zum anderen wird Erfahrungswissen immer stärker durch Expertenwissen und die Ergebnisse von Experimenten ersetzt.

Die industrielle Revolution und die Folgen für Landwirtschaft und Tierhaltung

Seit dem Ende des 18. Jahrhunderts breitete sich die industrielle Revolution über Westeuropa aus. Eine Phase rasanter technischer und wissenschaftlicher Entwicklungen begann. Gleichzeitig wuchs die Bevölkerung in einem zuvor unbekannten Ausmaß. Die sozialen Verhältnisse entwickelten sich dramatisch. Das Armutsproblem verlagerte sich in die Städte, wo große Teile der Bevölkerung verelendeten.

Was vor dem Hintergrund der Aufklärung mit den Agrarschriftstellern, Agrarreformern und Agrarökonomen im 18. Jahrhundert begonnen hatte, setzte sich in der Gründung von Landwirtschaftsschulen, landwirtschaftlichen Fakultäten und in vielfältigen Experimenten zu landwirtschaftlichen, bodenkundlichen oder züchterischen Fragestellungen fort. Insgesamt kam es zu einer weiteren Verwissenschaftlichung des Denkens über Landwirtschaft[125] und zum Einsatz neuer Techniken und Maschinen. Dies zusammen kann als fortgesetzter Versuch interpretiert werden, ökologische Abhängigkeiten und Risiken zu vermindern und insgesamt zu einer Stabilisierung der Erträge beizutragen.[126]

Für das weitere Denken und die Entwicklung der Biowissenschaften waren aus heutiger Sicht die Erkenntnisse von Charles Darwin (1809–1882) zur Entstehung der Arten und die zunächst vergessenen Ergebnisse von Gregor Mendel (1822–1884) zur Züchtung bedeutend. Ebenfalls außerordentlich wichtig und von großer Wirkung für die praktische Landwirtschaft sind die Theorien von Justus von Liebig (1803–1873) zur Pflanzenernährung und seine grundlegenden Arbeiten zur Mineraldüngung. Liebig gilt als der Begründer der Agrochemie, die ganz wesentlich zur nachfolgenden Produktivitätssteigerung in der Landwirtschaft beitrug.

Intensivierung der Tierhaltung wie nie zuvor

Vor allem ab der zweiten Hälfte des 19. Jahrhunderts begannen sich die großen gesellschaftlichen Veränderungen der industriellen Revolution sehr deutlich auf die landwirtschaftliche Tierhaltung auszuwirken. Sie setzten eine Intensivierung in Gang, deren weitere Entwicklung heute als industrielle Tierhaltung oder Massentierhaltung in der Kritik steht.

Hühnerhaltung: Tradition und Gegenwart

Vergleichsweise spät begannen die Menschen, Hühner in ihrer Umgebung zu halten. Besonders die Römer beschäftigten sich intensiv mit der Haltung von Geflügel. Die Hühnerzucht brachte sehr unterschiedliche Hühnertypen hervor. Die Vielfalt reichte von den Kampfhähnen über farbenprächtige Schau- und Zwerghühner bis zu den heute sogenannten Zweinutzungsrassen. Lange Zeit wurden Hühner eher beiläufig auf landwirtschaftlichen Betrieben gehalten. In deren Umfeld ernährten sie sich nahezu selbstständig von Getreideresten, Speiseabfällen und kleinem Getier, das sie in den Gärten fanden. Wie andere landwirtschaftlich gehaltene Tiere waren auch die Hühner multifunktional und lieferten Fleisch und Eier. Im 20. Jahrhundert wurden die Hühner wegen der außerordentlichen Intensivierung ihrer Haltung bis hin zu den Batteriekäfigen und wegen ihrer extrem gesteigerten Produktivität durch spezielle Mast- oder Legelinien zum Inbegriff einer industrialisierten Tierhaltung.

Bis vor dem Ersten Weltkrieg hatte der Bestand an landwirtschaftlich genutzten Tieren deutlich zugenommen, sodass 1913 durchschnittlich etwas über 0,6 Großvieheinheiten (GV) pro Hektar gehalten wurden. Bemerkenswert ist dabei die ungleiche Entwicklung bei den Tierarten. Während Pferde und Rinder zwischen 1873 und 1913 nur um ungefähr ein Drittel zu- und die Schafbestände sogar um 80 % abnahmen, kam es zu mehr als der Verdopplung der Schweinebestände. Zum einen bildeten sich zu dieser Zeit die auf Schweinezucht spezialisierten Regionen heraus und zum anderen trugen Schweine erheblich zur Selbstversorgung bei. Gerade in kleinen Landwirtschaften oder in städtischen und vorstädtischen Arbeiterhaushalten wurden bevorzugt Schweine gehalten.[127]

Ein ganzes Bündel an Faktoren verursachte diese Veränderungen. Zum einen entwickelte sich eine steigende Nachfrage nach Fleisch und anderen Lebensmitteln tierischen Ursprungs wie Eiern und Milchprodukten. Auslöser dafür waren das Bevölkerungswachstum, das steigende Arbeitseinkommen und die veränderten Ansprüche der entstehenden Industriegesellschaft. Die wachsende nicht-landwirtschaftliche Bevölkerung nutzte gerne schnell zu konsumierende Produkte einschließlich der Lebensmittel tierischer Herkunft, während der Verbrauch von Getreide, Kartoffeln und Hülsenfrüchten abnahm.[128] Zum anderen wurden die steigenden Tierzahlen durch den höheren Anteil von Futterpflanzen in der ackerbaulichen Rotation und die Ausweitung bzw. Verbesserung von Wiesen- und Weideflächen in Kombination mit veränderten Zucht- und Fütterungsmethoden begünstigt. Für den wachsenden Futtermittelbedarf wurde außerdem importiertes Getreide eingesetzt, beispielsweise Gerste aus Russland für die stark wachsenden Schweinebestände.[129] Damit löste sich die Haltung der Tiere erstmals in nennenswertem Umfang von der Futtergrundlage des jeweiligen landwirtschaftlichen Betriebs. Gleichzeitig ermöglichten neue Kühl-, Konservierungs- und Transportmöglichkeiten, verderbliche Lebensmittel wie Milch, Milchprodukte und Fleisch auch in entfernteren Ballungsräumen zu vermarkten.

Festhalten lässt sich, dass ab dem Ende des 19. Jahrhunderts außerordentliche Ertragssteigerungen in der Landwirtschaft stattfanden, die nur in Kriegs- und Nachkriegszeiten unterbrochen wurden. In der Schweinehaltung setzte sich zunehmend ein neuer schnell wachsender, fleischreicher Schweinetyp durch, und bei den Rindern war eine Zunahme des Schlachtgewichts zu verzeichnen. Ähnliches gilt für die Milchleistung je Kuh, die zwischen 1873 und 1913 um 70 % zunahm und um 1900 knapp 2000 l betrug. Etwas später entwickelte sich die Legeleistung je Henne, die sich zwischen 1935 und heute annähernd verdreifacht hat.[130]

Info

Großvieheinheiten (GV): Tierbestände erfassen und vergleichen

Um die Tierzahlen unterschiedlicher Tierarten miteinander vergleichen oder verrechnen zu können, wird als Umrechnungsschlüssel die sogenannte Großvieheinheit verwendet. Sie entspricht 500 kg Lebendmasse landwirtschaftlich genutzter Tiere. Ein ausgewachsenes Rind, zehn ausgewachsene Schafe, 250 Hühner oder eine je nach Körpergewicht variierende Zahl von Schweinen stellen beispielsweise eine Großvieheinheit dar. Mithilfe der Großvieheinheiten lassen sich Bestands- und Besatzdichten auch tierartenübergreifend erfassen. Solche Berechnung werden unter anderem verwendet, um den Flächen- oder Futterbedarf einer Tiergruppe abzuschätzen. Auch für die Einschätzung tierhaltungsbedingter Umweltbelastungen wird häufig auf Großvieheinheiten als Rechengröße zurückgegriffen.

Nach dem Zweiten Weltkrieg: Mechanisierung, fossile Energieträger und Spezialisierung

Nach der Teilung Deutschlands verstärkten sich die strukturellen Unterschiede zwischen Ost und West noch mehr. Im Osten entstanden die landwirtschaftlichen Produktionsgenossenschaften, die nach der Wende 1989 und vielfältigen Umstrukturierungen und Modernisierungen häufig als Agrargenossenschaften weitergeführt wurden. Im westdeutschen Selbstverständnis und auch in der Gesetzgebung dominierte als Leitbild noch einige Zeit der sogenannte bäuerliche Betrieb, der die wirtschaftliche Existenz einer Familie gewährleisten sollte.[131] Die Ziele der damaligen westdeutschen Landwirtschaftspolitik mit dem Förderprogramm des Grünen Plans waren einerseits die Ernährungssicherung und andererseits ausreichende Einkommen für die Landwirte. Die tatsächlichen Ergebnisse waren beachtliche Lebensmittelüberschüsse wie die sogenannten Butterberge und das Ende vieler nicht mehr rentabler Betriebe.

Bereits in der Zeit des Deutschen Reichs hatte der Anteil der Menschen, die hauptberuflich in der Landwirtschaft arbeiteten,

44

von knapp 50 auf rund 35 % abgenommen. Nach dem Zweiten Weltkrieg ging der Anteil der Erwerbstätigen in der Land- und Forstwirtschaft auf zunächst knapp 30 % zurück. 1960 waren es schließlich nur noch 13,4 und 1970 7,5 %.[132] Inzwischen arbeiten nur noch 1,4 % oder knapp 620.000 der Erwerbstätigen in diesem Sektor.[133] Damit lebt ein sehr großer Teil der Bevölkerung in Deutschland landwirtschaftsferner als jemals zuvor.

Neben der Landwirtschaftsferne der Mehrheitsbevölkerung trugen vor allem drei weitere Entwicklungen dazu bei, dass sich die Landwirtschaft einschließlich der Tierhaltung in den letzten 70 Jahren sehr weit von den traditionellen Formen entfernt hat und sich deshalb häufig kaum noch verständlich machen kann. Die erste dieser drei besonders prägenden Entwicklungen ist der wachsende Einsatz fossiler Energien für die zunehmende Mechanisierung und für synthetische Düngemittel. Bis zum 20. Jahrhundert basierte die Landwirtschaft letztlich darauf, Sonnenenergie zu nutzen.

Durch die Photosynthese wurde Sonnenenergie als Biomasse gebunden und in Form von Nahrungs- und Futtermitteln zur Erzeugung von tierischer und menschlicher Muskelkraft, aber auch zur Erzeugung von organischem Dünger, vor allem in Form von Mist, genutzt. Erst durch die Verbreitung von Verbrennungsmotoren, Elektrizität und Stickstoff aus dem Haber-Bosch-Verfahren wurden die Grenzen dieses Solarenergiesystems aufgebrochen, und es fand auch für den agrarischen Bereich der Wechsel zum fossilen Energiesystem der Industriegesellschaft statt.[134] Unter anderem wegen der Angst vor neuen Hungersnöten konnten sich damalige alternative Ansätze zum Verständnis von Bodenfruchtbarkeit nicht durchsetzen.[135]

Nach dem Zweiten Weltkrieg beschleunigte sich der Mechanisierungsprozess in der Landwirtschaft und erfasste alle Arbeitsbereiche. Gerade in kleiner strukturierten Gegenden, in denen die Betriebe häufig über außerlandwirtschaftliches Einkommen, aber wenig Arbeitskraft verfügten, nahm beispielsweise die Zahl der Traktoren bereits bis 1960 rasant zu.

Die erste Entwicklung, also der Übergang zum fossilen Energiesystem, hat das zweite Phänomen erst möglich gemacht, indem die zwangsläufige Kopplung von Landbewirtschaftung und Tierhaltung wegen der Zugkraft und Düngergewinnung entfiel. Die zweite umwälzende Entwicklung ist nämlich, dass in nahezu allen Bereichen der Landwirtschaft und der landwirtschaftlichen Tierhaltung eine immer stärkere Spezialisierung und Arbeitsteilung, also eine Desintegration, stattgefunden hat.[136] Begleitet wurde dies von einem massiven Strukturwandel in Richtung größerer Betriebe. Hinzu kam, dass durch die zunehmende Mechanisierung die Arbeitsproduktivität enorm stieg und eine Person viel umfangreichere Flächen oder Tierbestände bewirtschaften konnte als zuvor. Die Auswirkungen dieser Entwicklungen auf die Preise und Qualitätsanforderungen lösten wiederum Druck zur Modernisierung und Spezialisierung bei anderen aus. Betriebe, die diese Entwicklung nicht mitmachen wollten oder konnten, stellten die Landwirtschaft häufig ein. Ab den 1970er-Jahren formierte sich jedoch auch immer stärkerer Widerstand gegen diese angeblichen Zwangsläufigkeiten von Spezialisierung und Wachstum. Die Pioniere und Befürworter einer ökologischen Landwirtschaft versuchten, die geschilderten Auswirkungen des fossilen Energieregimes zu begrenzen. Sie setzten auf geschlossene Stoffkreisläufe und die Verbesserung der Bodenfruchtbarkeit.

Als drittes einflussreiches Phänomen dieser Entwicklungsphase muss man zur Kenntnis nehmen, dass sich die Politik im europäischen Maßstab in landwirtschaftliche Entwicklungen eingeschaltet hat, was mit vielen positiven wie negativen Effekten verbunden war und ist.

Die landwirtschaftliche Tierhaltung ist inzwischen geprägt durch außerordentlich leistungsfähige Tiere, deren Zucht zumeist durch größere, wissenschaftlich geführte Unternehmen gesteuert wird. Ein Tierhalter in der EU versorgte im Jahr 2013 durchschnittlich 38 Rinder, also Milchkühe inklusive Nachzucht, wobei es in Deutschland durchschnittlich 95 waren. Ungefähr drei Viertel aller Rinder werden in Deutschland inzwischen in Betrieben mit über 100 Tieren gehalten. Ähnlich ist die Situation bei Schweinen mit einer durchschnittlichen Bestandsgröße im Jahr 2013 von fast 600 Tieren.[137] Der weitaus dominierende Zweck der landwirtschaftlichen Tierhaltung ist heutzutage die Lebensmittelgewinnung. Weniger als 70 % der landwirtschaftlichen Betriebe in Deutschland halten Tiere, was bedeutet, dass über 30 % tierlos wirtschaften. Nur etwas mehr als die Hälfte der Betriebe gilt als sogenannte Futterbau- oder Gemischtbetriebe, die einen größeren Teil ihres Anbaus regelmäßig zur Futtergewinnung für die eigene Tierhaltung nutzen.[138]

Zusammenfassung

Vor rund 10.000 Jahren begannen die Menschen, ihre Nahrungsmittel durch Landbewirtschaftung zu gewinnen. Aus heutiger Sicht kann man den Eindruck gewinnen, dass sich Landbewirtschaftung und Tierhaltung über mehrere Jahrtausende vergleichsweise langsam entwickelte. Ganz anders wirken dagegen die letzten drei bis vier Jahrhunderte der Agrargeschichte, in denen sich parallel zu einer explodierenden menschlichen Bevölkerung die Veränderungen bei der Landbewirtschaftung und in der Tierhaltung überstürzten.

Während vieler Jahrhunderte war das vorrangige Ziel der Landwirtschaft in Mitteleuropa, eine einigermaßen zuverlässige Ernährungsgrundlage für die Bevölkerung sicherzustellen. Charakteristisch war, dass der überwiegende Teil der Bevölkerung selbst Landwirtschaft betrieb, um den eigenen Haushalt zu versorgen und mit den Überschüssen die städtischen Märkte in der näheren Umgebung zu bedienen. Die Haltung von Tieren diente keineswegs ausschließlich der Lebensmittelerzeugung. Tiere wurde auch um der Zugkraft willen und zur Erzeugung von Dünger gehalten. Die Tierhaltung war also multifunktional und wesentlicher Bestandteil einer erfolgreichen Flächenbewirtschaftung. Futtergrund-

lage für die Tierhaltung waren vor allem die Brachfläche der Dreifelderwirtschaft, der Aufwuchs extensiver sonstiger Weideflächen
und die im Betrieb erzeugten Futtermittel wie Hafer oder anderes
Sommergetreide und Kartoffeln bzw. die Überreste der Lebensmittelerzeugung und Essensreste. Die Tierhaltung war geradezu ein
Nebeneffekt der sonstigen Landnutzung und wurde gelegentlich
sogar als notwendiges Übel betrachtet.

Die besonders starke Intensivierung der Tierhaltung ab dem
Ende des 19. Jahrhunderts beruhte auf einem ganzen Bündel von
Faktoren. Dazu zählten Veränderungen beim Konsumverhalten
der Bevölkerung, die Verfügbarkeit von Geld zur Bezahlung von
Lebensmitteln tierischer Herkunft, billiges, zum Teil importiertes
Futtergetreide bei zugleich hohen Bodenpreisen und hohen Lohn-
kosten in der Landwirtschaft, ergänzt durch neue technische Mög-
lichkeiten für Transport und Lagerung verderblicher Produkte.
Die Intensivierung der Tierhaltung der zurückliegenden 150 Jahre
kann als Folge der historischen Megatrends Industrialisierung,
Mobilitätszuwachs und Globalisierung verstanden werden.

Der Konsum und die Preise landwirtschaftlicher Produkte wie
Fleisch, Milch und Eier haben sich in Deutschland von den zuvor
wichtigen Einflussgrößen wie Bevölkerungsumfang, Lohnniveau
und Flächenverfügbarkeit entkoppelt. Trotz des großen Anteils
von Menschen, die nahezu sämtliche Lebensmittel kaufen müssen
und zugleich über regelmäßiges Einkommen verfügen, sind die
Preise für ist dies nur durch die außerordentlichen Ertrags- und
Produktivitätssteigerungen in der Landwirtschaft und die Möglichkeit, zusätzliche Ressourcen wie Futter- oder Düngemittel auf
dem Weltmarkt vergleichsweise günstig einkaufen zu können.
Dies zusammen hat offenkundig zu einem so großen Angebot und
ständiger Verfügbarkeit von Fleisch, Milch und Eiern geführt, dass
der Marktwert dieser Produkte stetig abgenommen hat.

Das Verhältnis von Menschen und Tieren

Seit Jahrtausenden befassen sich Menschen damit, wie nahe sie sich den Tieren fühlen und wie ähnlich sie ihnen sind. Sie haben sich gefragt, welche Unterschiede bestehen und wie sich diese auf ihr Verhältnis zu den Tieren auswirken.

Das Mensch-Tier-Verhältnis in der Antike

Rund 2000 Jahre lang hatten die antiken griechischen Philosophen außerordentlichen Einfluss darauf, wie die Menschen in Europa sich selbst, Tiere, Pflanzen und ihre Umgebung wahrnahmen. Für die frühen griechischen Philosophen spielte zwar die Vorstellung der Seelenwanderung eine Rolle, und sie forderten Gewaltverzicht gegenüber Tieren. Allerdings gingen auch die Schüler des legendären Pythagoras (ca. 570–510 v. Chr.) von unterschiedlichen Graden der Vollkommenheit bei den Lebewesen aus.[139]

Zur Zeit von Aristoteles (384–322 v. Chr.) gab es eine klare Hierarchie der lebendigen Wesen.[140] Man unterschied die sesshaften, nach damaliger Auffassung empfindungslosen Pflanzen von den mobilen, empfindungsfähigen Tieren und räumte schließlich den Menschen als vernunftbegabten Wesen eine Sonderstellung ein.[141]

Die Begründung für die Sonderstellung des Menschen war jedoch nicht alleine die Zugehörigkeit zur Spezies Mensch. Es war vielmehr die Fähigkeit der Menschen, anhand von Kriterien zu urteilen, sich Regeln zu geben, sich selbst zu beobachten und abstrakte Begriffe zu bilden. Diese Fähigkeiten, die nach früheren Vorstellungen nur beim Menschen vorkommen, werden als Vernunft bezeichnet.

Aus dem Umstand, dass Tiere als vernunftlos betrachtet wurden, schloss Aristoteles, dass sie nicht philosophisch tätig und deshalb nicht glücklich sein konnten. Eine andere griechische

Philosophenschule, die Stoiker, ging davon aus, dass Tiere ausschließlich durch Instinkte gesteuert würden und deshalb nichts mit Moral zu tun hätten. Die Vernunftlosigkeit der Tiere galt den Stoikern als göttlich-naturhaftes Zeichen ihrer Bestimmung, den Menschen zu nützen. Damit trieben sie die hierarchische Ordnung auf die Spitze.[142, 143]

Die Regeln für den Umgang miteinander an der Sonderstellung der Menschen festzumachen, wird als Anthropozentrismus bezeichnet und prägte die Philosophie bis weit ins Mittelalter hinein. Als vereinfachte Alltagsüberzeugung wirkte diese stoisch-christliche Vorstellung allerdings noch wesentlich länger fort und wurde schließlich im 20. Jahrhundert als Speziesismus heftig kritisiert.

Ganz unkritisiert blieb die angebliche Sonderrolle der Menschen jedoch auch in der Antike nicht. So gab es Philosophen, die schon damals von einer nahen Verwandtschaft von Menschen und Tieren ausgingen. Plutarch (ca. 45–125 n. Chr.) führte schließlich das sogenannte Verrohungsargument ein: Wer Tiere quält und tötet, tue dies früher oder später auch mit Menschen. Tierschonung galt deshalb als eine Vorübung für soziale Charakterbildung.[144]

Helena aus dem Ei

Ungeachtet der Vorstellung der antiken Philosophen, dass den Menschen eine Sonderstellung zukomme, finden sich gerade in der Sagenwelt des klassischen Altertums verschiedene Figuren und Lebewesen, bei denen die Grenze zwischen Mensch und Tier aufgehoben wird. Häufig handelt es sich um Mischwesen, Chimären, die Merkmale von Menschen und Tieren aufweisen. Ein berühmtes Beispiel dafür ist der Zentaur, ein sprechendes Lebewesen, das halb Mensch halb Pferd gewesen sein soll. Auch bei der Entstehung berühmter Sagengestalten mischen sich immer wieder Elemente aus der Entwicklung von Menschen und Tieren. So heißt es, dass die schöne Helena, deren Raub den Trojanischen Krieg auslöste, gemeinsam mit ihren Brüdern Kastor und Polydeukes aus einem Ei entsprungen sei. Der Minotaurus dagegen, bei dem ein menschenähnlicher Körper einen Stierkopf trug, soll das Resultat der Begattung einer Frau durch einen Stier gewesen sein.

Im Mittelalter und den folgenden Jahrhunderten: Der Mensch behält seine Sonderrolle

Lange Zeit blieben die Philosophen und Naturwissenschaftler tonangebend, die die hervorgehobene Stellung der Menschen unangetastet ließen. Selbst der spätere Schutzheilige der Tiere Franz von Assisi (1181/82–1226) blieb weitgehend eine Episode. Im Hinblick auf den Umgang mit Tieren erwies sich der Kirchenlehrer Thomas von Aquin (1225–1274) als viel einflussreicher. Er vertrat auf Aristoteles aufbauend die Ansicht, dass man Tieren kein Wohlwollen entgegenbringen könne, weil sie nicht glückseligkeitsfähig seien.[145] Der Philosoph und Physiker René Descartes (1596–1650) orientierte sich dagegen an der Instinktlehre der Stoiker. Er reduzierte die zum Denken angeblich unfähigen Tiere zu lebenden Automaten, auch wenn er ihnen das Empfindungsvermögen nicht völlig absprach.[146]

Erst die darauf folgenden Reaktionen, die ab dem 17. Jahrhundert vor allem im angelsächsischen Raum entstanden, unterstrichen wieder die Bedeutung der Empfindungsfähigkeit von Tieren bzw. von Gefühl und Barmherzigkeit gegenüber ihnen. Die Vorrangstellung der Menschen als Gottes Ebenbild stehe keineswegs im Widerspruch dazu, die Bedürftigkeit anderer Kreaturen ernst zu nehmen. Die Statthalterschaft der Menschen war gerade die Begründung für eine Verantwortungsgemeinschaft, die die Tiere einschließt. Ein wichtiger Schritt war, dass protestantisch geprägte Vordenker im 17. Jahrhundert die Tiere zum Gegenstand von Pflichten der Menschen gegenüber Gott machten.[147]

An die Vorstellung einer solchen indirekten Pflicht knüpfte etwas später auch Immanuel Kant (1724–1804) an. Allerdings ersetzte er Gott als Instanz für die Verpflichtung durch den Menschen selbst. Das Quälen empfindungsfähiger Tiere zu unterlassen, war nach seiner Vorstellung eine Pflicht des Menschen gegenüber sich selbst. Tiere nicht zu quälen war für Kant nicht eine Art Übung der Tugendhaftigkeit und Selbstvervollkommnung, sondern erhielt eigenständiges Gewicht, weil bei Missachtung dieses Gebots das gesamte moralische Gefüge gestört würde.[148]

Andere Philosophen wie Arthur Schopenhauer (1788–1860) betonten dagegen das Mitleid als Grundlage für eine moralische Haltung gegenüber Tieren. Für Schopenhauer ging es um die Berücksichtigung des individuellen Wohls anderer. Die Möglichkeit zu dieser Rücksichtnahme erklärte er nicht durch theoretische Prinzipien, sondern dadurch, dass solche uneigennützigen Regungen erfahrungsgemäß vorkommen. Durch weiteres Überlegen sollte laut Schopenhauer eine andauernde Haltung von Mitleid ausgebildet werden.[149]

Zeitgleich gab es andere mächtige Einflüsse, die die Begründungen für die jahrtausendealte Vorrangstellung der Menschen immer mehr ins Wanken brachten. Die Erschütterung des damaligen Weltbildes geschah vor allem durch die zunehmende, naturwissenschaftlich begründete Gewissheit, dass der Kosmos keineswegs so hierarchisch und stabil geordnet ist, wie man es noch im Mittelalter angenommen hatte. Die bis dahin geltende Vorstellung, dass alles in der Welt dem Wohle der Menschen dienen sollte, wurde fraglich[150], und die Frage, ob und wie Tiere genutzt werden dürfen, dringlicher.

Im Gefolge von Charles Darwin (1809–1882) und der modernen Evolutionstheorie sollte sich der Abstand zwischen Menschen und Tieren verringern und der Mensch immer mehr als Tier unter Tieren verstanden werden.[151] Bereits Darwin betrachtete die Unterschiede zwischen Menschen und Tieren selbst im Hinblick auf moralisches Handeln nur als graduell.[152]

Tierethik und Tierschutz entstehen

Von entscheidender Bedeutung für die Entstehung der modernen Tierethik waren schließlich die Arbeiten des englischen Philosophen und Sozialreformers Jeremy Bentham (1748–1832). Bentham gilt auch als Gründervater des Utilitarismus. Das Ziel aller

Bestrebungen im utilitaristischen Sinne ist es, die Summe des Nutzens für alle bzw. das Wohlergehen, die Freude und das Glück für möglichst viele zu maximieren. Im Jahr 1789 formulierte Bentham die vielzitierte Aussage, dass es nicht darauf ankomme, wie viele Beine, welche Behaarung oder welches Ende der Wirbelsäule ein empfindendes Wesen habe. Die entscheidende Frage sei nicht, ob es denken oder reden, sondern ob es leiden könne.[153, 154] Das Leiden und die Leidensfähigkeit der Tiere wurden damit zu einem entscheidenden Maßstab im Umgang mit Tieren.

Diese Vorstellung, die den Schutz der Tiere wegen ihrer Leidensfähigkeit einfordert, wird als Pathozentrismus bezeichnet und spielt auch heute im allgemeinen Verständnis von Tierschutz noch eine große Rolle. Das Bewusstsein für die Leidens- und Empfindungsfähigkeit von Tieren erlangte zu Recht in der weiteren Entwicklung der Tierethik und der rechtlichen Debatte große Bedeutung. Zunächst dominierten aber anthropozentrische, also an den Interessen der Menschen orientierte Argumente bei der beginnenden Tierschutz-Rechtssetzung (Seite 180).

Als Biozentrismus wird schließlich die Position bezeichnet, nach der allem Lebendigen ein eigener Wert zukommt. Als früher Vertreter einer biozentrischen Ethik wird deshalb auch Albert Schweitzer (1875–1965) betrachtet. Er entwickelte die Lehre der Ehrfurcht vor dem Leben, die allerdings die Notwendigkeit zu Töten unter bestimmten Bedingungen nicht ausschließt.[155, 156] Biozentrische Positionen werden später verstärkt von Vertretern der modernen Tierethik eingenommen.

Ab der ersten Hälfte des 19. Jahrhunderts – vermutlich als Folge der immer stärkeren Verwendung von Tieren in Industrie, Handwerk und Verkehr – kam es zunächst in England zur Gründung der ersten Tierschutzorganisationen. Der erste Tierschutzverein in Deutschland wurde 1837 in Stuttgart gegründet und besteht noch heute.

Was Menschen über das Denken der Tiere wissen

Dass die klare Grenzziehung zwischen Menschen und Tieren heute nicht mehr bestehen kann, zeigt nicht zuletzt die Diskussion über das Denken der Tiere. Was aber ist Denken? Was ist Geist? Wer nach dem Geist der Tiere fragt, möchte wissen, ob Tiere über psychische, kognitive, mentale oder geistige Zustände wie Wahrnehmung, Erinnerung, Vorstellung, Absichten, Gedanken, Denken, Bewusstsein oder Selbstbewusstsein verfügen.[157] Spätestens als Jane Goodall (geboren 1934) die Herstellung und den Gebrauch von Werkzeug durch Schimpansen beobachtete, wurde deutlich, dass offensichtlich nicht die Menschen alleine mit der Fähigkeit ausgestattet sind, gezielt in mehreren Schritten vorzugehen, um ihr Ziel zu erreichen.

Unbestreitbar ist, dass das Verhalten von Tieren nicht nur Reiz-Reaktions-Mustern folgt, sondern dass Tiere Absichten haben können. Das setzt Denken voraus. Anschauliche Beispiele dafür sind neben dem Werkzeuggebrauch andere zielgerichtete Handlungen, die beispielsweise immer wieder von Pferden, Rindern, Ziegen oder Katzen berichtet werden. Offensichtlich können Tiere auch Vorstellungen über ihre Umwelt und soziale Umgebung entwickeln[158], die auf Erlerntem basieren und das Verhalten mitbestimmen. Solche Vorstellungen werden als Gedanken bezeichnet. Außerdem weiß man inzwischen, dass manche Tiere in der Lage sind, sich Empfindungen und Gedanken anderer Individuen vorzustellen und sich selbst zu erkennen. An der prinzipiellen Denkfähigkeit von Tieren kann also kein Zweifel mehr bestehen, allenfalls daran, wie weit diese Fähigkeit bei den verschiedenen Tierarten reicht. Umstritten ist jedoch, inwieweit Tiere ein Bewusstsein für ihre eigenen Wünsche und Interessen, also Selbstbewusstsein im philosophischen Sinn, entwickeln können.

Ein grundlegendes Problem kann aber weder das Nachdenken über den Geist der Tiere noch die kognitive Ethologie auflösen: Warum gelten stets Merkmale wie Denkfähigkeit oder Bewusstsein als Maßstab dafür, welche moralische Bedeutung man anderen Lebewesen zumisst? Ist das nicht ein Hinweis darauf, dass sowohl die antiken wie die moderneren Philosophen und selbst die im Folgenden vorgestellte Tierrechtsbewegung nicht in der Lage sind, sich von traditionell an den menschlichen Eigenschaften orientierten Maßstäben zu lösen?

Tierbefreiung und Tierrechtebewegung

Als im 20. Jahrhundert viele Pflanzen- und Tierarten verschwanden, weil die Auswirkungen menschlicher Aktivitäten Lebensräume zerstörten, entstand die Umweltbewegung. Parallel dazu wuchs das Unbehagen über den teilweise hoch technisierten Umgang mit Tieren für die Lebensmittelerzeugung und den massenhaften Einsatz von Tieren zu wissenschaftlichen Zwecken. Bücher wie das 1964 erschienene „Animal Machines" von Ruth Harrison (1920–2000), die eine breite Öffentlichkeit erreichten, waren Auslöser für eine intensivierte Auseinandersetzung mit tierethischen Fragen. Harrison hatte bereits Mitte der 1960er-Jahre eindringlich dargestellt, wie sehr sich Methoden der industriellen Produktion bei der Haltung landwirtschaftlich genutzter Tiere verbreitet hatten. Insbesondere im englischsprachigen Raum entstanden ab den 1970er-Jahren wichtige Publikationen, die zur Grundlage der modernen Tierethik und der Tierrechtsbewegung, genauer der Tierrechtebewegung, wurden.

Zentrales Anliegen der Tierbefreiungs- und Tierrechtsbewegung ist es, Tieren eine dem Menschen gleichberechtigte moralische Stellung mit eigenen Rechten einzuräumen und sie so von der Herrschaft der Menschen zu befreien. Unter Rechten versteht man in diesem Zusammenhang nicht juristische Regeln, sondern berechtigte eigenständige Ansprüche. Um den Tieren eigene Rechte zu ermöglichen, muss nach Ansicht von Tierrechtlern der sogenannte Speziesismus, also die ungerechtfertigte und lediglich auf der Artzugehörigkeit basierende Besserstellung der Menschen gegenüber den Tieren, beendet werden.

Der Gleichheitsgedanke gilt als grundlegendes Prinzip für die Ethik von Peter Singer (geboren 1946), dem Begründer der modernen Tierethik. Er fordert die gleiche Berücksichtigung der Interessen für alle Spezies, die die Fähigkeit besitzen, sich zu freuen und zu leiden.[159] Die Grenze der Empfindungsfähigkeit markiert für Singer die Grenze seiner Tierbefreiungsethik, die bei den Tieren erreicht werde, die kein zentrales Nervensystem besitzen. Die Empfindungsfähigkeit begründet nach Singer nur das Verbot, diesen Lebewesen Schmerz zuzufügen. Moralische Gründe gegen das Töten bestehen nach seiner Auffassung dagegen offenbar nur, wenn das jeweilige Lebewesen bewusst an seiner eigenen Existenz hängt und ein Bewusstsein für Zukunft hat.[160] Insbesondere diese zweite Grenzziehung, die beispielweise geistig behinderte Menschen oder Säuglinge gegenüber anderen Menschen und einigen Tieren benachteiligt, hat Singer viel Kritik eingetragen. Hinzugefügt werden muss, dass Singer zwar eine gleiche Interessenabwägung, nicht aber eine tatsächliche Gleichbehandlung für alle nach seiner Definition empfindungsfähigen Lebewesen fordert.[161, 162] Zudem ist es nach Singer möglich, alle positiven wie negativen Konsequenzen einer Handlung gegeneinander aufzurechnen.[163] Singer schließt deshalb nicht jede Art der Nutzung von Tieren aus; eine Rechtfertigung des Fleischverzehrs erscheint ihm zwar nicht möglich, wohl aber mancher Tierversuche.[164, 165]

Alle denkbaren Konsequenzen des Handelns gegeneinander aufzurechnen und dabei sogar eine Nutzenkalkulation über Individuen hinaus vorzunehmen, lehnte ein anderer prominenter Vertreter der modernen Tierethik ab.[166] Der US-amerikanische Philosoph Tom Regan (1938–2017) argumentierte, dass der gute Zweck das schlechte Mittel eben nicht legitimiere, auch wenn im utilitaristischen Verständnis beispielsweise die Schädigung eines einzelnen Individuums zugunsten der Gesamtheit zulässig wäre. Als Grundlage, warum etwas als moralisch gut oder schlecht gewertet wird, also als Moraltheorie, versage der Utilitarismus. Stattdessen formuliert Regan schon frühzeitig ein anderes wichtiges Element der modernen Tierethik und der Tierrechtsdebatte:

den Wert des Individuums um seiner selbst willen, der auch als inhärenter, also dem einzelnen Lebewesen innewohnender Wert bezeichnet wird und völlig unabhängig von anderen Merkmalen wie Intelligenz oder Nützlichkeit ist.[167] Dieser inhärente Wert begründet laut Regan, dass Tiere Rechte haben. Nach Regan stehen den empfindungsfähigen Tieren die gleichen Rechte wie den Menschen zu; man darf sie genauso wenig schädigen oder benutzen. Regans Position ist demnach eine egalitäre Tierrechtsposition und wird in Anlehnung an andere Debatten auch als Abolitionismus bezeichnet, weil er die vollständige Abschaffung der Tiernutzung anstrebte.

Alle philosophischen Positionen, die eine Bevorzugung des Menschen aufgrund der reinen Spezieszugehörigkeit ablehnen, sind bestrebt, die sogenannte moralische Gemeinschaft auszuweiten. Inzwischen mehren sich allerdings die Stimmen, die kritisieren, dass diese Ausweitungsidee und der moralische Individualismus, bei dem die gesamte Ethik auf bestimmte moralisch relevante Eigenschaften der Lebewesen gestützt wird, die Realität zu stark vereinfache, zu abstrakt sei und selbst zu problematischen Grenzziehungen führe.

Ein verbindendes Element der Kritiker an Singers Utilitarismus oder des moralischen Individualismus ist, dass sie die Bedeutung der bereits bestehenden realen Beziehungen zwischen Menschen und Tieren hervorheben. Die britische Philosophin Mary Midgley (geboren 1919) betont, dass unser moralisches Leben im Zusammenhang mit Tieren von vielen Kriterien beeinflusst werde: Gerechtigkeit, spezielle Verantwortung, Klugheit, aber auch Dankbarkeit, Bewunderung, Staunen und gemeinsame Erfahrungen. Alle diese Elemente müssten berücksichtigt werden, um die Frage nach dem richtigen Umgang mit Tieren beantworten zu können.

Insbesondere Philosophinnen kritisieren, dass die zeitgenössische Moraltheorie ausschließlich auf Vernunft setze und Gefühle als Grundlage für Ethik ablehne, obwohl Mitgefühl eine Form des Wissens und eine komplexe intellektuelle wie emotionale Betätigung sei.[168] In den aktuellen Debatten zum Umgang mit Tieren ist Mitgefühl eine wesentliche Grundlage der sogenannten Fürsorgeethik, die keineswegs unpolitisch ist und durchaus Systemveränderungen fordert.[169]

Weitere aktuelle tierethische Ansätze

Auch Cora Diamond (geboren 1937) unterstreicht, dass es ein komplexes Vorhaben sei, Denkweisen, die unsere Einstellungen zu Menschen kennzeichnen, auf Tiere auszudehnen. Eine wichtige Rolle spielen nach ihrer Meinung Achtung und Mitleid gegenüber den Tieren, die sie ausdrücklich als Gefährten und Mitgeschöpfe bezeichnet.[170] Nach Diamond ist gerade die gelebte Realität der Grundstein für unser moralisches Verhältnis zu Tieren. Rosalind Hursthouse (geboren 1943) fordert schließlich eine Rückkehr zur Tugendethik.[171] Entscheidend sei, dass die Handlungen gegenüber Tieren einem tugendhaften Menschen entsprächen. Der tugendhafte Mensch handle durchaus rational im Sinne einer praktischen Klugheit, die aber auch Gefühle wie Mitleid einschließt. Weniger bedeutend sind nach ihrer Vorstellung der moralische Status oder einzelne Eigenschaften der Tiere. Einräumen muss man allerdings, dass die Vorstellungen von Midgley, Diamond oder Hursthouse keine einfachen Handlungsanweisungen ermöglichen, sondern unzählige Einzelentscheidungen und Abwägungsprozesse erforderlich machen.

Schließlich gibt es auch aktuelle Positionen, die versuchen, die verschiedenen Ansätze miteinander zu verbinden. Das Ergebnis ist, dass man sowohl die Unterschiede in den Beziehungen der Menschen zu Haus- oder Wildtieren akzeptiert, gleichzeitig aber allen Tieren eine Art Sockel an eigenen Rechten zugesteht. Nach Ursula Wolf (geboren 1951) leiten sich die unterschiedlichen Rechte von Menschen, Haus- oder Wildtieren nicht aus einem unterschiedlichen moralischen Status ab, sondern liegen an ihren unterschiedlichen Fähigkeiten und den unterschiedlichen Beziehungen zu ihnen.[172]

Für Elisabeth S. Anderson (geboren 1959) ergeben sich so drei Perspektiven, die sich nicht ausschließen: die Tierschutzperspektive, die unserem Mitgefühl mit den Tieren entspringt; die Tierrechtsperspektive, die auf dem Respekt vor den eigenständigen Ansprüchen der Tiere fußt und die Naturschutzperspektive, die auf unserem Staunen und unserer Ehrfurcht vor der Natur als einem Geflecht aus Lebewesen beruht. Stark vereinfachend kann man aber auch als Gegensatzpaar formulieren, dass der Tierschutzgedanke den Umgang mit Tieren und ihre Nutzung auf das „Wie" fokussiert, während die Tierrechtsbewegung das „Ob" infrage stellt.[173]

So sehr die moderne Tierethik die Ähnlichkeit zwischen Menschen und Tieren im Hinblick auf Empfindungsfähigkeit, Interessen und Lebenswillen betont, gibt es doch auch Ethikerinnen und Ethiker, die der Auffassung sind, dass an die Menschen besondere Anforderungen gestellt werden können und insofern bestimmte Unterschiede gar nicht aufgehoben werden sollten. So plädiert beispielsweise die US-Amerikanerin Lori Gruen (geboren 1962) für eine von fürsorglicher Wahrnehmung geprägte Beziehung der Menschen zu den Tieren, die sowohl emotionale Reaktionen wie auch Vorstellungskraft, Wissen, Reflexion und Handeln beinhalten sollte – und als verflochtene Empathie, entangled empathy, bezeichnet wird.[174, 175] Wichtiger als Prinzipien ist bei diesem Ansatz, die Wahrnehmungsfähigkeit für die Bedürfnisse der anderen zu entwickeln.[176] Gruen ist der Meinung, dass die üblichen ethischen Theorien gerade daran scheitern, dass sie zur Entfremdung von der sozialen und natürlichen Umgebung beitragen und moralische Vorstellungskraft und Motivation schwächen.[177]

Eine weitere Meinung ist, dass die Tiere eigentlich nur aussichtsreich auf den Menschen hoffen können, der sich als moralische Person begreifen und seiner Verantwortung bewusst werden muss, anstatt sich nur auf die Position als Tier unter Tieren zurückzuziehen.[178]

Der Vorwurf, die Tiere zu vermenschlichen

Zum Abschluss dieser Übersicht über tierethische Positionen soll noch auf einen Vorwurf hingewiesen werden, der immer dann vorgebracht wird, wenn es um mehr Schutz oder mehr Rechte für Tiere geht: Der Mensch könne doch gar nicht wissen, ob und unter welchen Bedingungen Tiere leiden. Diese Argumentation ging so weit, dass über Jahrhunderte bestritten wurde, dass Tiere Schmerzen empfinden. Diese Debatten sind auch heute noch nicht abgeschlossen. Den Befürwortern eines höheren Schutzanspruchs von Tieren wird vorgeworfen, sie gingen vermenschlichend vor. Sie würden die Tiere wie Menschen, also anthropomorph, betrachten. Deshalb würden sie über allzu simple Analogieschlüsse von den Empfindungen der Menschen auf diejenigen der Tiere schließen.

Dem lässt sich jedoch entgegenhalten, dass seit der Kenntnis über die Verwandtschaft von Menschen und Tieren viele weitere naturwissenschaftliche Erkenntnisse dazugekommen sind, die trotz mancher Unterschiede eben sehr viele und weitreichende neurologische Gemeinsamkeiten – Homologien[179] – zwischen Menschen und Tieren, insbesondere vielen Wirbeltieren, belegen. Auch im alltäglichen Umgang wird ganz pragmatisch davon ausgegangen, dass Tiere letztlich ähnlich wie Menschen empfinden. Das gilt auch für den Bereich der Tierversuche, der ohne gut begründete Analogieschlüsse, die auf den vielen Homologien zwischen Menschen und Tieren beruhen, wertlos wäre.

Trotzdem spielt dieser Anthropomorphismus-Vorwurf immer eine Rolle, wenn beispielsweise vor Gericht geklärt werden muss, ob Tiere unter bestimmten Bedingungen leiden oder inwieweit ihr Wohlbefinden beeinträchtigt wird. Es ist deshalb ein großes Anliegen der Verhaltensbiologie, die oft kritisierten Analogieschlüsse durch naturwissenschaftliche Erkenntnisse wie messbare und vergleichbare Befunde zu untermauern und auf diese Weise nachvollziehbar und gerichtsfest zu machen (Seite 184). Auch moderne Philosophen kommen zu dem Ergebnis, dass sich Analogieschlüsse nicht vermeiden lassen und sogar notwendig sind. Sie plädieren deshalb für einen kritischen Anthropomorphismus als notwendige und zulässige Methode, bei der auf unterschiedliche wissenschaftliche Disziplinen zurückgegriffen werden sollte.[180]

Keinen Zweifel kann es allerdings mehr daran geben, dass die Debatte, wie man mit Tieren umgehen sollte, spätestens im 21. Jahrhundert in Europa und Nordamerika breite Kreise der Öffentlichkeit erreicht hat. Die Ergebnisse einer repräsentativen Befragung von über 27.000 Personen im Jahr 2015 durch die europäische Kommission belegen dies eindrücklich. Für 94 % der europäischen Bevölkerung ist demnach der Schutz von landwirtschaftlich genutzten Tieren wichtig und 82 % sind der Meinung, dass es in diesem Bereich Verbesserungen geben sollte.[181]

Aus ethischen Gründen vegetarisch und vegan

Vegetarische oder vegane Lebensweisen (Seite 24) können als einflussreicher Trend des 21. Jahrhunderts angesehen werden. In Deutschland leben mittlerweile rund 8 Millionen Vegetarier und 1,3 Millionen Veganer.[182] Andere Quellen sprechen von ungefähr 4 % Vegetariern in Deutschland.[183, 184] Weltweit soll es 1 Milliarde Vegetarier geben.[185]

Die Gründe für den Verzicht auf Fleisch oder andere Lebensmittel tierischer Herkunft können sehr unterschiedlich sein und reichen von gesundheitlichen über geschmackliche bis zu religiösen Ursachen. Besonders wichtig ist zurzeit die ethische Begründung. Beim ethisch motivierten Vegetarismus oder Veganismus sind es moralische Wertvorstellungen, die das Konsumverhalten bestimmen. Zielsetzungen sind dann beispielweise, Tierleid zu vermeiden oder die Umwelt zu schonen und zum Klimaschutz beizutragen – und damit auf die großen Herausforderungen des 21. Jahrhunderts zu reagieren.

Als Argumente gegen den Verzicht auf Fleisch werden häufig angeführt, dass Menschen seit jeher Fleisch verzehrt hätten oder

dass der Verzicht auf Fleisch, Eier und Milchprodukte zu Mangel-
erscheinungen führe. Diese Argumentationsweise beinhaltet zwar
viele zutreffende Umstände, geht aber am Kern der Fragestellung
eines ethisch argumentierenden vegetarisch oder vegan lebenden
Menschen vorbei.[186] Der ethisch begründete Vegetarismus und Veganismus stellt eine mögliche Antwort auf die Frage dar, ob es
heute unter den gegebenen Bedingungen des 21. Jahrhunderts
richtig ist, Fleisch zu verzehren oder andere tierische Produkte zu
konsumieren und dafür Tiere zu töten, völlig unabhängig davon,
dass Fleischkonsum eine lange Tradition hat und in anderen Zeiten zur Ernährungssicherung beigetragen hat.

Zusammenfassung

Für die ethisch begründete Antwort auf die Frage, ob, wie und
wofür Menschen Tiere nutzen dürfen, ist nicht entscheidend, welche Traditionen in einer Gesellschaft oder Region bestehen und
wie solche Gebräuche entstanden sind. Aus ethischer Sicht ist ausschlaggebend, ob es vernünftige, an Wertvorstellungen orientierte
Begründungen für die Nutzung von Tieren gibt, die ausreichen,
um die Ansprüche oder Bedürfnisse der einzelnen Tiere einzuschränken. Häufig werden die historischen oder traditionellen Argumente mit denen, die aus Moralvorstellungen heraus entstehen,
vermischt, obwohl es sich dabei um zwei völlig unterschiedliche
Ebenen der Debatte handelt.

Von zentraler Bedeutung für tierethische Positionen sind Debatten darüber, welche Eigenschaften einen – und wenn ja, welchen – moralischen Status begründen, ob Menschen und Tiere
prinzipiell gleichartig oder unterschiedlich betrachtet werden
müssen und ob ihnen eigene moralische Ansprüche zukommen.
Insbesondere die bereits seit der Antike diskutierten Fragen nach
dem Geist, dem Denkvermögen und der Leidens- bzw. Empfindungsfähigkeit spielen dabei eine große Rolle.

Da es sich nach heutigem Verständnis bei den Unterschieden zwischen Menschen und Tieren im Hinblick auf ihre geistigen Fähigkeiten im Wesentlichen um einen graduellen Unterschied handelt, ergibt sich daraus möglicherweise eine Chance: Einerseits lässt sich eine so große Ähnlichkeit zwischen Menschen und Tieren feststellen, die die Sonderstellung der Menschen weitgehend beendet. Andererseits bleibt ausreichend viel Unterschied erhalten, der ermöglicht, den Menschen zwar weniger spezielle Rechte, dafür aber bestimmte Aufgaben und Verantwortung zuzuweisen.

Auch vor diesem Hintergrund kann die ethische Beantwortung der Frage nach der Tiernutzung immer noch sehr unterschiedlich ausfallen, je nachdem, welche Wertvorstellungen und moralischen Grundhaltungen individuell, kulturell oder regional einbezogen und wie sie gewichtet werden. Es bleibt also zu klären, ob, in welchem Umfang und unter welchen Bedingungen landwirtschaftliche Tierhaltung und -nutzung im 21. Jahrhundert durch Werte und Normen begründet werden kann.

Bemerkenswert ist in jedem Fall, dass ungeachtet der zum Teil hitzigen tierethischen Debatten offensichtlich ein breiter, europaweiter gesellschaftlicher Grundkonsens darüber besteht, dass die Lebensbedingungen landwirtschaftlich genutzter Tiere verbessert werden müssen.

Der Ist-Zustand: Das angepasste und überforderte Tier

Seit Wildtiere zu Haustieren wurden haben Menschen die Größe, das Aussehen und die Leistungsfähigkeit der Haustiere beeinflusst. Frühzeitig lernten die Menschen, die Fortpflanzung der Tiere zu kontrollieren und gezielt Individuen für die Verpaarung einzusetzen. Eine Technik zur Kontrolle der Fortpflanzung und zur einfacheren Handhabung der Tiere ist die Kastration der männlichen Individuen. Funde legen nahe, dass Kastrationen bereits in der Jungsteinzeit bei Rindern, Schweinen und Schafen praktiziert wurden.[187] Über mehrere Jahrtausende war der Einfluss der Menschen jedoch offensichtlich begrenzt, mit dem Ergebnis, dass mittelalterliche Hausschweine auch äußerlich stark den Wildschweinen ähnelten und Rinder kaum mehr Milch gaben, als zur Versorgung ihres Kalbes nötig war.

In den letzten 150 Jahren haben sich die züchterischen Methoden und technischen Möglichkeiten bei der Tierhaltung rasant weiterentwickelt. Außerdem hat auch bei den tierhaltenden Betrieben während der zurückliegenden Jahrzehnte ein starker Trend zur Spezialisierung und zum Größenwachstum geherrscht.[188, 189] Angetrieben wurde dies durch die Vorstellung und Erfahrung, dass größere Betriebe wirtschaftliche Vorteile erlangen und ihre Produkte in einem umkämpften Markt preisgünstiger anbieten können. Ob diese Vorstellung zu einer nachhaltigen Landwirtschaft führt, also einer Landwirtschaft, die umfassend aktuellen und künftigen Anforderungen gerecht werden kann, wird inzwischen zunehmend bezweifelt.

Es lässt sich nicht bestreiten, dass sich im Lauf der Entwicklung für viele landwirtschaftlich genutzte Tiere auch Verbesserungen ihrer Lebensbedingungen ergeben haben. Als Beispiel kann auf das früher verbreitete sogenannte Schwanzvieh – halbverhungerte Rinder am Ende des Winters – oder die dunklen, oft stickigen Ställe vieler Rinder und die winzigen, kaum begehbaren Koben der Schweine verwiesen werden. Dennoch ist die Kluft zwischen dem Wissen über die Bedürfnisse der Tiere und der Realität in der Tierhaltung heute häufig größer denn je.

Wirtschaftlicher Druck, Zeitmangel und der allgemeine Trend zur Mechanisierung (Seite 44) haben die Methoden in der landwirtschaftlichen Tierhaltung – mit Ausnahme der fachlich überholten Anbindehaltung von Rindern – deutlich verändert. Damit verbunden sind mehrere kontrovers diskutierte Problemstellungen. Im Folgenden werden nur die markantesten angesprochen, um die Gesamtsituation zu illustrieren.

Einschränkung des normalen Verhaltens und der Bewegungsfreiheit

In den aktuellen Debatten werden insbesondere drei Haltungsverfahren als besonders problematisch für die Bewegungsmöglichkeiten und das Verhalten der Tiere eingestuft: die Anbindehaltung von Rindern, die Einzelhaltung von Sauen, also weiblichen Zuchtschweinen in Kastenständen, und die Sauenhaltung in Abferkelbuchten mit Fixierung durch die sogenannten Ferkelschutzkörbe.

Rinder sind gesellige Tiere, die unter natürlichen oder naturnahen Bedingungen in mehreren Zeitabschnitten acht bis zwölf Stunden am Tag damit verbringen, zu grasen und sich dabei langsam bis zu 13 km fortzubewegen. Sieben bis zwölf Stunden am Tag ruhen die Tiere. Vor allem während der Ruhephasen käuen sie wieder. Rinder bevorzugen es, gemeinsam zu grasen und synchron zu ruhen. Die natürliche Sozialstruktur bei Rindern ist eine Kleinherde mit 20 bis 30 Tieren, die sich aus Mutterkühen mit ihrem Nachwuchs zusammensetzt und in der sich alle Tiere kennen. Die erwachsenen Bullen leben unter natürlichen oder naturnahen Bedingungen einzeln oder in kleinen Gruppen. Das Sozialverhalten der Rinder wird durch komplexe Rangordnungen bestimmt, die über längere Zeit stabil sind. Die sozialen Kontakte umfassen auch erkennbare freundschaftliche Beziehungen zwischen Tieren. Trotz ihres ausgeprägten Herdenverhaltens halten die ausgewachsenen Tiere eine Individualdistanz von 0,5 bis 3 m zueinander ein. Vor der Geburt separiert sich das gebärende Tier von der Gruppe.[190, 191]

Bei der permanenten oder saisonalen Anbindehaltung von Rindern, wozu Ketten oder Halsrahmen verwendet werden, ist das Normalverhalten der Tiere nur stark eingeschränkt ausführbar. Das betrifft neben dem Bewegungsverhalten die Ausbildung einer Rangordnung, das Liegeverhalten und nahezu sämtliche Verhaltensweisen im Zusammenhang mit der Fortpflanzung. Außerdem bestehen in der Anbindehaltung erhöhte Risiken für die Tiergesundheit, die sich kaum oder nur mit erheblichem Mehraufwand beheben lassen. Das Spektrum der Risiken reicht dabei von Klauenerkrankungen über Zitzenverletzungen bis zu verschiedenen Fortpflanzungsstörungen und Erkrankungen des Verdauungsapparates.[192, 193] Tierhaltungsexperten empfehlen deshalb ausdrücklich, andere Haltungsverfahren zu nutzen.[194] Dennoch wurde die Anbindehaltung von Rindern bislang nicht verboten – trotz eines Beschlusses des Bundesrats dazu, einschließlich eines Vorschlags für eine mehrjährige Übergangszeit[195, 196]. Etwas abgemildert werden die Einschränkungen für die Tiere, wenn die Anbindehaltung mit Weidegang oder anderen Formen von Auslauf kombiniert wird. Der Anteil rinderhaltender Betriebe in Deutschland, die nach wie vor Anbindehaltung praktizieren, variiert stark nach Regionen, erreicht aber in manchen Bundesländern 35 %.[197, 198] Jede vierte Milchkuh in Deutschland wurde im Jahr 2010 angebunden gehalten.[199] Zurzeit soll nach Angaben der Bundesregierung noch jedes fünfte Rind in Deutschland so gehalten werden, was nach der Begriffswahl Jungrinder und Masttiere einschließen würde.[200]

Auch Schweine leben natürlicherweise in stabilen Gruppen von 20 bis 30 ausgewachsenen weiblichen Tieren und deren Nachwuchs zusammen. Die männlichen Tiere verlassen im Alter von einem bis eineinhalb Jahren die Herkunftsgruppe. Für Schweine sind ein ausgeprägtes Sozialverhalten und die Trennung der verschiedenen Aktivitätsbereiche charakteristisch. Schweine gelten als Kontakttiere, die in der Regel mit Hautkontakt zu Gruppenmitgliedern liegen. Die Schlafnester für die ganze Gruppe werden täglich neu angelegt oder ausgebessert. Unter naturnahen Bedingungen beträgt die nächtliche Ruhephase elf bis 15 Stunden; während des Tages kommen drei Stunden dazu. Schweine vermeiden es, Kot und Harn in der Nähe ihrer Liegebereiche abzusetzen, und suchen dafür spezielle Kotplätze auf. 70 bis 80 % ihrer Aktivitätsphase verbringen Schweine unter natürlichen Bedingungen mit der Futtersuche und Futteraufnahme. Unter den gängigen Bedingungen der landwirtschaftlichen Schweinehaltung verkürzt sich insbesondere diese Zeit auf wenige Minuten am Tag.[201] Das Verhalten der Schweine hat sich im Verlauf der Domestikation im Vergleich zu Wildschweinen nur wenig verändert. Es bestehen keine qualitativen Unterschiede; Hausschweine sind lediglich schwerfälliger und unbeholfener als Wildschweine.[202] Die Motivation für viele Verhaltensweisen wie beispielsweise das Wühlen zur Futtersuche oder das Bauen eines Wurfnestes ist deshalb bei Hausschweinen unter den Bedingungen einer technisierten Haltungsumgebung nicht geringer als bei Wildschweinen oder bei der Haltung unter naturnahen Bedingungen.

Vor diesem Hintergrund sind mehrere gängige Haltungsverfahren in der Schweinehaltung inzwischen mit gutem Grund umstritten. Ganz besonders trifft dies auf die Einzelhaltung von weiblichen Mutterschweinen zu. Auch bei der konventionellen Schweinemast auf Vollspaltenböden ohne zusätzliche Strukturierung der Bucht wird zunehmend bezweifelt, dass solche Haltungsverfahren überhaupt mit den Grundsätzen des Tierschutzrechts vereinbar sind.[203]

Ferkelschutzkörbe und Kastenstände

Die Einzelhaltung von Sauen ist in zwei mehrwöchigen Abschnitten des Produktionszyklus rechtlich zulässig; während der übrigen Zeit müssen die Sauen in Gruppen gehalten werden. Eine Woche

Der Platz für Hühner: Was einer Legehenne rechtlich zugestanden wird

Zu den rechtlich definierten Mindestanforderungen bei der Hühnerhaltung zählt, dass bei der sogenannten Bodenhaltung maximal neun Hennen pro Quadratmeter nutzbarer Fläche gehalten werden dürfen. Das heißt, dass einer Legehenne bei diesem Haltungsverfahren insgesamt 1111 cm² Platz zustehen, was etwa einer Fläche von 33 × 33 cm entspricht. Bei Stallsystemen mit mehreren nutzbaren Ebenen dürfen es 18 Hennen pro Quadratmeter Grundfläche sein. Pro Henne müssen mindestens 250 cm² Einstreubereich zur Verfügung stehen, damit die Tiere scharren können. Außerdem müssen jeder Henne mindestens 10 cm Platz an einem langgestreckten Futtertrog oder 4 cm bei Rundtrögen und 15 cm Platz auf den Sitzstangen eingeräumt werden.[204] Wer Hühner dabei beobachtet hat, wie sie ausgiebig Sandbäder nehmen, Futter suchen, kräftig scharren, flattern und rennen, und weiß, dass sie gerne ungestört ruhen, wird diese Vorgaben nicht zufriedenstellend finden können.

Diese grundlegenden Mindestanforderungen an die Bodenhaltung von Hühnern werden zudem bei der sogenannten Kleingruppenhaltung noch deutlich unterschritten. Bei dieser bis maximal 2028 zulässigen Käfighaltung werden den Hühnern lediglich 800 bzw. bei schweren Tieren 900 cm² Platz und deutlich kleinere Nest- und Einstreuflächen zugebilligt.[205]

vor dem errechneten Geburtstermin werden die hochträchtigen Zuchtschweine in spezielle Abferkelbuchten eingestallt und dort in der Regel durch sogenannte Ferkelschutzkörbe fixiert. Diese Ferkelschutzkörbe sind eine gatterartige Konstruktion um die Sau herum, die verhindern soll, dass die Muttertiere beim Hinlegen Ferkel erdrücken. Zwar lassen sich auf diese Weise Erdrückungsverluste bei den Ferkeln reduzieren. Das Muttertier wird aber zugleich daran gehindert, sich umzudrehen, ein Nest zu bauen, sich aktiv um die Ferkel zu kümmern oder einen Liegeplatz selbst zu wählen. Für das Muttertier, das sich lediglich wenige Zentimeter vorwärts und rückwärts bewegen kann, ist es nicht einmal möglich, seinen Liegeplatz von dem Platz zu trennen, an dem es Kot und Harn absetzt.[206]

Nach dem Entwöhnen der Ferkel im Alter von drei bis vier Wochen wird das Muttertier üblicherweise in den Stallbereich gebracht, in dem das Decken stattfindet. Dort dürfen die Tiere bis zu vier Wochen nach dem Decktermin in Kastenständen erneut einzeln gehalten werden. Meistens findet erst im Anschluss daran wieder Gruppenhaltung statt. In den Kastenständen können sich die Tiere ebenfalls nicht umdrehen oder fortbewegen. Die Rechtsvorgabe verlangt lediglich, dass keine Verletzungsgefahren bestehen dürfen und dass die Tiere in den Kastenständen ungehindert abliegen und aufstehen können. Der Platz muss nur so bemessen sein, dass die Tiere beim Liegen den Kopf und in Seitenlage die Gliedmaßen ausstrecken können.[207]

Weil die Muttertiere den Produktionszyklus mit der insgesamt neunwöchigen Einzelhaltung ungefähr zweieinhalbmal in einem Jahr durchlaufen[208], werden sie fast die Hälfte des Jahres in den Abferkelbuchten bzw. im Kastenstand gehalten.

Die Gründe für die Einzelhaltung von Sauen sind vor allem arbeitswirtschaftlicher Art. Die Vorteile einer schnellen und einfachen Versorgung der Tiere werden allerdings mit erheblichen Verhaltenseinschränkungen und zusätzlichen Erkrankungsrisiken vor allem bei den Muttertieren erkauft.[209] Die Folgen sind insbesondere Verhaltensstörungen wie das sogenannte Trauern, das Stangenbeißen oder Leerkauen. Haltungsbedingt treten zudem vermehrt Liegeschwielen und Dekubitus, Klauenerkrankungen, Veränderungen am Bewegungsapparat oder Infektionen und Entzündungen des Gesäuges und der Gebärmutter auf.

Es gibt inzwischen zahlreiche Vorschläge, wie sich die Fixierung der Sauen in den Abferkelbuchten ganz oder zumindest weitgehend vermeiden lässt, ohne die Ferkel übermäßig zu gefährden. Allerdings erfordern alle Abferkelbuchten, in denen keine Fixierung stattfindet und die deshalb als Bewegungsbuchten bezeichnet werden, mehr Platz als konventionelle Verfahren. Dieser Platz wird benötigt, damit das Muttertier sich so ablegen kann, wie es unter naturnäheren Bedingungen geschieht: durch Lautäußerungen und Drehbewegungen kündigt die Sau an, dass sie sich hinlegt, sodass die Ferkel – vorausgesetzt sie sind vital – rechtzeitig ausweichen können.

Zootechnische Eingriffe aufgrund von Verhaltensstörungen

Seit rund 50 Jahren gehören mehrere sogenannte zootechnische Eingriffe zum Standardrepertoire der landwirtschaftlichen Tierhaltung. Ferkeln wird unter anderem bereits am ersten Lebenstag der Schwanz gekürzt, wozu schneidende oder schneid-brennende Werkzeuge, sogenannten Thermokauter, eingesetzt werden.[210] Das Kupieren des Schnabels bei Küken wird direkt nach dem Schlüpfen durchgeführt. Der Eingriff, der mithilfe brennender Instrumente oder Infrarotlicht erfolgt, schließt nicht nur die verhornte Schnabelspitze mit den eingelagerten Tast- und Schmerzrezeptoren ein, sondern reicht bis in die knöcherne, durchblutete und mit Nerven ausgestattete Substanz des Schnabels.[211]

Aufgrund einer Vereinbarung der deutschen Geflügelbranche mit der Bundesregierung wurde die Praxis des Schnabelkürzens bei den weiblichen Legehühnerküken im Sommer 2016 eingestellt.[212] Für Putenküken und andere Geflügelarten gilt dies allerdings nicht.

Das Kupieren der Schnabelspitzen oder der Schwänze bei frisch geschlüpften Küken bzw. bei wenige Tage alten Ferkeln wird ohne Betäubung durchgeführt. Der Verzicht auf eine Betäubung ist rechtlich zulässig, beruht aber auf der früheren Fehleinschätzung, dass das Schmerzempfinden bei Neugeborenen noch nicht voll ausgeprägt sei. Diese Einschätzung ist seit vielen Jahren widerlegt.

Mehrere weit verbreitet auftretende Verhaltensstörungen sind der Grund dafür, warum solche routinemäßigen Amputationen vorgenommen werden. Mit den Eingriffen sollen die Auswirkungen von Federpicken, Kannibalismus oder Schwanzbeißen vermindert werden, ohne die eigentlichen Ursachen für die Verhaltensstörung abzustellen. Schwanzbeißen bei Schweinen wird ähnlich wie Federpicken bei Hühnern durch verschiedene Ursachen ausgelöst, die sich häufig gegenseitig verstärken können. Es handelt sich also um multifaktorielle Geschehen, weshalb es keine einfachen Handlungsanleitungen zur Vermeidung gibt.

Verhaltensstörungen

Verhaltensstörungen sind im Hinblick auf Ablauf, Intensität oder Frequenz erhebliche und andauernde Abweichungen vom Normalverhalten. So zählen Handlungen an nicht adäquaten Objekten wie beispielsweise Artgenossen oder dem eigenen Organismus zu den Verhaltensstörungen. Es können auch veränderte Abläufe des normalen Verhaltens auftreten. Häufig handelt es sich um Verhaltensweisen, die aus dem natürlichen Verhaltensrepertoire stammen, aber in der Dauer oder Häufigkeit vom Normalverhalten abweichen. Stereotypien oder Apathie sind ebenfalls Verhaltensstörungen.[213] Das abweichende Verhalten erfüllt die ursprüngliche Funktion nicht und kann zur Schädigung des verhaltensauffälligen Tieres selbst oder seiner Artgenossen führen. Die Auslöser für Verhaltensstörungen können organpathologisch, innerlich oder äußerlich sein. Durch Haltungsbedingungen verursachte, also reaktive Verhaltensstörungen sind ein Ausdruck dafür, dass die Verhaltenssteuerung eines Tieres beeinträchtigt und seine Anpassungsfähigkeit an die Umgebung überfordert ist.[214, 215] Beispiele für reaktive Verhaltensstörungen sind Schwanzbeißen, Stangenbeißen, Federpicken, Zungenschlagen, Besaugen von Stangen oder Artgenossen, pferdeartiges Aufstehen von Rindern, das sogenannte Trauern bei Schweinen, aber auch Lahmheiten und Ähnliches.

Das Verhaltensrepertoire der landwirtschaftlich genutzten Tiere, also ihr Spektrum natürlicher Verhaltensweisen, gleicht dem ihrer nicht domestizierten Verwandten viel stärker, als es lange Zeit unter Hinweis auf die jahrtausendelange Domestikation behauptet wurde. Besonders anschaulich lässt sich das zeigen, indem man Tiere der gängigen Rassen oder Zuchtlinien in eine naturnähere Haltungsumgebung bringt. Nahezu unverzüglich treten alle natürlichen Verhaltensweisen wie Staubbaden, Wühlen oder Suhlen in vollem Umfang auf.

Zum natürlichen tierartspezifischen Verhaltensrepertoire gehört, dass Tiere für bestimmte Verhaltensweise eine zum Teil stark ausgeprägte Motivation, also Handlungsbereitschaft, mitbringen. Die Handlungsbereitschaft wird grundsätzlich durch äußere und innere Faktoren beeinflusst. Die Einflussfaktoren reichen von den Umgebungsbedingungen und auslösenden Reizen über den Entwicklungszustand eines Organismus einschließlich dessen hormoneller Situation bis zur autonomen Erregung, die manchmal auch als intrinsische Motivation bezeichnet wird. Für manche Verhaltensweisen ist diese intrinsische Motivation sehr hoch, selbst wenn das Ziel des Verhaltens bereits erfüllt wurde. Ein bekanntes Beispiel dafür ist das anhaltende Saugbedürfnis von schnell getränkten Kälbern, das schließlich an Ersatzobjekten gestillt wird. Allgemeiner kann man formulieren: Ist ein Tier motiviert, eine Handlung auszuführen, dann beginnt es nach Möglichkeiten zu suchen, dieses Verhalten auszuleben.[216] Erst wenn die Verhaltensweise, für die eine Motivation besteht, also die Endhandlung, ausgeführt werden kann, wird die Motivation gelöscht und damit das Bedürfnis gestillt. Falls die Endhandlung nicht in ausreichendem Umfang zustande kommt und keine Löschung der Handlungsbereitschaft erfolgt, können Verhaltensstörungen entstehen.[217]

Dementsprechend wird das Schwanzbeißen bei Schweinen und das Federpicken bei Hühnern als fehlgeleitetes Erkundungs- und Futtersuchverhalten interpretiert, dessen Entstehung allerdings durch mehrere Faktoren ausgelöst und begünstigt wird. Es ist eines der Grundprobleme der intensivierten Tierhaltung mit reizarmer Umgebung, dass die Tiere unzureichend stimuliert werden, ihre innere Handlungsbereitschaft an geeigneten Objekten auszuleben. Zur Vermeidung von Verhaltensstörungen empfiehlt sich deshalb eine Anreicherung der Haltungsumgebung durch geeignete Beschäftigungsmaterialien oder andere Reize.[218]

Es gibt weitere zur landwirtschaftlichen Routine gehörende Eingriffe bei Tieren, die in der Regel betäubungslos durchgeführt werden, allerdings hauptsächlich andere Zielsetzungen verfolgen. Dazu zählt die Amputation der Schwänze bei weiblichen Lämmern, womit vor allem Verbesserungen bei der Hygiene erreicht werden sollen. Ein weiteres Beispiel ist das Veröden der Hornanlage bei Kälbern, um Unfallgefahren durch horntragende Tiere zu vermeiden. Das Enthornen mindert jedoch nicht nur Verletzungsrisiken für die betreuenden Menschen und die Stallgenossen, sondern beeinflusst auch die Rangordnung in der Herde. Bei behorn-

Federpicken und Kannibalismus

Das Bepicken von Federn sowie das Herausziehen und Fressen von Federn eines Artgenossen wird als Federpicken bezeichnet. Kannibalismus beschreibt das Picken und Ziehen an der Haut und dem darunterliegenden Gewebe einer anderen Henne und kann sowohl als Folge von Verletzungen durch Federpicken als auch unabhängig davon, zum Beispiel in Form von Kloaken- oder Zehenkannibalismus, auftreten. Es gilt als gesichert, dass Federpicken und Kannibalismus kein aggressiv motiviertes Verhalten darstellen, sondern Verhaltensstörungen sind und eine Beeinträchtigung des Wohlbefindens der betroffenen Hennen anzeigen.[219] Zu den wichtigsten Ursachen für das mangelnde Wohlbefinden der Hühner und damit zu den Auslösern für die Verhaltensstörung zählen ungenügende Möglichkeiten, natürliche Verhaltensweisen auszuleben, und Defizite bei der Futterzusammensetzung, Belüftung, Beleuchtung, Wasserversorgung, Temperaturführung oder Junghennenaufzucht, Befall mit Ektoparasiten sowie diverse weitere Nervosität und Stress verursachende Einflüsse. Es wird außerdem von einer genetischen Komponente ausgegangen.

Da Federpicken und Kannibalismus bei Hühnern ein fehlgeleitetes Futtersuch- und Futteraufnahmeverhalten darstellen, ist das ständige Anbieten von veränderbarem Material (Pickblöcke, Stroh- oder Heuballen, lockere Einstreu) von zentraler Bedeutung in der Legehennenhaltung.[220] Sobald Anzeichen von Federpicken oder Kannibalismus auftreten, müssen Gegenmaßnahmen und die Abklärung der Ursachen eingeleitet werden. Dazu zählt, dass beim ersten Auftreten der Verhaltensstörungen sofort zusätzliches Beschäftigungsmaterial angeboten wird.[221]

ten Tieren spielt die Ausprägung der Hörner – und damit das Alter der Tiere – eine wichtige Rolle; bei hornlosen Tieren ist dagegen das Gewicht der Tiere als Dominanzmerkmal bestimmender.

Kastration

Auch die Kastration männlicher Tiere gehört zu den Standardeingriffen bei landwirtschaftlich genutzten Tieren. Die größte Rolle spielt sie zurzeit bei Schweinen. Der Hauptzweck ist, den für viele Verbraucher unangenehmen Ebergeruch beim Fleisch zu vermeiden.

Bislang war es zulässig, männliche Ferkel mit wenigen Ausnahmen bis zum siebten Lebenstag ohne Betäubung zu kastrieren. Ab dem 1. Januar 2019 ist in Deutschland die betäubungslose chirurgische Kastration von Ferkeln nicht mehr erlaubt. Deshalb werden zurzeit mehrere Alternativen zum Teil kontrovers diskutiert: die Mast von Ebern, die immunologische Kastration mithilfe eines Impfstoffs oder die chirurgische Kastration unter allgemeiner Narkose oder lokaler Betäubung. Jede der verfügbaren Methoden hat spezifische Vor- und Nachteile. Deshalb empfiehlt sich, die Methode zu wählen, die zum jeweiligen Betrieb und seiner Vermarktung passt, also auf eine vielfältige und nicht pauschale Herangehensweise zu setzen.

Die Kastration von Wiederkäuern ist als Standardeingriff inzwischen unüblich. Die gesetzlich ebenfalls vorgesehene Zeitspanne, in der Lämmer oder Kälber betäubungslos kastriert werden dürften, wird de facto nicht genutzt. Für spezielle Nutzungen wird die Kastration bei älteren Tieren unter Narkose durchgeführt. Das Thema dürfte allerdings an Bedeutung gewinnen, wenn die Weidemast männlicher Rinder zunimmt, wofür sich Ochsen wegen der verminderten Unfallrisiken und der oft hervorragenden Fleischqualität eignen.

Das falsche Geschlecht

In der Agrargeschichte waren zunächst vor allem bei Rindern und Hühnern sogenannte Landschläge und Rassen von Bedeutung, die mehrere Aufgaben erfüllen konnten. Beim Rind waren neben der Milch das Fleisch und die Zugkraft begehrt; beim Huhn wurden eine gute Legeleistung und ein gutes Mastergebnis geschätzt. Manchen Rassen, wie beispielsweise dem Fleckvieh, sieht man das heute noch an. Der Trend zur Spezialisierung hat allerdings bewirkt, dass über viele Jahre einzelne Merkmale wie die Milch- oder Legeleistung züchterisch verstärkt wurden und zugleich andere Merkmale in den Hintergrund traten. Eine Folge davon ist, dass Legehühner heute vergleichsweise wenig bemuskelt sind. Das Gleiche gilt für die Tiere milchbetonter Rinderrassen.

Problematisch wird diese Ausganglage allerdings für die Individuen der spezialisierten Rassen oder Zuchtlinien, die nicht für den angestrebten Zweck genutzt werden können oder sollen. Das betrifft sämtliche männliche Küken der Legehennenhybriden und die Kälber der Milchrassen, die sich aufgrund ihres Geschlechts oder aus anderen Gründen nicht für die Milcherzeugung eignen. Sie werden zwar gemästet, entwickeln aber wesentlich weniger Muskelmasse als fleischbetonte Rassen. Bei den Kälbern hatte dies zeitweise zu außerordentlich niedrigen Preisen beim Verkauf von Kälbern der Milchrassen geführt. Zum Teil wurden lediglich 20 Euro für wenige Wochen alte Kälber gezahlt.[222] Das wiederum schürte Befürchtungen, dass solche wirtschaftlich nahezu wertlosen Tiere bei höherem Bedarf an Zuwendung beispielsweise aufgrund von Erkrankungen nicht ausreichend versorgt werden könnten oder direkt entsorgt würden, zumal solche Praktiken aus anderen EU-Mitgliedstaaten bei Kälbern bekannt sind.[223]

Hähne ohne Chance

Zum Inbegriff für problematische Entwicklungen in der heutigen Tierhaltung hat sich das Töten der männlichen Eintagsküken von Legehühnerlinien entwickelt. In Deutschland betrifft das über 40 Millionen frisch geschlüpfte Hähne pro Jahr. Die leistungsorientierte Zucht ist so weit fortgeschritten und im Bereich der Legehühner so einseitig auf die Eierproduktion und Legeleistung ausgerichtet, dass die männlichen Küken nicht mehr zur Fleischgewinnung aufgezogen werden. Stattdessen werden sie in den Brütereien direkt nach dem Schlüpfen getötet und zumindest in Deutschland zum großen Teil als Tierfutter für Reptilien, Greifvögel und Zootiere vermarktet. Das Oberverwaltungsgericht von Nordrhein-Westfalen hielt diese Vorgehensweise 2016 nicht für rechtswidrig, weil es ökonomisch sinnlos und eine Gefährdung der Berufsausübung sei, diese männlichen Küken aufzuziehen. Deshalb liege ein vernünftiger Grund für die Tötung dieser Küken vor.[224]

Um die Tötung der männlichen Legehühnerküken, die keine Eier legen werden und sich nach der üblichen Einschätzung nicht für die kommerzielle Mast eignen, zu vermeiden, werden drei Ansätze verfolgt: die Früherkennung des Geschlechts im Ei zu einem möglichst frühen Zeitpunkt, was dann ein Aussortieren der männlichen Embryonen im Ei ermöglichen würde, die Aufzucht der sogenannten Bruderhähne der Legehennen, die durch die Legeleistung der weiblichen Tiere querfinanziert wird, und die Wiedereinführung von Rassen, die sich tatsächlich sowohl für die Mast wie auch für die Eiererzeugung eignen. Man muss allerdings zur Kenntnis nehmen, dass wegen der außerordentlichen Spezialisierung bei den Hühnern und der Preissituation bei Eiern und Geflügelfleisch bislang die Mast der langsam wachsenden, wenig bemuskelten Bruderhähne oder die Nutzung der echten Zweinutzungsrassen allenfalls als Nischenprodukt rentabel ist.[225] Die Techniken zur Früherkennung des Geschlechts im Ei sind nach wie vor nicht praxisreif.

Kurze Lebensdauer bei Milchrindern und Mutterschweinen

Ein weiteres grundlegendes tierschutzrelevantes Problem bei der Haltung landwirtschaftlich genutzter Tiere ist die kurze Nutzungs- und Lebensdauer von Kühen und Mutterschweinen.

Mit Ausnahme von Tieren der Rasse Braunvieh wird eine Milchkuh in Deutschland nach der Geburt ihres ersten Kalbes im Durchschnitt nur rund 37 bis 39 Monate für die Milcherzeugung genutzt.[226, 227] Das sind bei einer sogenannten Zwischenkalbezeit von 400 Tagen, also der Zeit zwischen der Geburt von zwei Kälbern, weniger als drei Laktationen. Als Laktation wird die Zeitspanne bezeichnet, in der ein Säugetier nach der Geburt von Nachkommen Milch gibt. Über die Hälfte der Milchkühe wird nach dieser kurzen Nutzungsdauer krankheitsbedingt – und nicht aus züchterischen oder sonstigen Gründen – aus der Herde ausgegliedert und geschlachtet. Vor allem Fruchtbarkeits- und Stoffwechselstörungen bzw. Euter- und Klauenerkrankungen sind die Ursachen dafür.[228] Wegen des vorzeitigen Ausscheidens aufgrund von Erkrankungen wird weder das Leistungsvermögen der Kühe noch die optimale Nutzungsdauer ausgeschöpft. Die kurze Nutzungsdauer ist also auch ein gravierendes ökonomisches Problem.[229, 230]

Ähnlich ist die Situation bei den Sauen: Es wird empfohlen, dass Mutterschweine im Verlauf ihres Lebens zumindest fünf bis sechs Würfe aufziehen sollen, was einer Nutzungsdauer von zwei bis zweieinhalb Jahren entspricht.[231] Dieses Ziel wird häufig nicht erreicht, und fast die Hälfte der Muttersauen verlässt den Bestand bereits vor dem dritten Wurf.[232]

Jungtiere mit Riesenwachstum

Die Hühner- oder Broilermast gehört in Deutschland zu den kontinuierlich[233] und weltweit zu den am stärksten wachsenden Sparten der landwirtschaftlichen Tierhaltung.[234] Spezielle Züchtungen ermöglichen ein enorm schnelles Wachstum der männlichen wie der weiblichen Masthühner. Mit einem Gewicht von 42 g geschlüpft wiegen die Tiere unter optimierten Bedingungen nach 30 Tagen bereits 1680 g, nach 35 Tagen über 2 kg und weitere fünf Tage später über 2,5 kg.[235]

In der konventionellen Broilermast werden die Tiere je nach Verwendungszweck im Alter von 30 oder 37 Tagen geschlachtet.[236] Das Geschlecht der Tiere spielt bei der Hühnermast bisher eine untergeordnete Rolle. Anders als bei Mastputen werden bei Masthühnern die Schnäbel nicht kupiert. Federpicken und Kannibalismus stellen offenbar kein relevantes Problem in der Hühnermast dar, was an der kurzen Lebensspanne dieser Tiere und ihrer eingeschränkten Bewegungsfähigkeit liegen dürfte.

Zu den tierschutzrelevanten Problemen in der Hühnermast zählen dagegen entzündliche Erkrankungen der Fußballen, Bewegungseinschränkungen wegen des unproportionierten Wachstums der Brustmuskulatur und Brusthautveränderungen aufgrund der verlängerten Liegeperioden der Tiere. Außerdem sterben viele Tiere während der kurzen Mastphase am plötzlichen Herztod oder anderen Krankheitsgeschehen. Für die Betriebsplanung wird deshalb vom Kuratorium für Technik und Bauwesen in der Landwirtschaft e. V. (KTBL) empfohlen, von vornherein 4 % Tierverluste einzuplanen. Das sind bei den üblichen Stalleinheiten mit knapp 40.000 Tieren 1.600 tote Tiere innerhalb eines Mastdurchgangs, der ungefähr einen Monat dauert.[237]

Tierische Milch- und Mastleistungen   Info

Tierart	Mögliche Leistung bis
Masthühner[238]	> 90 g Zunahme am Tag
Puten[239]	> 150 g Zunahme am Tag
Schweine[240]	> 850 g Zunahme am Tag
Milchkühe[241]	> 12.000 kg Milch im Jahr

Diese Zahlen beziehen sich jeweils als Durchschnitt auf die ganze Gruppe oder Herde in einer Tierhaltung.

Die Situation bei der Putenmast ist ähnlich. Die Mastdauer ist allerdings länger und beträgt bei den weiblichen Tieren 15 bis 17, bei den männlichen 19 bis 22 Wochen.[242] In dieser Zeit vervielfachen die Tiere ihr Gewicht von 180 g beim Schlüpfen auf 10 bis 12 bzw. über 20 kg.[243] Wegen der deutlicheren Geschlechtsunterschiede wird oft getrenntgeschlechtlich gemästet. Neben Kannibalismus sind die gravierendsten tierschutzrelevanten Probleme bei der Putenhaltung entzündliche Veränderungen der Fußballen bis zu Sohlengeschwüren, Brusthautveränderungen,[244] Hämatome und Knochenbrüche an den Flügeln im Zusammenhang mit dem Fangen und dem Transport der Tiere vor der Schlachtung.[245] Außerdem werden Tierverluste von 4 bis über 10 %[246] offenbar als üblich betrachtet und als Kalkulationsbasis verwendet.

Viele Probleme – eine Ursache?

Viele Milchkühe liefern über 10.000 l Milch im Jahr, Sauen gebären im selben Zeitraum mehr als 25 Ferkel , Mastschweine können fast 1 kg Fleisch am Tag bilden und Masthühner vervielfachen ihr eigenes Körpergewicht innerhalb von einem Monat auf das Vierzigfache. Gleichzeitig sind viele Tiere krank und die Verlustzahlen hoch.

Der Zusammenhang zwischen hohen Leistungen, Erkrankungen und Tierverlusten ist nach derzeitigem Wissensstand allerdings vielschichtig. Einen Einfluss haben dabei auch tierartspezifische Voraussetzungen, wodurch sich unterschiedliche Risiken ergeben. Ein Beispiel dafür ist das relativ ungünstige Verhältnis von Herzvolumen und Körpermasse beim Schwein[247], was dessen Anfälligkeit für Herz-Kreislauf-Probleme begünstigt. Beim Rind wird dagegen vermehrt darüber diskutiert, welchen Einfluss die Entwicklung des komplexen Verdauungsapparates für die spätere Leistungsfähigkeit und gesundheitliche Stabilität der Tiere hat.[248] Auch bei Legehühnern ist eine gute Entwicklung des Magen-Darm-Traktes einschließlich des Kropfes wichtig, weil dem Futteraufnahmevermögen große Bedeutung in der Legephase zukommt.[249]

Trotz aller Vielschichtigkeit ergibt sich zusammenfassend dennoch folgende Interpretation: Das beeindruckende Wachstum von Masttieren oder die hohen Milch- und Legeleistungen sind enorme Stoffwechselleistungen, für die häufig die körperlichen Voraussetzungen kaum oder gar nicht gegeben sind. Ein Beispiel dafür ist, dass hochleistende Milchkühe in der Anfangsphase der Laktation vielfach nicht genügend Futter aufnehmen können, um die hohen Milchmengen zu bilden, ohne dabei ein Energiedefizit zu durchlaufen. Hält ein solches Energiedefizit über längere Zeit in erheblichem Maße an, dann trägt es dazu bei, dass Körperreserven mobilisiert werden und Fruchtbarkeitsstörungen oder andere stoffwechselbedingte Erkrankungen entstehen.[250, 251]

Die extremen Anforderungen an die Stoffwechselaktivität machen die Tiere zu einem störungsanfälligen, prekären System.

Jede Störgröße bringt die Tiere an den Rand ihrer Kompensations-
und Anpassungsmöglichkeiten oder darüber hinaus. Zu diesen
Störgrößen gehören Fütterungsdefizite, Infektionsdruck oder Stress,
der entsteht, weil Normalverhalten nicht ausgelebt werden kann.
Die Resultate sind Stoffwechselstörungen und unterschiedliche
entzündliche Erkrankungen bei den Milchtieren oder Brustmus-
kelnekrosen, Skelettdeformierungen und Tierverlustzahlen während der Mast in einem Umfang, an den sich anscheinend alle Ver-
antwortlichen gewöhnt haben. Auch die Fruchtbarkeitsstörungen
bei den Muttersauen und Kühen hängen mit dieser Überforderung
der biologischen Prozesse zusammen.

Einschätzung der aktuellen Lage und Zusammenfassung

Bei den sogenannten zootechnischen Eingriffen zur Verminderung
der Auswirkungen von Verhaltensstörungen wird besonders au-
genfällig, dass die Tiere an die Haltungsbedingungen und nicht
die Haltungsbedingungen an die Bedürfnisse der Tiere angepasst
werden. Tierschutzrelevant ist zum einen der Eingriff selbst. Von
noch viel größerer Bedeutung ist aber, dass solche Eingriffe flächendeckend wegen unterschiedlicher Defizite in den Tierhaltungen notwendig waren und sind.

Für das Kürzen der Ferkelschwänze kommt hinzu, dass die
EU-Schweinehaltungs-Richtlinie das routinemäßige Kürzen der
Schwänze bei Ferkeln verbietet.[252] Nur unter bestimmten Bedingungen und als letzte Möglichkeit zur Verhinderung von Kannibalismus darf laut EU kupiert werden. In nahezu der gesamten
EU wird dieser Eingriff dennoch flächendeckend durchgeführt. In
Deutschland ist dafür nicht einmal eine Ausnahmegenehmigung
erforderlich und weitere notwendige Voraussetzungen sind kaum
überprüfbar. Das extreme Missverhältnis von EU-rechtlich vorge-
sehener Ausnahme und praktiziertem Regelfall beim Kupieren der

Ferkelschwänze hat dazu geführt, dass eine Tierschutzorganisation 2009 ein Beschwerdeverfahren bei der EU einleitete. Die EU hat daraufhin ein Vertragsverletzungsverfahren gegen Deutschland geprüft, dann allerdings aufgeschoben.

Hinsichtlich der freiwilligen Vereinbarung zum Verzicht auf das Schnabelkupieren bestehen nach wie vor Befürchtungen, dass zur Problemlösung beim Auftreten von Federpicken rasch auf die erprobte Abdunkelung zurückgegriffen wird, anstatt bei der Aufzucht und in der Legephase tatsächlich die auslösenden Defizite zu beheben.[253]

Bei der Tierzucht hat es zwar in den zurückliegenden Jahren Korrekturen bei der Ausrichtung der Zuchtziele an der Leistung der Tiere gegeben. Merkmale wie Vitalität, Beingesundheit, Stressresistenz und Ähnliches haben inzwischen eine viel stärkere Bedeutung erlangt.[254] Eine Trendwende oder auch nur ein Unterbrechen der Steigerungen beim genetisch bestimmten Leistungsvermögen der Tiere hat es allerdings nicht gegeben.[255] Die Eierzahl in der Legeperiode steigt weiter und die Milchleistung in einer Laktation oder die täglichen Zunahmen bei Broilern, Puten oder Mastschweinen nehmen immer noch zu. Die Tierzucht ist in der Summe immer noch zu einseitig an schnell abrufbarer Leistung orientiert. Alle Risiken für das Wohlbefinden der Tiere, die sich aus dem hohen Leistungspotenzial ergeben, bestehen weiter.

Fragestellungen und Zielkonflikte bei der Haltung landwirtschaftlich genutzter Tiere

Welche Auswirkungen hat landwirtschaftliche Tierhaltung auf das Klima?

Die Veränderung des Klimas auf der Erde wurde in den letzten Jahren als Faktor erkannt, der innerhalb der nächsten Jahrzehnte großen Einfluss haben wird. Schon jetzt sind die Auswirkungen des weltweiten Klimawandels spürbar: Extreme Wetterereignisse werden häufiger und treffen die ärmsten Bevölkerungsgruppen der betroffenen Regionen am stärksten.

Treibhauseffekt und Klimaveränderung

Ohne Sonnenlicht gäbe es auf der Erde kein Leben. Vor allem Pflanzen verwandeln die Energie des Sonnenlichts in Substanzen wie Zucker, Stärke und Zellulose, die anderen Lebewesen als Energiequelle dienen. Die Einstrahlung der Sonne sorgt zusammen mit der Beschaffenheit der Atmosphäre im Rahmen des natürlichen Treibhauseffekts für Wärme auf der Erde. Entscheidend ist allerdings, dass ein ausreichend großer Anteil der eingestrahlten Energie die Erde und die umgebende Atmosphäre wieder verlässt. Geschieht dies nicht, heizt sich die Atmosphäre vor allem in Bodennähe auf.

Gase, die den Treibhauseffekt und damit die globale Erwärmung direkt oder indirekt verstärken, werden als Treibhausgase bezeichnet. Zu den natürlichen Treibhausgasen zählen Wasserdampf, Ozon, Kohlendioxid (CO_2) und Methan. Treibhausgase, die ausschließlich oder zu einem immer größeren Anteil durch menschliche Tätigkeiten verursacht werden, sind zum Beispiel Fluorkohlenwasserstoffe, Lachgas, Ammoniak und Stickoxide. Wenn natürliche Treibhausgase wie CO_2 oder Methan vermehrt durch menschliche Aktivitäten gebildet werden, zählen sie ebenfalls zu den sogenannten anthropogenen, das heißt durch Menschen verursachten Treibhausgasen. Die verschiedenen Treibhausgase haben ein unterschiedliches Potenzial, zur globalen Erwärmung beizutragen. Sie lassen sich aber in sogenannte CO_2-Äquivalente (CO_{2e}) umrechnen und dann miteinander vergleichen und verrechnen.[256]

Treibhausgase und CO_2-Äquivalente

Besonders wichtige Treibhausgase sind Kohlendioxid (CO_2), Fluorchlor-kohlenwasserstoffe, Methan, Lachgas und Stickoxide. Die Treibhausgase sind unterschiedlich stark wirksam, können aber nach internationalen Vorgaben miteinander verglichen werden. Methan trägt beispielsweise in einem vorgegebenen Zeitraum 25-mal stärker als CO_2 zur Erwärmung der Erdatmosphäre bei. Lachgas ist sogar 265-mal wirksamer als CO_2. Ammoniak wirkt nicht direkt klimaerwärmend, führt aber zur Bildung von Lachgas. Dadurch wirkt es indirekt als Treibhausgas.

Für viele Berechnungen wird deshalb die Menge eines Treibhausgases mit einem Faktor für seine Wirksamkeit auf die CO_2-Wirkung umgerechnet. Dadurch erhält man sogenannte CO_2-Äquivalente (CO_{2e}), die einen Vergleich von Treibhausgasquellen und -einträgen ermöglichen.

Gas	Faktor für den Wirkungsvergleich und zur Umrechnung in CO_2-Äquivalente[257, 258]
CO_2	1
Fluorchlorkohlen-wasserstoffe (FCKW)	13.900
Methan	25–28
Lachgas	265–298

Vor allem die Gase, die seit der Industrialisierung durch die Aktivitäten der Menschen in immer größerem Umfang gebildet werden, bewirken, dass mehr Sonnenenergie die Erdatmosphäre nicht mehr verlassen kann. Wie unter einer Glocke bleibt so inzwischen immer mehr Energie gefangen. Dieses Phänomen wird als menschengemachter Treibhauseffekt bezeichnet.

Die Erwärmung des Klimasystems ist eindeutig. Viele seit den 1950er-Jahren beobachtete Veränderungen waren vorher über Jahrzehnte bis Jahrtausende nicht aufgetreten. Die Atmosphäre und die Meere haben sich erwärmt, die Schnee- und Eismengen sind zurückgegangen und der Meeresspiegel ist angestiegen.[259]

Angetrieben durch das Wirtschafts- und Bevölkerungswachstum sind die von Menschen verursachten Treibhausgasemissionen inzwischen höher als jemals zuvor. Dies hat zu Treibhausgasmengen in der Atmosphäre geführt, wie sie seit mindestens 800.000 Jahren nicht vorgekommen sind. Die Konzentrationen von CO_2, Methan und Lachgas sind alle seit 1750, also im Vergleich zur vorindustriellen Zeit, stark gestiegen, nämlich um 40, 150 bzw. 20 %. Es ist äußerst wahrscheinlich, dass die durch Menschen verursachten Treibhausgase die Hauptursache der globalen Erwärmung seit Mitte des 20. Jahrhunderts sind.[260]

Neueren Studien zufolge vollziehen sich die Zunahme von Treibhausgasen und die globale Erwärmung rascher als jemals zuvor. Bei der aktuellen menschengemachten Erwärmung wird eine Temperaturerhöhung von insgesamt 4 bis 5 Grad Celsius innerhalb von nur 200 Jahren für möglich gehalten. Ein solcher Temperaturanstieg erforderte bei einer früheren extremen Warmphase mehrere Tausend Jahre.[261, 262]

Die Klimaveränderungen gelten als Ursache verschiedener extremer Wetterereignisse. Die Auswirkungen der Hitzewellen, Dürren, Überschwemmungen, Wirbelstürme und Wald- oder Flächenbrände zeigen dabei die Verwundbarkeit von Ökosystemen und vielen Einrichtungen der Menschen gegenüber den Klimaschwankungen.[263]

Internationale Abkommen

Vor diesem Hintergrund wurden in völkerrechtlich verbindlichen internationalen Abkommen Maßnahmen vereinbart, um die globale Erwärmung zu verlangsamen und ihre Folgen zu mildern. Die 195 Vertragsstaaten der Klimarahmenkonvention der Vereinten Nationen (UN) treffen sich jährlich zu den UN-Klimakonferenzen.

Mit dem Übereinkommen, das 2015 auf dem Weltklimagipfel von Paris verabschiedet wurde, wird an der Begrenzung der globalen Erwärmung auf unter zwei Grad Celsius – möglichst nur 1,5 Grad Celsius – gegenüber vorindustriellen Werten festgehalten. Der 1988 gegründete Weltklimarat fordert zu einer dringenden und grundlegenden Abkehr von den bisher üblichen Praktiken auf, um dieses Ziel noch erreichen zu können. Bereits bei einer Erwärmung um 2 Grad gegenüber vorindustriellen Werten sind lokale wie globale Ökosysteme in ihrer Funktions- und Anpassungsfähigkeit bedroht. Bei höheren Temperaturanstiegen schwinden die Möglichkeiten zur Anpassung massiv.[264] Je länger gezögert wird, umso mehr Kosten entstehen und umso größer werden die technologischen, wirtschaftlichen, sozialen und sonstigen Herausforderungen.[265] Vieles spricht dafür, dass das völkerrechtlich verbindliche Zwei-Grad-Ziel nur noch mit außergewöhnlichen Anstrengungen erreicht werden kann.[266] Bereits 2008 betonten Experten, dass in Deutschland vor allem die Emissionen aus dem Verkehr, aus der Landwirtschaft sowie aus Verbrennungs- und Feuerungsanlagen weiter verringert werden müssen.[267]

In Deutschland beinhaltet der Klimaschutzplan 2050 aus dem Jahr 2016 die geplanten nationalen Klimaschutzmaßnahmen zur Umsetzung des Abkommens von Paris. Er soll inhaltliche Orientierung für alle relevanten Handlungsfelder, also auch für die Landwirtschaft, geben. Mit Blick auf das Zwei-Grad-Ziel hatte sich die EU vorgenommen, bis 2050 den Ausstoß von Treibhausgasen gegenüber dem Jahr 1990 um 80 bis 95 % zu reduzieren. Das langfristige Ziel des Klimaschutzplans 2050 ist deshalb die weitgehende Treibhausgasneutralität für Deutschland bis Mitte des 21. Jahrhunderts.[268]

Laut Klimaschutzplan müssen die Treibhausgasemissionen im Bereich der Landwirtschaft bis 2030 von derzeit ca. 70 Millionen t CO_{2e} pro Jahr auf 58 bis 61 Millionen t verringert werden. Das entspräche einer Minderung von 30 % gegenüber dem Vergleichswert von 1990.[269, 270] Beachtet werden muss allerdings, dass neben den ca. 70 Millionen t CO_{2e}, die derzeit aus landwirtschaftlichen Quellen im engeren Sinne stammen, weitere 55 Millionen t der landwirtschaftlichen Klimabilanz zugerechnet werden müssen. Sie entstehen durch landwirtschaftlichen Verkehr, das Heizen von Gebäuden, die Mineraldüngerherstellung und zu einem besonders großen Teil durch die Landnutzung und der damit zusammenhängenden Freisetzung von Treibhausgasen aus der organischen Substanz der Böden (Seite 119).[271]

Zur Entstehung der wichtigsten Treibhausgase: Der Kohlenstoffkreislauf gerät aus dem Gleichgewicht

Mehrere Treibhausgase gehören zu zwei wichtigen Stoffkreisläufen auf der Erde, dem Kohlenstoff- und dem Stickstoffkreislauf. Beide Kreisläufe werden durch Landwirtschaft und Tierhaltung beeinflusst.

Der CO_2-Gehalt in der Atmosphäre beträgt zurzeit 0,04%[272] und stellt einen winzigen, aber empfindlichen Bruchteil der gesamten Kohlenstoffmenge innerhalb des Kohlenstoffkreislaufs dar. Durch die Atmung, andere Stoffwechselaktivitäten, Verbrennungsprozesse und die Freisetzung aus Ozeanen, Böden und Pflanzenresten wird Kohlenstoff vor allem in Form von CO_2, aber auch als Methan in die Atmosphäre abgegeben. Die natürliche Fähigkeit der Pflanzen, durch Photosynthese aus Sonnenenergie und dem CO_2 in der Luft komplexere Kohlenstoffverbindungen herzustellen, entzieht der Atmosphäre CO_2 und bindet es in Pflanzenmasse. Gleichzeitig liefert dieser Stoffwechselvorgang Sauerstoff und ermöglicht Menschen und Tiere zu atmen. Unter bestimmten Bedingungen und mit großen zeitlichen Unterschieden können aus dem CO_2, das die Pflanzen gebunden haben, Humus, Torf, Kohle und Erdöl entstehen. Außerdem löst sich CO_2 im Wasser der Meere. Dort wird es unter geeigneten Bedingungen langfristig in Kalk und Kalkgestein umgewandelt. Auf diese Weise entstehen mehrere Kohlenstoff-Teilkreisläufe mit unterschiedlichen Umsetzungsgeschwindigkeiten. Die durch Menschen verursachten CO_2-Emissionen bewirken ein Ungleichgewicht zwischen Ausstoß und Speicherung und führen damit zum Anstieg der CO_2-Konzentration in der Atmosphäre.[273]

Etwa 40 % der CO_2-Emissionen, die seit 1750 von Menschen verursacht wurden, sind in der Atmosphäre verblieben. Der Rest wurde durch Speichervorgänge in sogenannten Senken der Atmosphäre entzogen und in Reservoirs wie Pflanzen und Böden eingelagert. Die Ozeane haben etwa 30 % des ausgestoßenen anthropogenen CO_2 aufgenommen, was zur Versauerung der Meere beigetragen hat. Ungefähr die Hälfte der anthropogenen CO_2-Emissionen zwischen 1750 und 2011 hat erst in den letzten 40 Jahren stattgefunden.[274]

Der Stickstoffkreislauf

Andere Treibhausgase wie Lachgas und Stickoxide oder das indirekt klimawirksame Ammoniak gehören zum Stickstoffkreislauf. Stickstoff (N) ist für alle Lebensformen ein unverzichtbares Element. Ungefähr 20 % des Stickstoffvorrats des Planeten befinden sich als gasförmige Verbindung in der Atmosphäre. Mit über 99 % liegt der größte Teil des gasförmigen Stickstoffs als elementarer N_2 vor. Diese chemische Form ist sehr stabil und wenig reaktiv. Davon zu unterscheiden ist biologisch leicht verfügbarer, als reaktiv bezeichneter Stickstoff, der für alle Lebensprozesse von zentraler Bedeutung ist. Für die Umwandlung des elementaren in reaktiven Stickstoff wird viel Energie benötigt. Zum einen können Blitzschläge oder Verbrennungsenergie den hohen Energiebedarf für die Spaltung des elementaren Stickstoffs liefern. Zum anderen kann der elementare Stickstoff auch biologisch durch bestimmte Bakterien und Blaualgen genutzt werden.[275] So wird er gebunden und schließlich in eine Form überführt, die für Pflanzen und andere Lebewesen verwertbar ist.

Ackerböden enthalten 2.000 bis 10.000 kg Stickstoff pro Hektar, der überwiegend in organischen Substanzen wie Proteinen,

Nukleinsäuren oder deren Bausteinen gebunden ist und aus denen er unterschiedlich schnell wieder freigesetzt werden kann. Diese Freisetzung, die man auch als Stickstoffmineralisation bezeichnet, bewerkstelligen ebenfalls Kleinstlebewesen im Boden. Aus den organischen Stickstoffverbindungen im Boden bilden sie zunächst Ammoniak und in Wasser gelöst Ammonium (NH_4^+). Auch aus den Stickstoffverbindungen in den Ausscheidungsprodukten der Tiere wird Ammoniak gebildet. Je nach den Umgebungsbedingungen wird Ammoniak bzw. Ammonium über die Zwischenstufe Nitrit in das für den Pflanzenbau besonders wichtige Nitrat umgewandelt. Ammonium, Nitrit und Nitrat werden entweder von den Bodenmikroben für weitere Stoffsynthesen genutzt, an Tonpartikel und Ton-Humus-Komplexe angelagert oder für das Pflanzenwachstum genutzt. Der Stickstoffkreislauf wird geschlossen, wenn bestimmte Bodenbakterien aus Nitrat schließlich wieder gasförmigen elementaren Stickstoff (N_2) bilden, der in die Luft abgegeben wird.[276]

Außerdem kann Nitrat im Boden – unabhängig davon, ob der Stickstoff aus der Luft, als organischer oder als synthetischer Dünger dorthin gelangt ist – auch zu Stickoxiden und Lachgas umgebaut werden. Diese Umbauprodukte stellen klimarelevante Treibhausgase dar und entweichen unkontrolliert aus dem Boden in die Atmosphäre. Auch das erste Abbauprodukt der ober- und unterirdischen organischen Stickstoffverbindungen, Ammoniak, kann zum Beispiel aus Gülle direkt in die Luft entweichen und wirkt indirekt als Treibhausgas: Ammoniak aus der Luft wird durch Niederschlagswasser in den Boden zurücktransportiert und trägt dort zur Bildung von Lachgas mit seiner direkten Treibhausgaswirkung bei.

Neben ihrer Wirkung als Treibhausgas haben mehrere Glieder des Stickstoffkreislaufes weitere ökologische Auswirkungen. Das sind die überdüngende und die versauernde Wirkung der reaktiven Stickstoffverbindungen, die für Gewässer, Böden und den Artenschutz von Bedeutung sind (Seiten 107, 117 und 140).

Immer mehr reaktionsfähiger Stickstoff im Kreislauf

Unter natürlichen Bedingungen wird nur wenig zusätzlicher Stickstoff in den Stickstoffkreislauf eingespeist. In den meisten Ökosystemen ist Stickstoff der Nährstoff, der das Wachstum begrenzt. Abbauprodukte werden innerhalb des Ökosystems meistens sofort verwertet, sodass die Verluste durch Auswaschung oder Entgasung ursprünglich gering sind.[277]

Seit dem Beginn der Industrialisierung verzehnfachte sich die Produktion reaktiver Stickstoffverbindungen durch den Menschen gegenüber der Menge aus natürlichen Prozessen. Einer von mehreren entscheidenden Entwicklungsschritten dafür war, Ammoniak mithilfe des Haber-Bosch-Verfahrens synthetisieren zu können und daraus Dünger herzustellen. Durch die Düngersynthese und viele Verbrennungsprozesse erhöhte sich die Menge des reaktiven Stickstoffs in der Biosphäre erheblich, mit besonders starker Produktion reaktionsfähiger Stickstoffverbindungen in landwirtschaftlich intensiv genutzten und industriell geprägten Gebieten.[278]

Knapp zwei Drittel aller Emissionen von reaktivem Stickstoff in Deutschland werden als Ammoniak, Stickoxide und Lachgas in die Luft abgegeben. Das verbleibende Drittel gelangt über den Boden-Wasser-Pfad als gelöste Stickstoffverbindungen wie Nitrat und Ammonium in die Umwelt.[279]

Treibhausgase aus dem landwirtschaftlichen Stickstoffhaushalt

Neben Methan aus der Wiederkäuerverdauung und CO_2 aus der Atmung, der Verbrennung von fossilen Energieträgern und dem Abbau organischer Bodensubstanz sind Ammoniak, Stickoxide und Lachgas wichtige landwirtschaftliche Treibhausgase. Beim Ammoniak entfallen in Deutschland über 90 %, beim Lachgas ca. 65 % – nach neueren Angaben knapp 80 %[280] – der abgegebenen Gase auf den Sektor Landwirtschaft. Lediglich bei den Stickoxiden ist der Beitrag der Landwirtschaft mit weniger als 10 % vergleichs-weise gering. Die Hauptverursacher dieser zuletzt genannten Treibhausgase sind die Verbrennungsprozesse im Verkehr und in der Industrie.[281] Diese Zahlen verdeutlichen, wie wichtig es ist, dass auch in der Landwirtschaft effektive Maßnahmen zur Verminderung der Treibhausgasemissionen ergriffen werden.

Der Beitrag der Landwirtschaft zum Treibhauseffekt

Betrachtet man die gesamte Lebensmittelerzeugung weltweit einschließlich Düngung, Lagerung und Verpackung, dann muss man davon ausgehen, dass sie für bis zu einem Drittel aller durch Menschen verursachten Treibhausgase verantwortlich ist. In CO_{2e} ausgedrückt entfällt der Löwenanteil von über 80 % oder jährlich 12 Gt auf die landwirtschaftliche Erzeugung, gefolgt von gut 570 Millionen t CO_{2e} für die Herstellung von Mineraldünger. Wissenschaftler stellten fest, dass im Jahr 2008 bis zu 17 Gt CO_{2e} durch die Lebensmittelerzeugung entstanden, wenn man auch die indirekten Effekte durch Abholzung und Veränderungen bei der Landnutzung einbezieht.[282] Auf die Tierhaltung alleine entfielen im Referenzjahr 2005 über 7,1 Gt CO_{2e} oder 14,5 % der vom Menschen verursachten globalen Treibhausgasbildung.[283]

Für Deutschland wurde errechnet, dass die Treibhausgasemissionen der Landwirtschaft im Jahr 2014 72 Millionen t CO_{2e} betrugen. Das sind 8 % der gesamten Treibhausgasemissionen in Deutschland.[284] Die größten Anteile entfallen dabei auf Lachgas als Folge des Stickstoffeinsatzes bei der Düngung (je nach Berechnung 25 bis 40 Millionen t CO_{2e}), Methan aus der Verdauung von Wiederkäuern (20 bis 25 Millionen t CO_{2e}), die Emissionen aus dem Güllemanagement (6 bis 10 Millionen t CO_{2e}) und die Treibhausgase aus dem Kraftstoffeinsatz landwirtschaftlicher Maschinen bzw. Fahrzeuge (6 Millionen t CO_{2e}).[285, 286]

Weitere erhebliche Treibhausgasmengen entstehen durch die Bodennutzung bzw. -bearbeitung, weil dadurch der Abbau organi-

Fehlende Klarheit bei der Berichterstattung über die Treibhausgasbildung der Landwirtschaft

Durch verschiedene landwirtschaftliche Tätigkeiten entstehen Treibhausgase, über die – beispielsweise im Rahmen der internationalen Abkommen oder gegenüber der EU – Bericht erstattet werden muss. Dabei werden allerdings nicht alle klimarelevanten Emissionen, die durch landwirtschaftliche Aktivitäten entstehen, gebündelt dargestellt. Es wird vielmehr über mehrere sogenannte Quellgruppen getrennt berichtet, was die Übersicht erschwert. Ein Teil der klimarelevanten Emissionen, wie beispielsweise das Methan aus der Verdauung der Tiere und das Lachgas aus der Lagerung von Gülle und Mist oder der Düngung von Flächen wird direkt der Landwirtschaft zugeordnet. Getrennt aufgeführt werden dagegen die Emissionen, die entstehen, wenn Böden in irgendeiner Form genutzt werden. Durch die Nutzung und Bearbeitung wird stets der Abbau organischer Bodensubstanz ausgelöst. Sie wird letztlich zu CO_2, Methan und Stickstoffverbindungen umgewandelt, die in die Umgebung abgegeben werden. Alle Treibhausgase, die auf diese Weise entstehen, werden der Quellgruppe Landnutzung und Landnutzungsänderungen zugeordnet. Schon eine gleichbleibende Landnutzung führt zur Entstehung großer Treibhausgasmengen; bestimmte Nutzungsänderungen, wie beispielsweise die Abholzung von Wäldern oder die Umwandlung von Grünland zu Ackerflächen verstärken diese Effekte dramatisch. Erschwerend kommt hinzu, dass weitere Treibhausgasemissionen der Landwirtschaft in ganz anderen Bereichen erfasst und dargestellt werden. Das betrifft zum Beispiel den Treibstoffbedarf für landwirtschaftliche Fahrzeuge, Maschinen und Heizanlagen oder den Energiebedarf für die Herstellung synthetischer Düngemittel.

scher Bodensubstanz verursacht wird (Seite 121). Dabei werden auch CO_2 und Methan gebildet; außerdem entstehen Stickstoffverbindungen wie Lachgas und Stickoxide. Diese diffusen Emissionen werden in den offiziellen Berichten zum Klimaschutz als Landnutzung und Landnutzungsänderungen gesondert ausgewiesen. Bezieht man die Landnutzung und -nutzungsänderungen wie beispielsweise Grünlandumbruch, aber auch den Energiebedarf für die Mineraldüngerherstellung und den landwirtschaftlichen Verkehr ein, dann entstehen ca. 13 % der gesamten Treibhausgasemissionen in Deutschland im landwirtschaftlichen Bereich.[287, 288] Bei der Nutzung von Moorstandorten, deren Böden besonders viel organische Substanz enthalten und die hauptsächlich der Futtergewinnung dienen, summieren sich die verschiedenen Effekte so auf, dass die Bewirtschaftung entwässerter Moorböden alleine die Hälfte der Treibhausgase aus landwirtschaftlicher Bodennutzung[289] bzw. 35 % aller Treibhausgasemissionen der Landwirtschaft ausmacht.[290]

Treibhausgase aus der landwirtschaftlichen Tierhaltung weltweit

Die Haltung landwirtschaftlich genutzter Tiere trägt weltweit in großem Umfang zur Klimaänderung bei. Dieser Sektor wird sich deshalb der Herausforderung stellen müssen, einerseits noch deutlich zu wachsen (Seite 147) und gleichzeitig die Entstehung von Treibhausgasen zu reduzieren.

Laut der Welternährungsorganisation FAO sind weltweit zwei Bereiche bei der Bildung von Treibhausgasen im Zusammenhang mit Tierhaltung dominierend: Auf die Erzeugung von Futtermitteln einschließlich Düngung entfallen 45 % und auf die Verdauung von Wiederkäuern – also auf Methan – 39 % der bereits genannten 7,1 Gt CO_{2e} aus der Tierhaltung. Weitere 10 % entfallen auf die Handhabung organischer Düngemittel. Der Rest wird durch den Energieverbrauch bei der Weiterverarbeitung von tierischen Erzeugnissen verursacht. Emissionen, die bei der Änderung der Landnutzung entstehen, sind bereits bei der Futtermittelerzeugung berücksichtigt, machen aber immerhin 9 % der 7,1 Gt CO_{2e} aus. Betrachtet man diese Gesamtmenge aufgeschlüsselt nach Tierarten, dann entfallen 41 % auf die Rindfleischerzeugung und weitere 20 % auf die Milchproduktion. Die Schweinefleischerzeugung ist die Ursache für 9 %, Geflügelfleisch und Eier für 8 % dieser Emissionen. Die Haltung und Nutzung von kleinen Wiederkäuer und Büffeln kommt noch dazu.[291] Rinder spielen wegen der Verursachung von 4 bis 5 Gt CO_{2e} insgesamt eine ausschlaggebende Rolle bei der weltweiten Treibhausgasbildung durch Tierhaltung. Auch bei einer regionalen Aufteilung der Gesamtemissionen spiegelt sich die besondere Klimarelevanz der Rinderhaltung wieder. Auf Lateinamerika mit seinen großen Rinderbeständen bzw. auf Ost- und Südostasien mit insgesamt umfangreicher Tierhaltung entfallen deshalb große Teile der Treibhausgasemissionen aus der weltweiten Tierhaltung.[292]

Rechnet man die Emissionen auf jeweils 1 kg erzeugtes Eiweiß um, dann verursacht 1 kg Rindfleisch-Protein durchschnittlich knapp sechs Mal, das Fleisch von Schafen und Ziegen, den kleinen Wiederkäuern, fast vier Mal so viel CO_{2e} wie Hühner- und Schweinefleisch oder Eier, die durchschnittlich die Bildung von etwa 50 kg CO_{2e} je Kilogramm Protein bewirken. Besonders bei den Wiederkäuern beinhalten diese Werte sehr große Streubreiten und verdeutlichen, dass große klimarelevante Unterschiede bei der Erzeugung derselben Produkte möglich sind.[293]

Regionale Unterschiede bei der Klimabilanz der Tierarten entstehen, wenn zum Beispiel Veränderungen bei der Landnutzung für die Ausdehnung von Weide- oder Futteranbauflächen eine wichtige Rolle spielen.[294] In manchen Regionen, wie der Subsahara, entfallen weiterhin Emissionsanteile auf die Nutzung der Zugkraft der Tiere oder den Dung als Brennmaterial, in anderen Gegenden auch auf die Wollproduktion.[295] Auch bei der Schweine- und Geflügelhaltung, die regional und hinsichtlich ihrer Wirtschaftsweise stark variiert, gibt es Unterschiede in der Klimabilanz. Sie entstehen unter anderem wegen unterschiedlicher Emissionsbeiträge durch die Futtermittelerzeugung einschließlich der klimarelevanten Auswirkungen der Sojafütterung.[296]

Aus den FAO-Darstellungen kann insgesamt geschlossen werden, dass Rinderhaltung mit sehr geringem Ertrag, also sehr langsamem Wachstum der Tiere, geringen Milchmengen und sehr schwer verdaulichen Futterrationen, sich im Hinblick auf die Treibhausgasemissionen besonders ungünstig auswirkt. Ein negativer Effekt auf die CO_2-Bilanz entsteht allerdings auch bei industrialisierten Schweinehaltungen, bei denen das hochverdauliche Futter zu erhöhten Anteilen bei der Treibhausgasbilanz führt.

Grund dafür sind der Düngemittel- und Energieeinsatz beim Anbau der Futterkomponenten und die Veränderungen bei der Landnutzung für die Sojaproduktion. Bei der Hühnerhaltung sind dagegen die spezialisierten Betriebsweisen der Eier- und Fleischproduktion den kleinbäuerlichen sogenannten Hinterhofhaltungen hinsichtlich der Klimarelevanz überlegen.[297]

Konsum und Klima: der CO_2-Fußabdruck

Um die Klimarelevanz von Konsumverhalten abzuschätzen, kann auf automatisierte und international standardisierte Berechnungen des sogenannten CO_2-Fußabdrucks von Lebensmitteln, Mahlzeiten und Ernährungsweisen zurückgegriffen werden.[298] Insbesondere der Verzehr von Rindfleisch schneidet hinsichtlich der Klimarelevanz schlecht ab. Günstiger stellt sich auch bei solchen Berechnungen Geflügelfleisch dar. Sehr viel besser fällt allerdings die Bilanz pflanzlicher Nahrungsmittel aus.

CO_2-Bilanz: Hähnchenfleisch unschlagbar?

Betrachtet man die Fleischerzeugung allein unter Klimaschutzaspekten, dann schneidet das Fleisch von Hühnern aus hochspezialisierter Mast mit speziellen, schnell wachsenden Linien besonders günstig ab. Über 50 % der hühnerfleischspezifischen Treibhausgasemissionen entstehen durch die Fütterung, das heißt durch die Erzeugung der hochkonzentrierten Futtermittel. Weitere 20 % werden durch die Veränderungen bei der Landnutzung für den Sojaanbau, einer häufigen Futterkomponente, verursacht. Die Emissionen, die mit dem Düngermanagement zusammenhängen, betragen dagegen lediglich 6 %.[299]

Auf 1 kg frisches Hähnchenfleisch entfallen 3,6 kg CO_2-Äquivalente, auf 1 kg Rindfleisch dagegen 12,3 kg. 1 kg Tofu stehen knapp 1,7 kg CO_2-Äquivalente gegenüber. Bei 1 kg getrockneten Linsen sind es sogar nur 0,6 kg.[300] Selbst wenn bei Tofu und gekochten Linsen von niedrigeren Proteingehalten – ungefähr 9 % im Vergleich zu Fleisch mit etwas über 20 %[301] – auszugehen ist, dann bleibt die CO_2-Bilanz des pflanzlichen Proteins günstiger als bei Hähnchenfleisch.

Dies legt nahe, den Konsum von Lebensmitteln tierischer Herkunft einzuschränken, insbesondere den Fleischverzehr zu verringern oder zu unterlassen, um damit einen maßgeblichen Beitrag zum Klimaschutz zu leisten.[302, 303] Auch in einem hochrangigen aktuellen Gutachten für die deutsche Bundesregierung wird inzwischen empfohlen, aus Klimaschutzgründen den Verzehr von tierischen Produkten zu reduzieren. Würden tierische Produkte in dem von der Deutschen Gesellschaft für Ernährung (DGE) empfohlenen Maße konsumiert, ergäbe sich daraus eine Treibhausgasreduzierung von über 20 Millionen t CO_{2e} in Deutschland.[304]

Allerdings gilt es zu bedenken, dass der CO_2-Fußabdruck bzw. die Klimarelevanz eines Nahrungsmittels lediglich ein Argument unter mehreren ist, das die Kaufentscheidung beeinflusst. So kann es beispielsweise zu einem Dilemma führen, wenn man wegen der Klimarelevanz auf Produkte ausweicht, die man aus anderen Gründen ablehnt. Besonders deutlich wird das am Beispiel Geflügelfleisch, dessen CO_2-Bilanz vergleichsweise günstig ist, aber in der Regel aus hochspezialisierten Strukturen der Intensivtierhaltung stammt und deshalb aus Tierschutzgründen kritisch zu bewerten ist (Seite 77).

Die Bedeutung der Tierhaltung in Deutschland für die Klimabilanz

Über die Hälfte der Methanemissionen in Deutschland stammt aus der Landwirtschaft. Davon sind 80 % das Produkt der Verdauung von Wiederkäuern, 20 % entfallen auf die Lagerung und Verwendung von Wirtschaftsdüngern.[305] Außerdem hat ein Großteil der bereits geschilderten Treibhausgasbildung im Bereich der Landwirtschaft eine direkte oder – wegen des Futteranbaus und der Wirtschaftsdüngernutzung – indirekte Verbindung zur Tierhaltung. Dies gilt auch für die Treibhausgasmengen, die durch die Landnutzung und -nutzungsänderungen entstehen.

Klimarelevante Änderungen der Landnutzung mit einem direkten Zusammenhang zur Tierhaltung betreffen vor allem den Umbruch von Dauergrünland, also Wiesen und Weiden, für den Anbau energiedichter Ackerfutterpflanzen wie beispielsweise Mais. Besonders gravierend ist, wenn Grünland auf Moorbodenstandorten in Ackerflächen umgewandelt wird. Maßnahmen zum Erhalt von Dauergrünland und Moorschutzprogramme sollen diese Emissionen begrenzen.

Speichermöglichkeiten für CO_2 in der Landwirtschaft

In allen organischen Substanzen ist Kohlenstoff enthalten. Auch die organische Substanz im Boden speichert Kohlenstoff. Der größte Anteil organischer Substanz im Boden entfällt auf Humus (Seite 120). Weil eine der wichtigsten Humusformen zu fast 60 % aus Kohlenstoff besteht, bindet 1 t Humus ungefähr 2 t CO_2.[306, 307] Besonders hohe Kohlenstoff- bzw. Humusgehalte finden sich in Moorböden und den Böden von Dauergrünland. Der Humusgehalt von Ackerböden nimmt durch den Pflanzenanbau unterschiedlich schnell ab, falls keine Gegenmaßnahmen zum Auffüllen des Speicherpotenzials ergriffen werden.[308]

Der Kohlenstoff- beziehungswiese der Humusgehalt im Boden ist in zweierlei Hinsicht klimarelevant. Der eine klimarelevante Effekt entsteht durch die Flächennutzung und führt über den Abbau der gespeicherten organischen Substanzen zur Freisetzung von Treibhausgasen; die bestehende CO_2-Speicherung wird also aufgehoben. Im Jahr 2010 entfiel in Deutschland auf die Landnutzung bzw. Landnutzungsänderungen die Bildung von 37,5 Millionen t CO_{2e}.[309] Der andere klimarelevante Effekt könnte die zusätzliche CO_2-Fixierung in Böden sein. Grundsätzlich kann man die kohlenstoffspeichernde Funktion von Böden steigern, indem man für eine Zunahme der organischen Masse im Boden sorgt, also die Humusbildung (Seite 121) fördert.[310] Der Umfang der zusätzlichen CO_2-Speicherung ist allerdings schwer einzuschätzen und dadurch begrenzt, dass in der Regel in zeitlich überschaubaren Zeiträumen ein Gleichgewicht zwischen Ab- und Aufbau der organischen Bodenbestandteile entsteht.[311, 312, 313]

Die Menge des vorläufig fixierten Kohlenstoffs kann zwar mehr als 1 t CO_{2e} pro Hektar Ackerfläche in einem Jahr erreichen.[314] Entscheidend ist aber, dass der Kohlenstoff in eine stabile Speicherform überführt und nicht zu schnell wieder freigesetzt wird.[315] In nennenswertem Umfang geschieht dies allerdings nur zuverlässig bei der Aufforstung oder bei der Rückumwandlung von Ackerflächen in langfristig genutztes Grünland.[316, 317]

Für den globalen Maßstab existieren – allerdings als optimistisch gewertete – Schätzungen, die unter optimalen Bedingungen von einer zusätzlichen jährlichen CO_2-Speicherkapazität von 1,5 Gt für das weltweite Grasland und von 1,4 Gt bei den Ackerflächen ausgehen.[318]

Die Klimabilanz von Weidewirtschaft

Ob Weidewirtschaft, die nahezu ausschließlich Wiederkäuer betrifft, eine günstige Klimabilanz aufweist, ist heftig umstritten. Wenn beispielsweise im weltweiten Maßstab Wälder, insbesondere Regenwälder, abgeholzt werden, um neue Flächen für die Weidewirtschaft zu gewinnen, dann verstärkt sich durch diesen Landnutzungswandel die Bildung von Treibhausgasen und die CO_2-Speicherwirkung des Waldes geht verloren. Werden Weideflächen außerdem zu intensiv genutzt, dann können erhebliche negative Folgen für den Zustand der Böden und die organische Bodensubstanz einschließlich großer Nährstoffverluste entstehen.[319, 320] Führt dagegen eine extensive Weidewirtschaft beispielsweise in Mitteleuropa zum Erhalt von Dauergrünland, dann können die ausbleibende Veränderung der Flächennutzung und die Klimagas-Senken-Funktion von Dauergrünland vorteilhaft sein.

Der Umfang der von manchen Tierhaltern erhofften zusätzlichen CO_2-Fixierung im Zusammenhang mit der Weidewirtschaft wird aber möglicherweise deutlich überschätzt und kann die problematischen klimarelevanten Aspekte der Wiederkäuerhaltung nicht ausgleichen. Eine Untersuchung, bei der neun verschiedenartige und unterschiedlich bewirtschaftete europäische Grünland-Standorte im Hinblick auf ihre Treibhausgasbilanz untersucht wurden, zeigte, dass Grünland zwar in der Wachstumsphase viel CO_2 aus der Atmosphäre aufnimmt. Berücksichtigt man allerdings die Abgabe von Kohlenstoff in Form von Mähgut oder Futter sowie die Methangasbildung und Atmung der Tiere, dann ist der Anteil an CO_2, der tatsächlich zunächst einmal im Boden gespeichert wird, bedeutend kleiner. Bezieht man schließlich noch standorttypische Lachgasemissionen des Grünlands ein, dann kommt – mit großen Streubreiten der Ergebnisse an den verschiedenen Standorten und in den beiden Versuchsjahren – insgesamt eine Treibhausgasbilanz nahe Null heraus.[321] Eine längerfristige zusätzliche Fixierung von CO_2 hat demnach nicht stattgefunden, was bedeutet, dass die Grünlandnutzung durch Wiederkäuer im günstigen Fall klimaneutral war.

Die Aufgaben der Landwirtschaft bei der Begrenzung der Klimaveränderungen

Will man die Risiken aufgrund der Klimaänderung vermindern, dann müssen eine Verringerung der Treibhausgasbildung und eine konsequente Speicherung dieser Substanzen stattfinden. Zugleich werden Anpassungen an die veränderten Klimabedingungen bei vielen betrieblichen Entscheidungen wie beispielsweise der Sorten- oder Rassenauswahl notwendig.

Zur Verringerung der Treibhausgasbildung in der Landwirtschaft können neben der Vermeidung von Landnutzungsänderungen und einem verringerten Konsum tierischer Produkte auch Strategien beitragen, die auf die Reduzierung der Emissionsintensität bei der Erzeugung abzielen.[322] Nach Ansicht der FAO könnten bis zu 30 % der Treibhausgase eingespart werden, wenn die für die jeweilige Region und Wirtschaftsweise eingeführten Methoden genutzt würden, die die Erzeuger mit der günstigsten Klimabilanz einsetzen. Ein besseres Weide- und Dauergrünlandmanagement könnte zudem auch nach Ansicht der FAO die Speicherung von jährlich knapp 0,6 Gt CO_{2e} bewirken, was immerhin 8 % der Emissionen aus der Tierhaltung entspräche.[323]

Laut FAO gehören zu den Verringerungsstrategien im weltweiten Maßstab Verbesserungen des Herdenmanagements, der Tiergesundheit und der Produktivität, aber auch Änderungen beim Umgang mit Düngemitteln. Für die wohlhabenden Regionen der Erde, in denen bereits eine hohe Produktivität der Herden und Einzeltiere besteht, gleichzeitig aber aufgrund einer umfangreichen Tierhaltung große Treibhausgasmengen pro Flächeneinheit entstehen, müssen dagegen andere Maßnahmen im Vordergrund stehen, um die Treibhausgasmengen zu reduzieren. Dazu zählen insbesondere Veränderungen beim Düngemanagement, Energieeinsparungen bei der technischen Ausstattung und eine Fütterung mit Futtermitteln, die weniger klimabelastend erzeugt werden.[324]

Landwirtschaft und Klimaschutz in Deutschland

Einen Teil dieser Forderungen greift der Klimaschutzplan 2050 auf. Ein wichtiger Pfad zum Erreichen des Klimaschutzziels sei es, Stickstoffüberschüsse abzubauen. Unter anderem müssten dazu – so der Klimaschutzplan – die Ammoniakemissionen der Landwirtschaft deutlich reduziert werden.[325] Im Bereich der Landnutzung und Forstwirtschaft sollen – parallel zur konsequenten Umsetzung des Düngerechts und der guten fachlichen Praxis in der Landwirtschaft – der Erhalt und die Verbesserung der Senkenleistung, das heißt der CO_2-Speicherfunktion, des Waldes im Vordergrund stehen.[326]

Will man die laut Klimaschutzplan vorgesehene Verringerung der Treibhausgasbildung innerhalb der Landwirtschaft und ohne große strukturelle Veränderungen erreichen, dann müssen die Bemühungen vorrangig folgende Bereiche einschließen: die Ammoniakbildung aus tierischen Ausscheidungen, die Lachgasentstehung im Zusammenhang mit Überdüngung, die Mobilisierung von Nährstoffen aus dem Boden und deren Umwandlung zu Treibhausgasen sowie trotz aller Meinungsverschiedenheiten die Speicherung von CO_2 und reaktiven Stickstoffverbindungen als stabile organische Substanz im Boden. Noch nicht berücksichtigt sind damit Veränderungen bei den Konsumgewohnheiten der Endverbraucher, die sich auf den Umfang und die Zusammensetzung der Tierbestände auswirken könnten.

Möglichkeiten zur Verminderung der Treibhausgasbildung im landwirtschaftlichen Bereich

Ammoniakemissionen aus der Tierhaltung und dem Düngemanagement machen einen besonders großen und wichtigen Anteil der gasförmigen stickstoffhaltigen Emissionen der Landwirtschaft aus. Die Menge des freigesetzten Ammoniaks hängt unter anderem von der Art, Anzahl und Fütterung der gehaltenen Tiere, der Lagerung der Wirtschaftsdünger sowie den eingesetzten Geräten, der fachlichen Praxis und den Witterungsbedingungen zum Zeitpunkt der Düngerausbringung ab.[327] Das EU-Recht fordert deshalb unter anderem emissionsarme Ställe und emissionsarme Lagerungssysteme, bzw. Ausbringungstechniken für Wirtschaftsdünger.[328] Dazu gehören die Abdeckung der Güllebehälter, die Einarbeitung der Gülle möglichst innerhalb einer Stunde nach der Ausbringung oder bei Grünlanddüngung die direkte Injektion der Gülle in den Boden.[329]

Mögliche Maßnahmen zur Verringerung der klimarelevanten Stickstoffemissionen betreffen allerdings keineswegs nur die technischen Aspekte bei der Tierhaltung oder beim Umgang mit Düngemitteln. Ökonomische Steuerungsinstrumente wie zum Beispiel eine Abgabe auf Stickstoffmineraldünger oder Stickstoffüberschüsse sollen wirksamer sein als technische, vielfach bereits vorgeschriebene Verbesserungen zur Minderung der Emissionen.[330]

Unabhängig von der Ammoniak- oder Lachgasbildung im Zusammenhang mit der Stickstoffdüngung ließe sich außerdem beim Verzicht auf mineralischen Stickstoffdünger die nicht unerhebliche Menge an Treibhausgasen von 12 Millionen t CO_{2e} einsparen, die alleine auf die Herstellung dieser Düngemittel zurückzuführen ist.[331]

Im Hinblick auf die fast 40 Millionen t CO_{2e}, die jährlich durch Landnutzung und entsprechende Nutzungsänderungen entstehen, muss außerdem die Rolle der Böden bei der Speicherung von Stickstoff und Kohlenstoff viel stärker beachtet werden. Ökosysteme mit besonderen Funktionen als Kohlenstoffspeicher wie Moore, Wälder und Grünland müssen erhalten und gestärkt werden. Dazu ist ein strikter Schutz notwendig, weil der Verlust von Kohlenstoff sehr viel schneller erfolgt als dessen Fixierung. Manche Bundesländer haben deshalb inzwischen Umbruchverbote für Grünland eingeführt. Bei Böden mit hohen Kohlenstoffgehalten wie Feuchtgebietsböden können außerdem durch Wiedervernässung weitere Kohlenstoffverluste verhindert werden.[332]

Im Klimaschutzplan der Bundesregierung wird deshalb angekündigt, dass die Bundesregierung die EU-rechtliche Möglichkeit zum Schutz von Dauergrünland auf kohlenstoffreichen Böden verstärkt nutzen werde. Außerdem will sich die Bundesregierung auf EU-Ebene für einen effektiveren Grünlandschutz einsetzen. Laut Klimaschutzplan strebt die Bundesregierung darüber hinaus eine Bund-Länder-Vereinbarung zum Moorbodenschutz an, mit dem Ziel, bestehende Moorflächen zu schützen und Anreize für Investitionen in ein moorbodenschonendes Wassermanagement, klimaschonende Flächennutzung und andere Moorschutzprojekte zu schaffen.[333]

Zum rechtlichen Rahmen

Der Reduzierung von mehreren Luftschadstoffen – darunter auch die Treibhausgase Ammoniak und Stickoxide – dient unter anderem die kürzlich überarbeitete europäische NEC-Richtlinie (National Emission Ceilings Directive).[334] Die EU setzt dabei insbesondere auf eine Verminderung der Emissionen an ihrer Quelle.[335] Um eine insgesamt unschädliche Luftqualität zu erreichen, schreibt die NEC-Richtlinie vor, in welchem Umfang innerhalb bestimmter Zeiträume die Freisetzung von Luftschadstoffen und bestimmten Treibhausgasen vermindert werden muss. Außerdem verpflichtet die Richtlinie alle Mitgliedstaaten dazu, bis 2019 nationale Luftreinhaltepläne zu erstellen, umzusetzen und regelmäßig über die Ergebnisse zu berichten.[336]

Die inhaltliche Umsetzung der NEC-Richtlinie in nationales Recht erfolgt durch ein ganzes Bündel von Rechtstexten. Dazu gehören auch das Düngegesetz und die Düngeverordnung (Seite 114). Ob diese rechtlichen Vorgaben genügen, um einen zufriedenstellenden Beitrag der Landwirtschaft für die völkerrechtlich verbindliche Reduzierung der Treibhausgase zu gewährleisten, ist umstritten.

Zusammenfassende Antwort auf die Frage, welchen Auswirkungen landwirtschaftliche Tierhaltung auf das Klima hat

Dass landwirtschaftliche Tierhaltung zum Klimawandel beiträgt, kann man nicht ignorieren. In Deutschland entfallen 8 bis 13 % der Treibhausgase auf das Konto der Landwirtschaft. Die landwirtschaftliche Tierhaltung trägt allein durch die Emissionen aus der Verdauung der Tiere und aus dem Umgang mit Wirtschaftsdünger direkt ungefähr 30 Millionen t CO_{2e} dazu bei.[337] Weitere Treibhausgasemissionen entfallen auf den Anbau von Futterpflanzen und müssen der Tierhaltung ebenfalls zugerechnet werden. Umfangreiche zusätzliche Treibhausgasemissionen entstehen durch die Landnutzung, Landnutzungsänderungen und den Energiebedarf bei der Herstellung von synthetischen Düngemitteln.

Die fachlich und rechtlich erforderliche Verringerung der Treibhausgasentstehung in der Landwirtschaft muss deshalb darauf abzielen, die Ammoniakbildung aus tierischen Ausscheidungen und Überdüngung als Vorstufen der Lachgasbildung zu vermeiden. Außerdem gilt es, die Mobilisierung von Nährstoffen aus dem Boden und deren Umwandlung zu erheblichen Mengen an Treibhausgasen zu begrenzen. Deshalb müssen insbesondere Moorbodenstandorte und Dauergrünland geschützt werden. Ergänzend sollten alle Möglichkeiten für die Speicherung von CO_2 und reaktiven Stickstoffverbindungen im Boden genutzt werden. Die Debatte darüber, ob Weidewirtschaft tatsächlich ein geeigneter Ansatz zur Minderung der Treibhausgasbildung sein kann, wird kontrovers geführt.

Unbestreitbar ist dagegen, dass eine Verringerung des Verzehrs von tierischen Lebensmitteln einen erheblichen Beitrag zur Einsparung von klimarelevanten Treibhausgasen ermöglichen würde.

Unabhängig davon ist es das Ziel, in Deutschland bis 2030 jedes Jahr im Vergleich zu 1990 rund 30 Millionen t CO_{2e} im Bereich der Landwirtschaft einzusparen. Bis 2050 muss schließlich jährlich die Entstehung von rund 70 Millionen t Treibhausgas-Äquivalenten verhindert werden, um Klimaneutralität in der Landwirtschaft zu erreichen. Dabei sind die Effekte der Landnutzung, der -nutzungsänderung und der Herstellung von synthetischen Stickstoffdüngemitteln noch nicht berücksichtigt.

Welche Auswirkungen hat landwirtschaftliche Tierhaltung auf den Wasserhaushalt?

Wasser ist Grundvoraussetzung für jede Art von Leben auf der Erde. Nach Auffassung der EU ist es keine übliche Handelsware, sondern ein ererbtes Gut, das geschützt, verteidigt und entsprechend behandelt werden muss.[338]

Besondere Bedeutung hat Wasser, das als Trinkwasser genutzt werden kann. Aufgrund des natürlichen Salzgehaltes oder wegen Verunreinigungen ist der überwiegende Anteil des Wassers auf der Erde zur Wasserversorgung für Menschen, Tiere und viele Pflanzen ungeeignet oder muss zuvor aufbereitet werden. Der Bedarf an Wasser mit Trinkwasserqualität steigt permanent. Verursacht wird das durch die Zunahme der menschlichen Bevölkerung und durch die große Zahl landwirtschaftlich genutzter Tiere. Außerdem wird Wasser unterschiedlicher Qualität in großem Umfang für die Bewässerung pflanzlicher Kulturen in der Landwirtschaft, aber auch für viele andere Zwecke in Industrie und Gewerbe eingesetzt. Wasser ist das wichtigste Lebensmittel überhaupt.

Die bereits thematisierten Ausscheidungen der Tiere im landwirtschaftlichen Bereich spielen nicht nur für das Klima oder als Dünger eine Rolle. Sie können auch zur Belastung für das Grundwasser und den Zustand der Oberflächengewässer werden. Durch den bereits geschilderten Stickstoffkreislauf besteht eine enge Verbindung zwischen den Themen Düngung, Gewässerschutz und Klimawandel.

Die Problemlage weltweit

2015 hatten rund 5,2 Milliarden Menschen direkten Zugang zu sicherem Trinkwasser. 1,3 Milliarden konnten dagegen nur auf eine Grundversorgung mit trinkbarem Wasser bauen und für

844 Millionen Menschen fehlten diese Möglichkeiten. Es wird geschätzt, dass bis 2025 die Hälfte der Weltbevölkerung in wasserarmen Regionen leben wird.[339] Die FAO hält es zwar für wahrscheinlich, dass auch 2050 ausreichend Wasser zur Verfügung stehen wird, um die Ernährung sicherzustellen, setzt aber voraus, dass die Wasservorräte klug genutzt werden. Landwirtschaft ist und bleibt weltweit der größte Verbraucher von Wasser mit einem Anteil von häufig 70 % und mehr der Wasserentnahmen eines Landes. In vielen Regionen würden die Wasserreserven zudem nicht nachhaltig genutzt und häufig verunreinigt.[340] Zu einer kritischeren Einschätzung kommt die EU: Es sei damit zu rechnen, dass bereits im Jahr 2030 weltweit 40 % des benötigten Wassers fehlen, wenn bei der Ressourceneffizienz keine spürbaren Verbesserungen erzielt würden.[341]

Deutschland zählt zwar nicht zu den Ländern mit offensichtlicher Wasserknappheit. Dennoch lautet die internationale Einschätzung, dass in Westeuropa durch die hochintensive Landwirtschaft Belastungen für Böden und Grundwasservorkommen entstehen und damit zusammenhängende ökologische Gefahren drohen.[342] Außerdem ist damit zu rechnen, dass sich der Druck auf Europas Wasserressourcen wegen des Klimawandels verschärfen wird.[343, 344]

Die Wasserqualität in Deutschland

Es sind vor allem zwei Substanzgruppen in den Gewässern, die mit der landwirtschaftlichen Tierhaltung in Verbindung gebracht werden: Nitrat und Phosphorverbindungen.

In Deutschland ermöglicht ein repräsentatives Messnetzwerk, den Zustand des Grundwassers, der Fließgewässer und der Seen zu überwachen. Im Rahmen dieser regelmäßigen Überwachung stellte sich heraus, dass im Zeitraum von 2012 bis 2014 die mittleren Nitratgehalte an fast 30 % der untersuchten Grundwassermessstellen des EU-Nitrat-Messnetzes den europaweit geltenden

Schwellenwert für Nitrat (50 mg/l) immer noch überschritten. An weiteren rund 20 % der Messstellen lagen die Nitratkonzentrationen so hoch, dass von einem deutlichen Einfluss der menschlichen Aktivitäten auf die natürliche Grundwasserqualität ausgegangen werden muss.[345] Nitratbelastungen im Grundwasser treten grundsätzlich überall in der Bundesrepublik auf. Es sind aber auch regionale Häufungen höherer Messergebnisse festzustellen. Die aktuellen Messwerte lassen bei den Nitratbelastungen des Grundwassers keine nennenswerten Veränderungen gegenüber den zurückliegenden Jahren erkennen.[346]

Für Fließgewässer und Seen konnte das Qualitätsziel der Nitratrichtlinie im Zeitraum von 2011 bis 2014 zwar an allen Messstellen im Jahresdurchschnitt eingehalten werden.[347] Allerdings lag bei den Fließgewässern und Seen nur rund ein Drittel der Messstellen hinsichtlich der Gesamtphosphorgehalte unter dem gewässertypspezifischen Zielwerten.[348]

Angesichts solcher Zahlen kommt auch die EU zu dem Schluss, dass die Wasserqualität nach wie vor durch übermäßige Nährstoffeinträge beeinträchtigt wird, weshalb Stoffkreisläufe besser geregelt und die Umweltvorschriften strikter eingehalten werden müssten.[349]

Woher stammen die Nährstoffüberschüsse?

Aus der agrarischen und aus der industriellen Produktion gelangen weltweit derzeit jährlich 165 Millionen t reaktiver Stickstoff (Seite 89) in die Umwelt.[350] Über 100 Millionen t, also deutlich mehr als die Hälfte davon, werden durch die Anwendung mineralischer Düngemittel direkt in Agrarökosysteme eingetragen.[351] Wegen der Wandlungsfähigkeit der reaktiven Stickstoffverbindungen ist es langfristig unerheblich, in welcher reaktiven Form und wohin Stickstoff abgegeben wird.[352] Die Klimarelevanz der Tierhaltung und der Einfluss auf den Wasserhaushalt sind insofern eng miteinander verbunden.

In Deutschland fallen jährlich ca. 200 Millionen m³ Gülle an[353], was bei angenommenen 3,5 kg Stickstoff pro Kubikmeter insgesamt 0,7 Millionen t Stickstoff entspricht. Von Juli 2015 bis Juni 2016 wurden außerdem 1,7 Millionen t Stickstoff in Form mineralischer Düngemittel an die Landwirtschaft ausgeliefert. Durchschnittlich knapp über 100 kg dieses Stickstoffs wurden pro Hektar landwirtschaftlich genutzter Fläche eingesetzt.[354] Gleichzeitig muss in Deutschland pro Hektar landwirtschaftlich genutzter Fläche zurzeit im Durchschnitt von einem Stickstoffüberschuss von 80 bis 100 kg im Jahr ausgegangen werden.[355, 356, 357] Der Stickstoffüberschuss pro Hektar entspricht also rechnerisch fast der Stickstoffmenge, die im Durchschnitt als Mineraldünger ausgebracht wird. Allerdings muss beachtet werden, dass es erhebliche regionale Unterschiede bei den Stickstoffüberschüssen gibt. Die höchsten Flächenbilanzüberschüsse wurden für das Jahr 2010 für Länder mit umfangreicher Tierhaltung berechnet.[358]

Viel Stickstoff: Hühnerkot

Selbstverständlich produzieren auch Hühner Exkremente. Anders als bei den Säugetieren scheiden Hühner wie alle Vögel Harn und Kot nicht getrennt, sondern zusammen aus. Das, was bei den Säugetieren als flüssiger Harn ausgeschieden wird, ist bei den Vögeln vor allem die weiße Harnsäure, die dem Kot vor dem Ausscheiden beigemischt wird und die man mit bloßem Auge erkennen kann. Hühnerkot ist wesentlich trockener als die Ausscheidungen von Rindern oder Schweinen und enthält Stickstoff und Phosphat in deutlich höherer Konzentration.[359] In einem Jahr entstehen pro Legehenne – mit geringen Schwankungen wegen der Einstreumenge und der Fütterung – ungefähr 60 kg Frischmist. Insgesamt scheidet eine Legehenne im Verlauf eines Jahres ca. 0,8 kg Stickstoff aus.[360] Bei einer Milchkuh fallen im selben Zeitraum mit deutlichen Unterschieden je nach Leistungsniveau und der Art der Fütterung 100 bis 150 kg Stickstoff in Kot und Harn an.[361] Auf die Körpermasse bezogen scheidet eine ungefähr 1,7 bis 2 kg schwere Legehenne demnach deutlich mehr Stickstoff aus als eine 500 kg schwere Milchkuh. Das entspricht Kleibers Gesetz, wonach kleinere Tiere prinzipiell einen höheren Stoffumsatz bezogen auf ihr Körpergewicht aufweisen als größere.[362]

Obwohl nur 40 % des landwirtschaftlichen Stickstoffeintrags aus organischen Düngemitteln – Flüssig- und Festmist – stammen, sind letztlich bis zu 80 % des Stickstoffüberschusses direkt oder indirekt auf die Tierhaltung zurückzuführen. Das liegt daran, dass 60 bis 70 % der landwirtschaftlich genutzten Fläche in Deutschland für die Futtergewinnung genutzt werden. Einschließlich der 4,6 Millionen ha Grünland sind das knapp 12 Millionen der insgesamt 16,7 Millionen ha landwirtschaftlicher Nutzfläche. Der durch Düngemaßnahmen – organische wie mineralische Düngung – erzeugte Stickstoffüberhang auf diesen 12 Millionen ha Fläche ist der Tierhaltung zuzurechnen.[363]

Bei den Phosphaten lassen sich in Deutschland inzwischen häufig ausgeglichene Bilanzen von Zu- und Abfuhr oder zumindest im Vergleich zu früheren Zeiten vergleichsweise geringe Überschüsse erreichen.[364, 365] Dennoch sind viele Standorte weiterhin überversorgt, was auf die großen Überschüsse aus früheren Jahren zurückzuführen ist und noch immer zu Auswaschungen führen kann.

Wie gelangen die Nährstoffe ins Wasser?

Für die Belastung der Gewässer sind die mineralisierten, also wasserlöslichen Nährstoffe im Boden von zentraler Bedeutung. Das heißt, dass sie nicht oder nicht mehr in organischer Substanz gebunden sind. Werden sie zudem nicht ausreichend fest an Bodenbestandteile angelagert, können sie durch Niederschlagswasser leicht ausgewaschen werden.

Im Jahr 2010 gelangten etwa 70 bis 80 % der Stickstoffbelastungen und etwa 50 % der Phosphorbelastungen auf den hauptsächlich von landwirtschaftlichen Flächen gespeisten Zuflüssen Grundwasser, Dränwasser, Abschwemmung und Erosion in die Oberflächengewässer.[366]

Überdüngung und Versauerung

Eine besonders wichtige Auswirkung der Nährstoffanreicherung in Gewässern ist, dass sie dadurch überdüngt werden. Diese Überdüngung, auch als Eutrophierung bezeichnet, verändert das Gleichgewicht zwischen Stickstoff und anderen Nährstoffen im Ökosystem. Stickstoff ist wie Phosphat ein wichtiger Nährstoff für das Wachstum von Algen und höheren Wasserpflanzen.[367]

Durch die Anreicherung von Nährstoffen in den Gewässern wird zunächst das Wachstum von Algen und Wasserpflanzen gefördert. Das führt zu einem Ungleichgewicht zwischen Algenwachstum und Algenverzehr. Die Folgen davon sind die Ablagerung von Biomasse und ein stärkerer mikrobieller Abbau dieser Substanzen. Dadurch wird mehr Sauerstoff in bodennahen Wasserschichten verbraucht.

Außerdem vermehren sich die Wasserpflanzen, und es treten häufiger Algenblüten auf. Im Folgenden kommt es zur Veränderung der Artenzusammensetzung, zur Abnahme der Artenvielfalt, einer Zunahme der Wassertrübung und schließlich zu höherer Fischsterblichkeit.[368] Die weiterhin hohen Nährstoffeinträge in die Gewässer sind ein wichtiger Grund, weshalb die ökologische Qualität vieler Gewässer in Deutschland nach den europäischen Standards schlecht eingestuft wird.[369]

Auch im Bereich der Küsten sind verstärktes Wachstum von Phytoplankton und von anderen Algen die Auswirkungen der Nährstoffeinträge. Nach aktueller Einschätzung gilt das Wattenmeer unverändert als Überdüngungsproblemgebiet.[370] Außerdem ist die gesamte offene Ostsee von Eutrophierung betroffen.[371] Wegen der hohen Nährstoffversorgung kommt es nicht nur zu den auffälligen Algenblüten. Die Zunahme des Phytoplanktons, die Trübung des Wassers und der verminderte Lichteinfall führen zu einer geringeren Tiefe, bis zu der die Besiedlung mit Wasserpflanzen und Seegräsern stattfinden kann. Der Rückgang von Seegraswiesen in Nord- und Ostsee wird deshalb in hohem Maße auf die Überdüngung zurückgeführt.[372]

Ein weiterer Effekt des Stickstoffeintrags in die Gewässer und ins Grundwasser ist, dass damit zu deren Versauerung beigetragen wird. Zum einen wird der Stickstoff als saurer Regen – entstanden aus dem Ammoniak und den Stickoxiden in der Luft – in die Oberflächengewässer eingetragen. Zum anderen gelangen die Säureeinträge über die Böden ins Grundwasser.[373]

Nitrit: ein Gift, das aus Trinkwasser entsteht

Darüber hinaus führen die Stickstoffeinträge in die Gewässer dazu, dass deren Nutzung zur Trinkwasserversorgung beeinträchtigt wird. Die natürliche Nitratkonzentration in Grundwasser ist sehr niedrig und liegt in der Regel unter 10 mg/l. Die meisten Nitratbelastungen entstehen durch menschliche Aktivitäten. Der Grenzwert für Nitrat im Trinkwasser wurde durch die Trinkwasserverordnung auf 50 mg/l festgelegt[374] und entspricht dem europäischen Maximalwert für Nitrat in Grundwasser, das als nicht verunreinigt betrachtet wird[375]. Der Regelungsbedarf für Nitrat, das selbst ungiftig ist, beruht darauf, dass Nitrat im Körper von Menschen und Tieren durch Bakterien zu dem wesentlich giftigeren Nitrit umgewandelt wird. Das Nitrat aus dem Trinkwasser verursacht über 80 % der Nitritbelastung im Menschen. Nitrit ist insbesondere für Kleinkinder – und Jungtiere – als Auslöser der sogenannten Säuglingsblausucht relevant, einer Stoffwechselstörung des Blutfarbstoffes Hämoglobin. Im Übrigen trägt es zur Bildung bestimmter krebserzeugender Stickstoffverbindungen bei.[376]

Rechtliche Vorgaben: Wasserrahmenrichtlinie und Nitratrichtlinie

Die Wasserqualität und der Zustand von Gewässern orientieren sich nicht an Ländergrenzen. Deshalb hat die EU schon vor Jahren sowohl die Nitratrichtlinie (Richtlinie 91/676/EWG) wie auch die sogenannte Wasserrahmenrichtlinie (Richtlinie 2000/60/EG) erlassen.

Ziel der Wasserrahmenrichtlinie ist es, einen gemeinsamen Ordnungsrahmen für den Gewässerschutz zu schaffen.[377] Gefährliche Stoffe im Wasser sollen eliminiert werden. Die Vorgaben sollen außerdem dazu beizutragen, dass in der Meeresumwelt Konzentrationen von Stoffen wie Nitrat und Phosphate in der Nähe der natürlichen Ausgangswerte erreicht werden.[378] Weil der Zustand des Grundwassers sich auf die ökologische Qualität der damit verbundenen Oberflächengewässer und Landökosysteme auswirkt, befasst sich die Wasserrahmenrichtlinie nicht nur mit den Fließgewässern Europas, sondern auch mit dem Zustand des Grundwassers. Dadurch entsteht eine enge Verbindung zur Nitratrichtlinie, die als Bestandteil der Wasserrahmenrichtlinie anzusehen ist, und zum nationalen Düngerecht. Die Wasserrahmenrichtlinie wird in Deutschland durch das Wasserhaushaltsgesetz und die dazugehörigen Verordnungen umgesetzt.

Anders als die Wasserrahmenrichtlinie zielt die Nitratrichtlinie ganz direkt auf eine bestimmte Gefahrenquelle ab. Mit dieser inzwischen über 25 Jahre alten Richtlinie soll die Gewässerverunreinigung, die durch Nitrat aus landwirtschaftlichen Quellen verursacht wurde, verringert und weiteren Gewässerverunreinigungen vorgebeugt werden. Dazu wurde bereits 1991 ausdrücklich eingefordert, Regeln zur guten fachlichen Praxis in der Landwirtschaft zu etablieren.[379] Wegen der unzureichenden Umsetzung der Nitratrichtlinie hatte die EU-Kommission 2016 ein Vertragsverletzungsverfahren gegen Deutschland eingeleitet.[380]

Neues Düngerecht in Deutschland

Inzwischen wurde das deutsche Düngerecht überarbeitet. Sein Fokus liegt zwar auf dem Gewässerschutz, aber die Verbindung zum Klimaschutz ist durch den Stickstoffkreislauf eng.

Im neuen Düngerecht aus dem Jahr 2017 wird betont, dass ein Gleichgewicht zwischen dem Nährstoffbedarf der Pflanzen und der Nährstoffversorgung aus dem Boden und aus der Düngung erreicht werden soll. Ausbringungszeitpunkt und -menge von Düngemitteln sollen so gewählt werden, dass die Nährstoffe den Pflanzen so zeitgerecht zur Verfügung stehen, dass sie von den Pflanzen auch tatsächlich aufgenommen werden. Auf diese Weise sollen Einträge von überschüssigen Nährstoffen in oberirdische Gewässer und das Grundwasser vermieden werden. Vor der Düngung muss grundsätzlich der Nährstoffbedarf der jeweiligen pflanzlichen Kultur ermittelt und die Nährstoffzufuhr daran ausgerichtet werden. Für das Ausbringen vieler Düngemittel auf unbestellten Ackerflächen gilt außerdem, dass sie innerhalb von vier Stunden eingearbeitet werden müssen; auf bestellten Flächen dürfen die meisten flüssigen Düngemittel ab 2020 nur noch streifenförmig auf den Boden auf- oder müssen direkt in den Boden eingebracht werden. Ähnliches gilt für Grünland ab dem Jahr 2025. Darüber hinaus werden Zeitfenster festgelegt, in denen bestimmte Düngemaßnahmen nicht erlaubt sind. Dasselbe gilt für bestimmte Witterungsbedingungen und Bodenverhältnisse. Für den Einsatz sogenannter Wirtschaftsdünger wie Stallmist und Gülle wurde außerdem eine Obergrenze eingeführt: Es dürfen maximal 170 kg Stickstoff aus organischen Düngemitteln pro Hektar ausgebracht werden.[381]

Über diese Maßnahmen hinaus sieht das neue Düngerecht vor, dass ab bestimmten Betriebsgrößen bzw. Tierzahlen künftig Bilanzen zum Stickstoff- und Phosphathaushalt eines Betriebes erstellt werden.[382, 383] Insgesamt wird eine systematischere Düngeplanung erforderlich. Es wird sich allerdings noch herausstellen müssen, ob die vorgesehenen Maßnahmen – einschließlich der Abfolge von Sanktionen bei der Nichteinhaltung bestimmter Kontrollwerte in der Nährstoffbilanz[384] – ausreichen, um die geschilderten Belastungen im Grundwasser zu verringern.

Bei der Überwachung der Nitratrichtlinie und des Düngerechts im Rahmen der sogenannten Cross-Compliance-Kontrollen kam es von 2011 bis 2014 bei ca. 15 % der kontrollierten Betriebe wegen Verstößen zu Kürzungen der EU-Subventionen.[385]

Was kann getan werden

Die immer noch zu beobachtenden Nährstoffeinträge in das Wasser und der beachtliche Anteil an Betrieben, die offenbar mit den Rechtsvorgaben kollidieren, macht deutlich, dass weitere Maßnahmen in der Praxis angewendet werden müssen.

Neben der Verwendung emissionsarmer Lagerungs- und Ausbringungstechniken für Wirtschaftsdünger und den Vorgaben der neuen Düngeverordnung werden vor allem folgende Maßnahmen in der öffentlichen Debatte angeregt: die Beibehaltung von Zwischenfrüchten oder Untersaaten zur Nährstofffixierung über den Winter, Direktsaat und Direktpflanzverfahren, um die Mobilisierung von Nährstoffen aus den Böden durch die Bodenbearbeitung zu reduzieren, aber auch die Rückumwandlung von Ackerland zu extensiv genutztem Grünland und die Einführung oder Beibehaltung ökologischer Anbauverfahren im gesamten Betrieb.[386]

Vor allem für Schweinemastbetriebe, die über wenig Ausbringungsflächen für Gülle verfügen, wird zurzeit außerdem vermehrt über eine bessere Stickstoff- und Phosphor-Anpassung der Fütterungsrationen an den tatsächlichen Bedarf der wachsenden Tiere debattiert. Erreicht werden soll damit vor allem eine verminderte Ausscheidung von Stickstoff und Phosphaten durch die Tiere und auf diese Weise ein geringerer Flächenbedarf für die Gülleausbringung. Bei der Fütterung von Milchkühen gibt es ähnliche Bestrebungen.[387]

Bereits vor zehn Jahren gab es darüber hinaus die Empfehlung, eine Abgabe auf Stickstoffüberschüsse einzuführen.[388]

Zusammenfassende Antwort auf die Frage, welche Auswirkungen landwirtschaftliche Tierhaltung auf den Wasserhaushalt hat

Landwirtschaftliche Tierhaltung ist in Deutschland eine der relevanten Ursachen für Nährstoffeinträge in die Gewässer. Die Nährstoffeinträge können dazu führen, dass Wasservorräte nicht mehr zur Trinkwasserversorgung genutzt werden dürfen. Die Überdüngung der Gewässer wirkt sich außerdem negativ auf die Artenvielfalt in verschiedenen Ökosystemen aus.

In einigen Regionen und landwirtschaftlichen Sparten bestehen nach wie vor Nährstoffüberschüsse, die abgebaut oder zumindest verteilt werden müssen. Nicht nur unter Klimagesichtspunkten, sondern auch zur Entlastung der Gewässer müssen Verbesserungen beim Düngemanagement vorgenommen werden. In die Überlegungen für eine zukunftsfähige Tierhaltung müssen außerdem der Ersatz von Mineraldünger durch organische Düngemittel und der Verzicht auf Importfuttermittel einbezogen werden.

Die 2017 erfolgte Überarbeitung des Düngerechts in Deutschland fordert eine sehr viel konsequentere Düngeplanung und Bilanzierung der Nährstoffströme. Falls die Gewässerbelastungen nicht zurückgehen, wird man vermutlich erneut über sozioökonomische Steuerungsinstrumente wie Abgaben auf Nährstoffüberschüsse diskutieren (Seite 274).

Pflanzenernährung und Bodenfruchtbarkeit: Kann landwirtschaftliche Tierhaltung dazu beitragen?

Während vieler Jahrhunderte waren die landwirtschaftlich genutzten Tiere wichtige Düngerlieferanten. Dung war knapp und ein begrenzender Faktor bei der Erzeugung pflanzlicher Nahrungsmittel. Als im Zuge der Industrialisierung neuartige Düngemittel verfügbar wurden, veränderte sich diese Situation grundlegend. Inzwischen besteht – wie dargestellt – häufig ein Überschuss an Nährstoffen.[389] Die Ausscheidungsprodukte der Tiere sind oft nur noch eine ergänzende Nährstoffquelle für das Pflanzenwachstum. Häufig werden sie zum Entsorgungsproblem, obwohl sie einen wichtigen Beitrag zur Bodenfruchtbarkeit leisten könnten.

Unter Bodenfruchtbarkeit versteht man mehr als die kurzfristige Verfügbarkeit von Nährstoffen für das Pflanzenwachstum. Bodenfruchtbarkeit umfasst neben dem Nährstoffhaushalt insbesondere die Bodenstruktur und den Gehalt an organischer Substanz in Form von Humus. Die Bodenfruchtbarkeit, auch als Bodenqualität bezeichnet, ist ein bestimmender Faktor für den Pflanzenertrag und ist deshalb immer noch ein wichtiges Anliegen in der Landwirtschaft – oder sollte es zumindest sein.

Nahrung für die Pflanzen

Wie alle biologischen Aufbauprozesse benötigen auch Pflanzen Nährstoffe für das Wachstum. Wegen ihrer Fähigkeit zur Photosynthese können Pflanzen Licht direkt als Energiequelle nutzen und damit aus dem CO_2 in der Luft komplexere Kohlenstoffverbindungen als Energiespeicher herstellen. Nebenbei bilden sie den für andere Organismen lebensnotwendigen Sauerstoff. Alle anderen Nährstoffe nehmen sie hauptsächlich über die Wurzeln auf. Auch daraus bilden sie komplexere Verbindungen wie beispielsweise Aminosäuren. So entstehen Stoffe, zu deren Synthese Tiere nicht in der Lage sind. Tiere und Menschen können deshalb nur aufgrund der besonderen Leistungen der Pflanzen existieren.[390]

Zu den Hauptnährstoffen der Pflanzen gehören neben dem Kohlenstoff (C) aus der Luft unter anderem Stickstoff (N), Phosphor (P) und Kalium (K). Die Aufnahme von Nährstoffen aus dem Boden ist ein mehrstufiger Prozess, bei dem die Pflanzen eine aktive Rolle spielen. Zunächst müssen die Nährstoffe, die an Bodenpartikel gebunden sind, mobilisiert, dann zu den Wurzeloberflächen transportiert und schließlich in das Innere der Wurzel aufgenommen werden.

Pflanzenwachstum, Ertrag und Qualität: Viel hilft nicht immer viel

Das Wachstum und der Ertrag von Pflanzen hängen direkt mit der Nährstoffversorgung zusammen. Durch Düngung und Förderung der Bodenfruchtbarkeit versucht man, eine möglichst optimale Bereitstellung der verschiedenen Pflanzennährstoffe zu erreichen. Damit sind sowohl der richtige Zeitpunkt wie auch die richtige Menge gemeint.

Zu beachten ist allerdings, dass das Pflanzenwachstum durch Düngung nicht gleichmäßig zunimmt. Je höher die Düngerzufuhr wird, umso geringer ist der Effekt auf das Wachstum. Dieses Phänomen wird als abnehmender Ertragszuwachs bezeichnet. Außerdem muss berücksichtigt werden, dass Überangebote an Nährstoffen sogar wachstumshemmend und ertragsmindernd wirken[391], ganz abgesehen von den anderen bereits dargestellten Folgen für die Umwelt. Die verfügbaren Pflanzennährstoffe haben darüber hinaus Einfluss auf den ernährungsphysiologischen Wert der Pflanzen. Unerwünscht ist beispielsweise ein übermäßig hoher Nitratgehalt in Futter- und Nahrungspflanzen, der wie beim Trinkwasser zu Erkrankungen führen kann.[392]

Bodenfruchtbarkeit

Das vorrangige Ziel der landwirtschaftlichen Nutzung von Ackerböden oder Grünland ist der Pflanzenertrag. Die Ertragsfähigkeit von Böden hängt dabei maßgeblich von der Dicke der Bodenschichten, einer guten Durchwurzelbarkeit und dem Luft-, Wasser-, Wärme- und Nährstoffhaushalt ab. Indikatoren für einen fruchtbaren Boden sind deshalb eine gute Wasseraufnahmefähigkeit der Humusgehalt, möglichst wenig Verdichtungen der Bodenstruktur und eine hohe Aktivität der Bodenlebewesen.[393]

Insbesondere die organische Substanz im Boden, die hier als Humus bezeichnet wird, hat eine grundlegende Bedeutung für die natürliche Bodenfunktion.[394] Sie ist Speicher- und Puffermedium für Wasser und Nährstoffe, dient den Bodenorganismen als Lebensraum und Nahrungsgrundlage, wirkt strukturbildend und stabilisiert zusammengefügte Bodenpartikel wie die Krümel. Dadurch schafft sie Lebensräume für Bodenorganismen und erhöht die Resistenz gegenüber Bodenerosion.[395] Wegen dieser großen Bedeutung werden auch im 7. Umweltaktionsprogramm der EU aus dem Jahr 2013 ausdrücklich verstärkte Bemühungen zur Vermehrung der organischen Bodensubstanz angemahnt, um das Naturkapital der EU zu schützen.[396]

Vergleichende Untersuchungen haben gezeigt, dass 50 Jahre nach einer Waldrodung und dem Beginn der Ackernutzung der Kohlenstoffgehalt aus organischer Substanz im Oberboden – ein Maßstab für den Humusgehalt – um ca. 60 % gesunken war. Auf Flächen, die noch länger landwirtschaftlich genutzt werden, beträgt dieser Kohlenstoffanteil sogar nur noch 20 % des ursprünglichen Wertes.[397] Grundsätzlich ist eine Zunahme der Humusgehalte von den Ackerflächen über die Waldböden bis zum Grünland zu beobachten.[398] Der höhere Humusgehalt von Grünlandböden entsteht durch den hohen Anteil an Wurzelmaterial und weil der Boden nicht durch Bearbeitung gestört wird.[399] Die Vermeidung von Humusverlusten zählt neben der Bodenerosion zu den Herausforderungen im Bereich des Bodenschutzes.[400]

Humusbildung und Mikroorganismen

Der Boden ist – was der Begriff Bodenfruchtbarkeit unterstreicht – keineswegs nur der Standort für das Wachstum von Pflanzen. Boden besteht aus unbelebten, anorganischen Bestandteilen, die aus der Verwitterung des Ausgangsgesteins entstehen, und organischen Anteilen. Die organische Ausgangssubstanz wird als Streu bezeichnet. Streu ist totes organisches Material, das beim Absterben von Pflanzen, Tieren und Mikroorganismen entsteht. Organische Substanzen werden im Boden je nach den vorherrschenden Umgebungsbedingungen um- oder abgebaut und durch die Bodenlebewesen mit den anorganischen Bestandteilen gemischt.

Die Umwandlung von Streu und anderen organischen Bodenbestandteilen in Huminstoffe wird als Humifizierung bezeichnet. Dabei entsteht im Verlauf mehrerer Phasen Humus, der den größten Anteil der organischen Substanz im Boden darstellt. Pro Hektar können im Lauf der Zeit Humusvorräte von 50 bis 300 t entstehen. Der Um- oder Abbau des organischen Materials erfolgt durch Bodenbakterien und größere Bodenlebewesen wie beispielsweise Regenwürmer. Werden die Pflanzenreste nicht zu Huminstoffen umgewandelt, sondern vollständig abgebaut, dann entstehen vor allem Kohlendioxid, Wasser und Mineralstoffe. Dieser Vorgang wird als Mineralisierung bezeichnet. Unter sauerstoffarmen Bedingungen kann durch bestimmte Bakterien auch Methan als Abbauprodukt gebildet werden.[401]

Je nachdem, unter welchen Bedingungen die Humifizierung abläuft und welche Schichten mit unterschiedlichen Gehalten an Streu oder Huminstoffen entstehen, können sich verschiedene Humusarten entwickeln. Beispiele dafür sind Rohhumus und Mull oder die stärker unter dem Einfluss von Grund- und Oberflächenwasser entstehenden Hochmoor- und Niedermoortorfe.[402] Die Humusvarianten unterscheiden sich auch in ihrem Gehalt an Kohlenstoff und Stickstoff. Mull ist die vorherrschende Humusform der Steppen, kräuterreicher Laubwälder und guter landwirtschaftlich genutzter Böden. Mull erscheint äußerlich als grauer bis schwärzlicher gut gekrümelter Boden. Mull entsteht, wenn die zum Boden gelangende organische Substanz unter insgesamt günstigen Bedingungen innerhalb eines Jahres weitgehend zerkleinert, mit dem Mineralboden vermischt und in Ton-Humus-Komplexe eingebunden wird.[403, 404]

Weitere Unterscheidungen ergeben sich daraus, wie schnell die Humusbestandteile um- und abgebaut werden bzw. wie fest Nährstoffe in ihnen gebunden sind. Der labile Anteil, etwa 1 bis 5 % der organischen Bodensubstanz, hat vor allem Bedeutung für die kurzfristige Nährstoffversorgung und wird innerhalb von Monaten oder wenigen Jahren umgesetzt. Die sogenannte intermediäre Fraktion – in ackerbaulich genutzten Böden etwa die Hälfte der organischen Bodensubstanz – wird stark durch Bewirtschaftungs- und Bodenbearbeitungsmaßnahmen beeinflusst und wirkt sich auf die mittelfristige, 10 bis 50 Jahre andauernde Bodenfruchtbarkeit aus. Die passive Fraktion wird dagegen nur wenig durch Bewirtschaftungsmaßnahmen verändert und kann Hunderte bis Tausende von Jahren im Boden bleiben.[405]

Zur organischen Bodensubstanz gehören außerdem die Bodenmikroorganismen. Sie können bis zu 6 % der organischen Substanz ausmachen. Die Art und Menge dieser Mikroorganismen und ihr jeweiliger Stoffwechsel sind ausschlaggebend für die Umwandlung der organischen Substanz zu Huminstoffen. In der Regel ist die mikrobielle Biomasse von ackerbaulich genutzten Flächen niedriger als von Grünland- oder Waldboden. Die geringere mikrobielle Besiedlung der Ackerflächen wird durch das geringere Nahrungsangebot und durch den Einsatz von Pflanzenschutzmitteln auf diesen Flächen verursacht.[406]

Humus: Kohlendioxidspeicher und Pflanzenernährer

Huminstoffe können über sehr lange Zeiträume im Boden angereichert oder ebenfalls abgebaut werden. Sie sind Bestandteil des Kohlenstoffkreislaufs. Weltweit sind in den Huminstoffen etwa

2000 Gt CO_2 gespeichert.[407] Humus ist aber nicht nur ein bedeutender CO_2-Speicher, sondern auch eine wichtige Nährstoffgrundlage für die Pflanzen. Dabei spielen wieder die Bodenmikroorganismen eine zentrale Rolle. Die organische Bodensubstanz enthält neben Kohlenstoff die Hauptnährstoffe Stickstoff, Phosphor und Schwefel in organisch gebundener Form. Diese Nährstoffe werden während der Umsetzung der organischen Substanz durch bestimmte Bodenmikroorganismen in anorganische, lösliche und damit pflanzenverfügbare Verbindungen überführt, was ebenfalls als Mineralisierung bezeichnet wird.

Der in den organischen Materialien enthaltene Stickstoff wird über mehrere Schritte so verändert, dass er als Nitrat oder Ammonium von Pflanzen genutzt werden kann (Seite 90). In welchem Umfang bzw. in welcher Geschwindigkeit der gebundene Stickstoff in die pflanzenverfügbare Form überführt wird, hängt von der Zusammensetzung der Streu und zusätzlichen Düngemaßnahmen ab. Allgemein kann man festhalten, dass der Stickstoff aus organischen Materialien mit einem hohen Kohlenstoffanteil aus pflanzlichen Überresten, beispielsweise Stallmist mit ausreichend viel Stroh, eher fixiert wird. Der Stickstoff aus organischen Substanzen mit einem geringen Kohlenstoffanteil, das heißt einem engen C/N-Verhältnis wie bei Flüssigmist wird dagegen eher mineralisiert. Eine Ausnahme stellen die schwer abbaubaren organischen Verbindungen mit einem engen C/N-Verhältnis dar, die aus dem Humus oder aus Komposten stammen.[408] Diese Substanzen tragen zur Fixierung von Stickstoff im Boden bei und ermöglichen eine langsame Freisetzung von pflanzenverfügbarem Stickstoff aus dieser Speicherform. Die Überdüngung von Böden mit Stickstoff trägt dagegen wegen des enger werdenden C/N-Verhältnisses zur Mineralisierung, also zum Abbau der organischen Bodensubstanz bei.[409]

Für das Pflanzenwachstum ist entscheidend, dass die verschiedenen, teilweise gegenläufigen Prozesse so ablaufen, dass ausreichend Stickstoff in pflanzenverfügbarer Form – das heißt vor allem als Nitrat – passend zum Entwicklungsstadium im Boden vorhanden ist. Liegen zu viele stickstoffhaltige Substanzen in mineralisierter Form vor, steigt das Risiko der Auswaschung ins Grundwasser oder Oberflächengewässer.

Weitere Nährstoffe wie Kalium oder Calcium, die ebenfalls nur in ihrer wasserlöslichen Form von den Pflanzen aufgenommen werden können, lagern sich im Boden an die Oberfläche der hochmolekularen Humusbestandteile oder von Tonpartikeln an. Diese Adsorption ist eine Form der Speicherung von Nährstoffen im Boden.[410] Die Pflanzennährstoffe bleiben so verfügbar und werden nicht ausgewaschen. Aus Humusbestandteilen und Tonpartikeln können sich auch größere Aggregate, sogenannte Ton-Humus-Komplexe, mit adsorbierender Oberfläche bilden.

Ob Huminstoffe angereichert oder abgebaut werden, hängt davon ab, wie viel organische Substanz in den Boden eingetragen bzw. wie viel mineralisiert, also abgebaut, und letztendlich abtransportiert wird.[411] Bei geringer Zufuhr an organischer Substanz nimmt in allen Böden zunächst die labile, leicht umsetzbare Fraktion der organischen Bodensubstanz rapide ab.[412] Als Folge davon stehen den Pflanzen weniger Nährstoffe zur Verfügung, die aus diesem Humusanteil freigesetzt werden könnten.

Düngung: Nährstoffversorgung für die Pflanzen und Förderung der Humusbildung

Weil durch das Erntegut große Mengen Nährstoffe von den Ackerflächen oder vom Grünland abtransportiert werden, sollen die unterschiedlichen Düngemaßnahmen einen Ausgleich dafür bilden. Das Ziel von Düngung ist es, zum einen die Nährstoffversorgung der Pflanzen zu sichern und zum anderen den Gehalt an organischer Substanz im Boden zu verbessern. Die Wirkung der verschiedenen Verfahren im Hinblick auf diese beiden Ziele ist allerdings sehr unterschiedlich. Für den Erhalt der Fruchtbarkeit von Böden und ihrem Gehalt an organischer Substanz sind außerdem geeignete Fruchtfolgen und die Bodenbearbeitung ausschlaggebend.[413]

Es ist schon lange bekannt, dass manche Pflanzen humuszehrend, andere humusvermehrend wirken. Das hängt nicht nur mit ihrem Nährstoffbedarf zusammen, sondern insbesondere damit, wie viel organische Substanz sie über ihre Wurzelmasse und Erntereste in den Boden einbringen und welche Bodenbearbeitungsmaßnahmen mit ihrem Anbau verbunden sind. Die mechanische Bodenbearbeitung, die die Bodenstruktur und die Nährstoffbereitstellung beeinflussen soll, kann – vor allem bei sogenannten wendenden Verfahren wie dem Pflügen – durch starke Aktivierung der Nährstoffmineralisation zu erheblichen Verlusten an organischer Bodensubstanz führen.

Unter mitteleuropäischen Bedingungen ist für eine nachhaltige Ackernutzung die regelmäßige organische Düngung nötig.[414] Zu den organischen Düngemitteln zählen insbesondere die wirtschaftseigenen Düngemittel wie Stallmist, Gülle, Jauche, Stroh und Gründünger.[415] Komposte und Mistkompost, die in der ökologischen Landwirtschaft eine große Bedeutung haben, zählen ebenfalls dazu.

Düngen mit organischen Düngemitteln von Tieren

Je nach Art der Tierhaltung liegen die Ausscheidungen der Tiere als Mist, Gülle, Jauche oder dem harnsäurehaltigen Hühnerkot vor. Alle diese Ausscheidungsprodukte können grundsätzlich als Düngemittel eingesetzt werden. Ihre Zusammensetzung und ihr Nährstoffgehalt schwanken erheblich.

Beachtenswert sind ein paar grundlegende Fakten. Wirtschaftsdünger aus der Schweine- und Geflügelhaltung haben vergleichsweise höhere Phosphat-, die Düngemittel aus der Rinderhaltung dagegen höhere Kaliumgehalte. Der Stickstoff in Stallmist liegt nur zu einem Anteil von ca. 10 % mineralisiert, also direkt pflanzenverfügbar vor. Nach der Ausbringung werden im ersten Jahr weitere 35 % Stickstoff freigesetzt; ungefähr 50 % des Stickstoffgehaltes werden erst im Folgejahr verfügbar. Wegen des Gehalts an organischer Substanz wird Stallmist auch heutzutage für die

Info

Mist, Gülle und Co.

- **Stallmist:** Gemisch aus Kot, Harn und Einstreu (meistens Stroh); wird auch als Festmist bezeichnet.
- **Gülle:** Gemisch aus Harn und Kot landwirtschaftlich gehaltener Tiere; entsteht vor allem bei der Tierhaltung auf Spaltenböden und enthält höchstens geringe Mengen Einstreu; wird auch als Flüssigmist bezeichnet.
- **Jauche:** Gemisch aus Harn, Sickerwasser und abgeschwemmten Kotbestandteilen. Wird unter Festmistlagerstätten aufgefangen.
- **Hühnerkot:** relativ trockenes Gemisch aus Kot und Harnsäure, die von Geflügel anstelle von Harn ausgeschieden wird.
- **Kompost und Mistkompost:** verrottete Mischung aus pflanzlichen Reststoffen und gegebenenfalls tierischem Mist. Für den Ab- bzw. Umbau der organischen Materialien benötigen die Mikroorganismen bei der Kompostierung Sauerstoff und etwas Feuchtigkeit. Während des Rotteprozesses erhitzt sich der Kompost. Die Kompostierung erfolgt in dafür angelegten Mieten oder als Flächenkompostierung.
- **Mineralische Düngemittel:** umgangssprachlich Kunstdünger; Düngemittel, die chemisch – synthetisch – hergestellt oder bergbaulich gewonnen werden.

Bodenverbesserung geschätzt. Bei Gülle liegen dagegen ungefähr 50 % des Stickstoffs in mineralisierter Form vor, was das Risiko von Nährstoffverlusten in die Umwelt erhöht. Gülle dient vor allem der Nährstofflieferung, während ihr Potenzial zur Anreicherung organischer Substanz im Boden sehr unterschiedlich bewertet wird.[416, 417, 418]

Gründüngung

Bei der Gründüngung lassen sich mehrere Varianten unterscheiden. Häufig werden Pflanzen wie Phacelia oder Senf als Zwischen- oder Nachfrucht beispielsweise im Spätsommer nach der Getreideernte angebaut. Dies dient insbesondere dem Ziel, die Auswaschung von Nährstoffen aus dem Boden zu vermindern, indem sie in der pflanzlichen Substanz vorübergehend gebunden werden. Andere Varianten der Gründüngung machen sich die besondere Fähigkeit von Leguminosen, also Schmetterlingsblütlern wie Klee und Hülsenfrüchten zunutze, Stickstoff aus der Luft zu binden. Der Anbau entsprechender Leguminosen kann als Haupt- oder Zwischenfrucht, Untersaat, ein- und mehrjährig, einzeln oder gemischt mit anderen Arten erfolgen. Der Hintergrund ist folgender: Neben der Mineralisierung, also der Mobilisierung von Stickstoff aus organischen oder sonstigen Substraten, beinhaltet der Stickstoffkreislauf auch den gegenläufigen Prozess. Dabei wird Stickstoff aus der Luft in organischen Verbindungen gebunden. Dieser Prozess ist ebenfalls eine Stoffwechselleistung von Mikroorganismen. In größerem Umfang geschieht diese Fixierung durch die symbiontischen Bakterien in den Wurzelknöllchen von Leguminosen wie Klee, Luzerne, Wicken, Bohnen oder Erbsen. Pro Jahr können durch die Knöllchenbakterien je nach Bodentyp und sonstigen Bedingungen 50 bis 450 kg Stickstoff auf 1 ha Fläche gebunden werden.[419] Die Beobachtung der düngenden Wirkung von Klee hatte im 18. Jahrhundert zur Intensivierung der Landwirtschaft beigetragen (Seite 40). Futterleguminosen wie Klee, Luzerne oder Wicke haben insgesamt ein höheres Vermögen, Stickstoff zu binden, als Körnerleguminosen wie Erbsen, Ackerbohnen oder Lupinen, die einen Teil des fixierten Stickstoffs für die Körnerbildung aufzehren.[420]

Die Wirkung von Gründüngung wird insgesamt sehr unterschiedlich bewertet. Unstrittig ist, dass durch den Zwischenfruchtanbau Nährstoffverluste durch Auswaschung vermindert werden können. Es besteht auch kein Zweifel daran, dass Gründüngung, vor allem der Anbau von Leguminosen, erheblich zur Nährstoffversorgung von Kulturen, aber durchaus auch zur Überdüngung beitragen kann. Unterschiede gibt es dagegen bei der Beurteilung der Gründüngung hinsichtlich der Vermehrung organischer Substanzen im Boden. Der Grund dafür ist, dass die durch die Gründüngung eingebrachte organische Substanz relativ schnell wieder mineralisiert wird und deshalb häufig nicht dauerhaft zur Vermehrung des organischen Bodenanteils beiträgt. Von den verschiedenen Varianten der Gründüngung wird vor allem der möglichst mehrjährige Anbau von Leguminosen bzw. Leguminosen-Gras-Gemischen zur Humusbildung empfohlen.[421, 422]

Organische Düngung in landwirtschaftlichen Betrieben ohne Tierhaltung

Eine relativ häufige Fragestellung ist, wie die Düngung mit ausschließlich organischen Düngemitteln in Pflanzenbaubetrieben ohne Tierhaltung zu bewerkstelligen ist. Sie betrifft vor allem tierlose Ökobetriebe und vegan bewirtschaftete Höfe. Ihre Betriebsweise gestaltet sich sehr individuell und muss besonders genau an die Bedingungen des jeweiligen Standorts angepasst werden. Zu den wichtigsten Problemen dieser Betriebe gehören die Stickstoffversorgung der Kulturen und der Unkrautdruck auf den Flächen, was in der Fruchtfolgegestaltung und dem fehlenden Wirtschaftsdünger begründet liegt.[423] Bei Betrieben ohne Tierhaltung, aber mit ausschließlich organischer Düngung spielt für die Nährstoffversorgung der Kulturen vor allem der Anbau von Leguminosen eine entscheidende Rolle. Zur Unterstützung der Humusbildung wird ergänzend mit Stroh als Kohlenstoffträger und kompostierten Bioabfällen gedüngt.

Da die Leguminosen bzw. Leguminosen-Gras-Gemische nicht als Futter genutzt werden, verbleibt der Aufwuchs auf der Fläche. Allerdings sinkt die N-Fixierungsleistung der Leguminosen, wenn zum Beispiel das Kleegras nicht abgeerntet, sondern gemulcht wird. Bei diesen sogenannten Grünbrachen nimmt außerdem das Risiko der Nährstoffverluste durch Auswaschung und Lachgasemissionen zu.[424, 425] Die regulierende Wirkung auf unerwünschte Begleitflora schwächt sich dagegen ab. Bei den Grünbrachen verringert sich im Vergleich zum mehrjährigen Feldfutterbau, also der wiederholten Nutzung von Klee-Gras- oder Luzerne-Gras-Gemischen als Tierfutter, zudem der positive Effekt auf die Humusbildung und Bodenstruktur.[426]

Insgesamt wird die ökonomische Situation tierloser Ökobetriebe als günstig, die Nachhaltigkeit der Wirtschaftsweise im Vergleich zu tierhaltenden Betrieben dagegen zurückhaltender bewertet.[427] Im Hinblick auf die Humusbildung wird der Verzicht auf Tierhaltung auch immer wieder explizit als negativ eingeschätzt.[428, 429] Die Verwertung von Kleegras als Futter und die damit einhergehende Rückführung der Nährstoffe in Form von Mist führt in der Regel zu einer höheren Produktivität der tierhaltenden Betriebsformen.[430] Um die positiven Effekte der Leguminosen-Gras-Ernte zu nutzen, wird tierlosen Ökobetrieben inzwischen auch zur Verwertung des Gründüngungsaufwuchses in einer ökologischen, speziell dafür konzipierten Biogasanlage und zur Ausbringung der nährstoffangereicherten Gärreste als aufgewertetem Dünger geraten.[431]

Mineralische Düngemittel

In den mineralischen Düngemitteln liegen die Nährstoffe in anorganischer Form vor. Einen direkten Einfluss auf den Gehalt der organischen Substanz im Boden haben sie deshalb nicht. Mineralischer Stickstoff wird häufig als Ammonium- oder Nitrat-Salz ausgebracht. Vor- und Nachteil sind die hohe Löslichkeit dieser Verbindungen in Wasser und die sofortige Pflanzenverfügbarkeit. Der Vorteil besteht darin, dass die Nährstoffe aus solchen Düngemitteln den Pflanzen schnell zur Verfügung stehen; der gleichzeitig bestehende Nachteil ist, dass die Nährstoffe leichter ausgewaschen oder zu Treibhausgasen umgebaut werden und so zur Umweltbelastung beitragen. In Deutschland werden zurzeit pro Hektar landwirtschaftlicher Nutzfläche durchschnittlich etwas mehr als 100 kg Stickstoff und 17 bis 18 kg Phosphat als Mineraldünger eingesetzt.[432]

Phosphate für Mineraldünger werden anders als die Stickstoffverbindungen nicht synthetisch hergestellt, sondern überwiegend als Rohphosphate im Tagebau gewonnen. Die Rohphosphatmengen sind begrenzt und werden voraussichtlich noch für 60 bis 130 Jahre ausreichen.[433] Ein sparsamer Einsatz und ein möglichst gutes Recycling von Phosphaten sind deshalb nicht nur aus Umweltgesichtspunkten (Seite 110) notwendig. Auch mineralische Kaliumdüngemittel werden aus den entsprechenden Rohsalzen gewonnen.

Eine Sonderstellung unter den Mineraldüngern kommt den Kalkdüngern zu. Sie werden hauptsächlich eingesetzt, um der Versauerung der Böden aufgrund der Einträge von Schwefel-, Stickoxiden und Ammonium aus der Luft oder wegen anderer Stoffwechselschritte im Boden entgegenzuwirken.

Zur aktuellen Lage

Die Nährstoffsituation auf den landwirtschaftlich genutzten Flächen in Deutschland ist zurzeit vor allem durch einen deutlichen Stickstoffüberschuss gekennzeichnet.[434, 435] Besonders große Stickstoffüberschüsse treten vor allem in den Regionen mit umfangreicher Tierhaltung auf und sind darauf zurückzuführen, dass durch den Zukauf von Futtermitteln für die Tierhaltung große zusätzliche Nährstoffmengen in die betriebliche Stoffbilanz eingebracht werden.[436, 437] Mehr als 10 % des Eintrags von Stickstoff in den Stickstoffkreislauf in Deutschland sollen auf den Import von Futtermitteln wie Soja aus dem Ausland zurückzuführen sein.[438]

Nach dem aktualisierten Düngerecht ist nur noch ein jährlicher Stickstoffüberschuss von 50 kg pro Hektar im Durchschnitt mehrerer Jahre zulässig. Wird dieser Kontrollwert überschritten, greift eine Maßnahmenkaskade, die den Landwirt dazu verpflichtet, sich beraten zu lassen oder seine Düngeplanung bei den Behörden vorzulegen. Ähnliche Regeln wurden auch für die Phosphatdüngung eingeführt.[439]

Im Hinblick auf den organischen Bodenanteil liegen zwar für Deutschland seit Längerem flächendeckend Daten vor.[440] Es existieren dennoch kaum Empfehlungen oder Vorgaben von offizieller Seite, was sich daraus für die landwirtschaftliche Praxis ergibt, obwohl das Bundesbodenschutzgesetz sinngemäß folgenden Auftrag an die Landwirtschaft formuliert: Es gehört zur guten fachlichen Praxis der landwirtschaftlichen Bodennutzung, die Bodenfruchtbarkeit und Leistungsfähigkeit des Bodens zu sichern. Das schließt neben Maßnahmen gegen den Verlust von Boden durch Erosion unter anderem ein, dass der standorttypische Humusgehalt des Bodens, insbesondere durch eine ausreichende Zufuhr an organischer Substanz oder durch Reduzierung der Bearbeitungsintensität, erhalten wird.[441]

In Zukunft dürfte ein weiterer Aspekt für die Vermehrung organischer Substanz im Boden sprechen: Die höhere Wasserspeicherfähigkeit von humusreicheren Böden könnte bei der Anpassung an regional trockenere Sommer von besonderer Bedeutung sein.[442]

Nachhaltig düngen?

Aus dem Geschilderten lassen sich mindestens drei Merkmale ableiten, die miteinander wechselwirken und nachhaltiges Düngen kennzeichnen sollten: eine kontinuierliche und zeitgerechte Nährstoffversorgung der pflanzlichen Kulturen, geringe umweltbelastende Nährstoffverluste und die Zunahme des Anteils organischer Substanz bis zum standort- und bodentypischen Optimum, um Einschränkungen der natürlichen Bodenfunktionen zu vermeiden[443]. Allgemeingültige Werte für ein solches Optimum der organischen Bodensubstanz festzulegen, ist allerdings wegen der unterschiedlichen Standortbedingungen, Umweltanforderungen und landwirtschaftlichen Zielsetzungen nicht möglich. Erschwerend kommt hinzu, dass die Stickstoff-Freisetzung aus der organischen Bodensubstanz nicht alleine aus dem organischen Kohlenstoffanteil vorhergesagt werden kann.[444] Allerdings liegen Schätzrahmen für verschiedene Böden und Niederschlagsbilanzen vor.[445]

130

Eindeutig ist zumindest, dass beispielsweise in Böden, die mit Stallmist gedüngt wurden, der Gehalt an organischer Substanz im Durchschnitt höher liegt als derjenige vergleichbarer Böden bei gleicher Sickstoffzufuhr aus Mineraldüngung.[446] Auch der Anbau mehrjähriger Leguminosen mit ihrer umfangreichen Wurzelbildung und der Einsatz von Komposten gehören zu den förderlichen Maßnahmen für die Humusbildung.[447, 448] Allerdings gilt auch für diese Maßnahmen, dass sie zu einer unerwünscht hohen Freisetzung von Nährstoffen, also der Auswaschung von Nitrat oder der Bildung von Treibhausgasen beitragen können, wenn sie unsachgemäß eingesetzt werden und keine ausreichende Stabilisierung des Stickstoffs stattfindet.

Häufig wird angenommen, dass die Vermehrung der Humusvorräte ein mehr oder weniger automatischer Effekt der ökologischen Wirtschaftsweise ist. Diverse Feldversuche und die landwirtschaftliche Praxis kommen allerdings zu unterschiedlichen Ergebnissen. Im ökologischen wie im konventionellen Landbau ist die Humusbilanz letztendlich abhängig von der konkreten Ausgestaltung der Betriebsweise[449], also der Fruchtfolge und dem Anteil an mehrjährigen Leguminosen-Gras-Gemischen, dem Düngemanagement und den Bodenbearbeitungsverfahren, den Wettereinflüssen und den Standortgegebenheiten. Durch die größere Vielfalt und den meistens höheren Anteil von Leguminosen-Gras-Gemischen in den ökologischen Fruchtfolgen findet aber tatsächlich häufig eine stärkere Humusbildung in den Ökobetrieben statt.

Gülle durch Aufbereitung wertvoller machen?

Gülle genießt gesellschaftlich keinen guten Ruf und wird als Problemstoff wahrgenommen. Möglicherweise ist ihr Potenzial, zu einer nachhaltigen Landwirtschaft beizutragen, aber noch gar nicht ausgeschöpft. Vor allem zwei Eigenschaften der Gülle erweisen sich als hinderlich: der hohe Wassergehalt, der den Transport zu nährstoffarmen Pflanzenstandorten erschwert, und der hohe Anteil an bereits mineralisiertem Stickstoff.

Der hohe Anteil an Nährstoffen, der in Gülle bereits mineralisiert vorliegt, erfordert ein sachkundiges Güllemanagement, sowohl unter Umwelt- und Klimagesichtspunkten wie auch aus pflanzenbaulicher Perspektive. Erstrebenswert wäre, Gülle so aufbereiten zu können, dass die Mineralisierung gehemmt, die Stickstoffverluste durch die Ausscheidung von Ammoniak reduziert und das Potenzial zur Vermehrung organischer Substanz im Boden gesteigert würden. Manche Bestrebungen zur Gülleaufbereitung setzen deshalb auf den Zusatz von Tonmineralien oder Pflanzenkohle.

Um den Wassergehalt der Gülle zu verringern, werden bereits verschiedene Verfahren wie Zentrifugen, Pressschnecken, Bandtrocknung, Membranfiltration oder Ausflockung kommerziell angeboten. Sehr viel weiter geht dagegen ein EU-Verbundprojekt, dessen Gülleaufbereitung bisher allerdings erst im experimentellen Maßstab betrieben wird. In einer Modellanlage gelingt es, aus Schweinegülle mineralischen Stickstoff- bzw. Phosphatdünger und organische Biokohle, die der Humusbildung dienen soll, zu gewinnen und je nach Bedarf einzeln oder zusammengesetzt als Düngemittel zu verwenden.[450]

Zusammenfassende Antwort auf die Frage, ob landwirtschaftliche Tierhaltung zur Pflanzenernährung und Bodenfruchtbarkeit beitragen kann

Nährstoffe für das Pflanzenwachstum zur Verfügung zu stellen und gleichzeitig die Bodenfruchtbarkeit zu fördern, wird durch die Verwendung hochwertiger organischer Düngemittel und den gut geplanten Einsatz von Leguminosen in der Fruchtfolge ermöglicht. Bodenschonende Bearbeitungstechniken unterstützen dabei, die Nährstoffverluste durch die Mineralisierung organischer Substanzen zu reduzieren.

Zu den organischen Düngemitteln, die besonders geeignet sind, nicht nur den Nährstoffbedarf pflanzlicher Kulturen zu decken, sondern auch zur Humusbildung, also zum Erhalt der Bodenfruchtbarkeit, beizutragen, zählen Stallmist und Komposte. Gülle ist dagegen weniger für den Aufbau organischer Bodensubstanz geeignet. Als Nährstoffquelle im Pflanzenbau ist Gülle aber nicht zu unterschätzen. Das Potenzial von Gülle, den unter Energie- bzw. Umwelt- und Klimaaspekten problematischen Mineraldünger (Seite 88) zu ersetzen, ist noch nicht ausgereizt.

Insofern könnten die landwirtschaftlich genutzten Tiere in einer modernen nachhaltigen Landwirtschaft ihre historische Rolle als Lieferanten qualitativ hochwertiger Düngemittel zurückgewinnen. Voraussetzung dafür ist, dass geeignete Methoden gefunden werden, um Stallmist arbeitswirtschaftlich zu nutzen oder Gülle so aufzuarbeiten, dass die bodenverbessernde Wirkung Stallmist nahe kommt bzw. der Ersatz mineralischer Düngemittel begünstigt wird.

Eine weitere eindeutig humusförderliche Managementmaßnahme ist der Anbau mehrjähriger Leguminosen, beispielsweise als Klee-Gras-Gemische. Die Nutzung des Aufwuchses von Gründüngung – sei es mehrjähriges Kleegras oder andere Zwischenfrüchte – muss nicht zwingend als Tierfutter geschehen. Zur erneuten Gewinnung von organischem Düngematerial in Form der tierischen Ausscheidungen ist es aber sinnvoll. Außerdem kann es ein Beitrag zur Verminderung der Nahrungsmittelkonkurrenz zwischen Menschen und Tieren (Seite 153) sein.

Welche Rolle spielt landwirtschaftliche Tierhaltung für die biologische Vielfalt und den Naturschutz?

In der Zeit um 5500 v. Chr. begannen auch in Mitteleuropa Menschen mit Ackerbau und Viehhaltung und schufen dadurch frühe Kulturlandschaften[451]. Es kam zu einer Ausweitung der Weideflächen und damit zur Zunahme von Pflanzenarten, die auf Grünlandstandorten heimisch sind.[452]

Bis in die Mitte des 20. Jahrhunderts hat die Landbewirtschaftung zur Diversifizierung von Lebensräumen und damit zur Entstehung komplexer Agro-Ökosysteme beigetragen.[453] Inzwischen verursacht die Landwirtschaft einschließlich der Tierhaltung häufig eine Vereinheitlichung ganzer Landschaften.

Weil mehr als die Hälfte aller bekannten Tier- und Pflanzenarten weltweit hauptsächlich in Kulturlandschaften außerhalb von Schutzgebieten lebt, muss die Landwirtschaft beim Schutz der Biodiversität einbezogen werden.[454] Die Landwirtschaft ist außerdem in Deutschland mit einem Anteil von über 50 % die größte Flächennutzerin.[455, 456]

Zur aktuellen Lage

Die Gesamtzahl aller Arten auf der Erde ist nicht bekannt. Schätzungen kommen zu dem Ergebnis, dass aufgrund natürlicher Prozesse pro Jahrhundert lediglich 100 bis 1.000 Arten verloren gehen. Die gegenwärtige Verlustrate liegt dagegen um den Faktor 100 bis 10.000 über der natürlichen Aussterberate und wird durch menschliches Handeln verursacht. Weltweit sind über 20 % der bekannten Arten bei den Säugetieren, 12 % bei den Vögeln und gut 30 % bei den Amphibien gefährdet. Auch ganze Ökosysteme können bedroht sein. 60 % aller Ökosysteme haben in den vergangenen Jahrzehnten große Schäden erlitten.[457, 458]

Der 2017 publizierte Schwund von fast 80 % der Insektenmenge im Verlauf weniger Jahrzehnte an unterschiedlichen Standorten[459] hat die breite Öffentlichkeit erneut für die Thematik sensibilisiert. Von den einheimischen Tierarten Deutschlands sind mehr als ein Drittel gefährdet; von den fast 900 verschiedenen Lebensraumtypen in Deutschland sind es über 65 %. Unter Lebensraumtypen versteht man Varianten von Biotopen wie beispielsweise Kalkmagerrasen oder Berg-Mähwiesen, die durch bestimmte Pflanzen, Bodenvoraussetzungen, Bewirtschaftungsweisen und Ähnliches gekennzeichnet sind und als Gruppen zusammengefasst werden. Bei den über 200 Lebensraumtypen in offener Landschaft, also weder im Wald noch im Wasser oder den Alpen, ist der Anteil stärker bedrohter Varianten besonders hoch. Betroffen sind vor allem Grünlandökosysteme unterschiedlicher Art und extensiv genutzte Ackerflächen oder Brachen.[460] Häufig handelt es sich um nährstoffarme und nährstoffempfindliche Biotope.[461]

Neben Arten und Lebensräumen gehören auch die vielfältigen Haustierrassen und Nutzpflanzensorten zur Biodiversität. Von den über 8.000 bekannten Rassen landwirtschaftlich genutzter Tiere sind bereits fast 10 % verloren gegangen und weitere 2000 Rassen gelten als vom Aussterben bedroht.[462, 463]

Schwindende Vielfalt bei den Hühnerrassen

Über 100 Hühnerrassen werden derzeit in Deutschland gezüchtet. Hinzu kommen knapp 100 Zwerghühnerassen.[464] Die Rassegeflügelzucht spielt sich hauptsächlich im Hobbybereich ab. Von den Geflügelrassen, die bereits vor 1930 in Deutschland gezüchtet wurden, gelten 25 als in ihrem Bestand bedroht bis extrem gefährdet.[465] Für die kommerzielle Legehennenhaltung und Hühnermast spielt die Rassegeflügelzucht jedoch keine Rolle. Eingesetzt werden sogenannte Hybridtiere, die durch die Kreuzung bestimmter Elternlinien erzeugt werden. Lege- oder Masthybridtiere sind Gebrauchskreuzungen bei denen gezielt Eigenschaften der verschiedenen Elternlinien kombiniert werden. Die Hybridzucht von Hühnern wird durch vier weltweit agierende Unternehmen dominiert.[466]

Gründe für den Schutz der biologischen Vielfalt

Pflanzen, Tiere, Pilze und Mikroorganismen reinigen Wasser und Luft und sorgen für fruchtbare Böden. Zwar verfügen Ökosysteme über eine hohe Regenerationsfähigkeit, aber sie sind nicht beliebig belastbar. Durch den Verlust der biologischen Vielfalt – also den Verlust der Artenvielfalt, der Vielfalt der Lebensräume und der genetischen Vielfalt – werden die allgemeinen Lebensgrundlagen bedroht. Verloren gegangene biologische Vielfalt, Biodiversität, kann nicht wiederhergestellt werden, wenn Arten ausgestorben oder ökologische Wirkungsketten zerstört sind. Grundsätzlich gilt, je höher die genetische Vielfalt ist, desto eher besteht eine ausreichende Anpassungsfähigkeit an sich verändernde Umweltbedingungen.[467]

Die Biodiversität hat darüber hinaus große wirtschaftliche Bedeutung, die von der pharmazeutischen Industrie bis zum Tourismus reicht. Die Tourismusbranche beispielsweise ist angewiesen auf schöne Landschaften und intakte Natur. In Deutschland arbeiten knapp 3 Millionen Beschäftigte in Bereichen, die dem Tourismus zuzurechnen sind.[468, 469]

Konventionen und Strategien

Vor diesem Hintergrund wurde das UN-Übereinkommen über die biologische Vielfalt 1992 in Rio de Janeiro beschlossen. Darin wird betont, dass es von lebenswichtiger Bedeutung ist, die Ursachen der erheblichen Verringerung der Biodiversität an ihrem Ursprung vorherzusehen und zu bekämpfen.[470] Die UN-Konvention verfolgt drei übergeordnete Ziele: die Erhaltung biologischer Vielfalt, ihre nachhaltige Nutzung und die gerechte Aufteilung der Vorteile, die sich aus der Nutzung genetischer Ressourcen ergeben.[471] Das UN-Übereinkommen ist demnach keine reine Naturschutzkonvention; es greift die Nutzung als wesentlichen Aspekt der Erhaltung der biologischen Vielfalt auf.[472]

Zur UN-Konvention gehören die sogenannten Aichi-Ziele. Darin werden alle Vertragsstaaten unter anderem dazu aufgefordert, spätestens ab 2020 alle landwirtschaftlich genutzten Flächen nachhaltig zu bewirtschaften.[473] Dem Verlust der biologischen Vielfalt ein Ende zu setzen, ist zudem Bestandteil der UN-Ziele für eine nachhaltige Entwicklung.

2013 wies die EU erneut warnend darauf hin, dass die biologische Vielfalt in der EU nach wie vor rückläufig ist und die meisten Ökosysteme bereits ernsthaft geschädigt sind. Weil aber der wirtschaftliche Wohlstand und die Lebensqualität in der Union nicht zuletzt ihrem Naturkapital, das heißt ihrer biologischen Vielfalt, zu verdanken sind, erklärte die EU den Schutz, die Erhaltung und die Verbesserung des Naturkapitals der Union zu einem vorrangigen Ziel ihrer Politik. Sie wies ausdrücklich darauf hin, dass die Ökosysteme lebenswichtige Naturgüter und Dienstleistungen erbringen wie beispielsweise Süßwasser von hoher Qualität, saubere Luft, die Bestäubung von Pflanzen, Klimaregulierung und Schutz vor Naturkatastrophen.[474]

Der Umsetzung des UN-Übereinkommens über die biologische Vielfalt dient in Deutschland eine nationale Strategie, die 2007 beschlossen wurde. Ziel dieser Strategie ist es, alle gesellschaftlichen Kräfte zu mobilisieren und zu bündeln, damit sich die Gefährdung der biologischen Vielfalt in Deutschland deutlich verringert, schließlich ganz gestoppt wird und als Fernziel die biologische Vielfalt einschließlich ihrer regionaltypischen Besonderheiten wieder zunimmt.[475] Die Basis der UN-Konvention und der nationalen Strategie ist es, Schutz und Nutzung der Biodiversität aus ökologischer, ökonomischer und sozialer Sicht zu betrachten. Dabei soll die ökologische Tragfähigkeit Maßstab der ökonomischen und sozialen Entscheidungen sein.[476] Zu den ausdrücklichen Zielsetzungen für Deutschland gehört auch, den Schwund der Lebensräume und Biotoptypen zu stoppen. Das beinhaltet die Vernetzung und Wiederherstellung von Biotopen ebenso wie den Erhalt der Kulturlandschaften mit ihrem Reichtum an Arten und Lebensräumen.[477]

Grünland in Deutschland

Von den 16,7 Millionen ha landwirtschaftlich genutzter Fläche in Deutschland entfallen auf Dauergrünland – also im Wesentlichen auf Wiesen und Weiden – 4,7 Millionen ha. Das sind 28 % der gesamten landwirtschaftlichen Nutzfläche.[478] Überall in Deutschland gibt es Grünland, jedoch ist der Flächenanteil regional sehr unterschiedlich. Während es in manchen Regionen – zum Beispiel Teilen Norddeutschlands und im Allgäu – dominiert, finden sich in anderen Gebieten nur noch verschwindend geringe Restbestände. Die Grünlandnutzung ist vor allem auf Standorten vorherrschend, auf denen Ackerbau nicht möglich oder ökonomisch nicht vorteilhaft ist. Die Gründe dafür sind vielfältig. So können Standorte beispielsweise zu nass, zu trocken, zu schwer zu bearbeiten, zu steil oder zu steinig für den Ackerbau sein. Solche Flächen werden als absolutes Grünland bezeichnet, weil sie für keine andere landwirtschaftliche Nutzung geeignet sind. Sie könnten allerdings aufgeforstet werden.[479] Nachdem der Grünlandanteil über Jahre in vielen Regionen abgenommen hat, scheint dieser Trend inzwischen weitgehend gestoppt zu sein.[480]

Obwohl Grünland ganz überwiegend landwirtschaftlich genutzt wird, geht das Interesse an Grünland weit über die Landwirtschaft hinaus.[481] Das ist auf die verbreitete Erkenntnis zurückzuführen, dass das Grünland vielfältige und für die Gesellschaft relevante Leistungen erbringt. Aus naturschutzfachlicher Sicht ist dabei artenreiches Grünland von besonderer Bedeutung.

Über ein Drittel aller heimischen Farn- und Blütenpflanzen hat sein Hauptvorkommen im Grünland; von den in Deutschland gefährdeten Arten der Farn- und Blütenpflanzen sind es sogar rund 40 %. Bestimmte langjährig extensiv genutzte Grünlandausprägungen wie die Kalkmagerrasen gehören zu den artenreichsten Biotoptypen Mitteleuropas.[482] Grünland bietet mit seiner Vielfalt an Strukturen und zeitlich gestaffelten Blühabfolgen eine große Vielfalt an Lebensräumen für Tiere, wobei teilweise sehr enge Wechselbeziehungen zwischen Flora und Fauna bestehen.[483] Deshalb spielt der Erhalt des artenreichen Grünlands für das Erreichen der nationalen und internationalen Biodiversitätsziele eine wesentliche Rolle.

Als alarmierend wird in diesem Zusammenhang bewertet, dass laut offizieller Berichterstattung an die EU nicht nur Lebensräume wie Magerrasen und Heiden in einem schlechten Zustand sind. Auch der Zustand blütenreicher Wiesentypen wie die mageren Flachland- oder Bergmähwiesen, die im Rahmen der landwirtschaftlichen Wiesennutzung vor wenigen Jahrzehnten noch weit verbreitet waren, hat sich mittlerweile verschlechtert. Die höchste Vielfalt an Arten hatte das Grünland in Zeiten halbextensiver bis halbintensiver Landnutzung, also vor allem vom 18. bis Mitte des 20. Jahrhunderts[484], als die Flächen noch nicht so stark gedüngt und noch nicht so häufig gemäht wurden wie heute. Inzwischen werden über 80 % der Grünlandbiotoptype als gefährdet eingestuft.[485] Gründe dafür sind vor allem die fortschreitende Intensivierung der Grünlandnutzung mit stärkerer Düngung und veränderten Nutzungszeitpunkten bzw. -häufigkeiten.

Gründe für den Verlust biologischer Vielfalt

Eine ganze Reihe von Ursachen trägt zum Verlust der biologischen Vielfalt bei. Dabei wird der Klimawandel zunehmend von Bedeutung sein, vor allem weil er mit anderen Stressfaktoren, wie zum Beispiel Übernutzung oder Versauerung, wechselwirkt.[486]

Einige Ursachen für den Verlust von Biodiversität stehen direkt oder indirekt im Zusammenhang mit der landwirtschaftlichen Tierhaltung. Dazu zählen Überdüngung und Versauerung, Veränderungen bei der Flächennutzung oder eine nicht angepasste Bewirtschaftung.[487] Auch die sinkende Bedeutung der Weidehaltung, wie allgemein der Nutzung von Dauergrünland als Futter für Milchkühe, wird bereits – etwas vereinfacht – zu den Bedrohungen für den Erhalt der Artenvielfalt und für die Bereitstellung von Ökosystemleistungen in agrarisch geprägten Regionen gezählt.[488]

Weitere, nicht durch die Tierhaltung bedingte Gründe sind die fortschreitende Zerschneidung und Umwidmung der Landschaft durch Siedlungen, Straßen und andere Infrastrukturelemente, verbunden mit dem Verlust ganzer Lebensräume.

Zu viel Stickstoff schränkt die biologische Vielfalt ein

Der Überschuss an reaktiven Stickstoffverbindungen im Stickstoffkreislauf (Seite 89) führt nicht nur zur vermehrten Treibhausgasbildung und zu Belastungen der Gewässer, sondern beeinflusst auch das Artenspektrum und den Gesundheitszustand der Pflanzen und der Bodenlebewesen. Je nach Stickstoffgehalt und Säuregrad des Bodens wachsen bestimmte Pflanzen oder Mikroorganismen besser oder schlechter als andere, wodurch sich die Artenzusammensetzung in einem Ökosystem verschiebt.[489]

Bei hohen Stickstoffeinträgen in Ökosysteme nehmen beispielsweise krautartige Pflanzen ab und Gräser zu, was sich an unterschiedlich intensiv gedüngten Wiesen leicht beobachten lässt. Die nährstoffärmeren Flächen weisen mehr Kräuter und Blühpflanzen auf als Parzellen mit hohen Stickstoffgehalten im Boden. Pflanzen, die speziell an bestimmte Standortbedingungen angepasst sind, nehmen bei hohem Nährstoffangebot ab, und sogenannte Generalisten, die an unterschiedlichen Standorten gleichermaßen wachsen, nehmen zu. So kann durch Düngung eine Vereinheitlichung und Artenverarmung von Grünland entstehen.[490]

Hohe Stickstoffgehalte bewirken außerdem, dass Pflanzen empfindlicher gegenüber Stressfaktoren wie Pilz- oder Insektenbefall, Trockenheit oder Frost werden, wodurch sich das Artenspektrum zusätzlich verschieben kann.[491] Indirekter reagieren die Tiere der Ökosysteme, denen die Pflanzen als Nahrungsgrundlage dienen. So trägt beispielsweise der Rückgang nektarproduzierender Blühpflanzen zum Schwund der Insekten bei.

Die Ökosysteme reagieren unterschiedlich empfindlich auf den Eintrag von Nähr- oder Schadstoffen. Deshalb gibt es für die verschiedenen Ökosystemtypen unterschiedliche Schwellen, ab denen der Stickstoff- oder Säureeintrag zu Veränderungen der Biodiversität führt. In Deutschland wird diese Schwelle für Stickstoff bei knapp der Hälfte der empfindlichen Flächen überschritten. Vor allem die Regionen mit intensiver Tierhaltung im nordwestlichen Deutschland weisen hohe Überschreitungen auf. Die Schwellen hinsichtlich der Versauerung werden dagegen bei über 90 % der empfindlichen Flächen inzwischen eingehalten.[492]

Veränderte Nutzung führt zu Biodiversitätsverlusten

Eine intensivierte Nutzung von Flächen bedeutet häufig, dass Brachflächen und andere Landschaftselemente wegfallen, Ackerschläge vergrößert werden und Randstreifen fehlen. Dazu kommt eine Reduzierung der Vielfalt bei den Kulturpflanzen. Die Dominanz einzelner, intensiv betriebener Kulturarten wie Weizen und Mais geht häufig zulasten des extensiveren Anbaus von Sommergetreide oder Ähnlichem. Das hat Auswirkungen auf die Biodiversität, weil ganze Lebensräume oder geeignete Lebensbedingungen wegfallen.

Im Vergleich zur Mitte des zurückliegenden Jahrhunderts haben besonders die Ackerwildkräuter abgenommen. Deutlich abgenommen hat außerdem die Zahl der Vögel in den offenen Landschaften. Besonders dramatisch ist die Situation bei den typischen grünlandbewohnenden und bei den insektenfressenden Vogelarten.[493]

Nicht nur der Nährstoffgehalt und die Entwässerung, sondern auch der Zeitpunkt und die Häufigkeit der Grünlandnutzung beeinflussen die Zusammensetzung der dort wachsenden Pflanzen. Sehr vereinfacht dargestellt führen Düngung und intensive Nutzung von Dauergrünland zu einer artenärmeren Zusammensetzung des Bewuchses und fördern den Grasanteil.[494, 495, 496] Artenreiches Grünland ist dann nicht kurzfristig wiederherstellbar.[497] Die günstigsten Auswirkungen im Hinblick auf die pflanzliche Artenvielfalt von Grünland haben unter deutschen Bedingungen die Nutzung als Weide – vor allem die Beweidung durch Schafe – und eine Mähnutzung mittlerer Intensität mit zwei Schnitten im Jahr. Die regionalen Unterschiede, wie die Pflanzen des Grünlands auf die verschiedenen Einflussfaktoren reagieren, sind allerdings beträchtlich.[498]

Neben der Intensivierung trägt auch die Aufgabe der landwirtschaftlichen Nutzung von ökologisch wertvollen Grenzertragsstandorten wie Magerrasen, Bergwiesen, Heiden, Feucht- und Nasswiesen zum Verlust der biologischen Vielfalt bei.[499] Bei extensiv bewirtschaftetem Grünland, das aus Sicht des Natur- und Umweltschutzes besonderen Wert hat, ist eine ausreichende Rentabilität für den landwirtschaftlichen Betrieb nicht immer gesichert. Deshalb wurde umbruchfähiges Grünland oftmals in Ackerland verwandelt und nicht-umbruchfähiges Grünland aufgeforstet oder aufgegeben. Beides ist im Sinne der Biodiversität nicht wünschenswert. Ein Herausfallen aus der Bewirtschaftung führt zu Verbuschung und zum Verlust des Grünlands und seiner Ökosystemleistungen. Innovative Ansätze zur nachhaltigen Nutzung von Grünland sind deshalb unabdingbar[500] und sollten extensive Beweidung und Heugewinnung einschließen. Auch weltweit gilt die zu geringe Weidenutzung neben der Überweidung großer Flächen als Grund für den Verlust von ökologisch wertvollem Grasland.[501]

Schützen durch Nützen: biologische Vielfalt durch Tierhaltung fördern

Die biologische Vielfalt zu erhalten, erfordert, die bekannten Ursachen für ihren Schwund zu minimieren. Im Zusammenhang mit der Tierhaltung bedeutet dies vor allem, bei der Erzeugung von Futtermitteln auf Ackerflächen oder bei der Nutzung von Grünland extensive Bewirtschaftungsformen und -elemente zu erhalten, einzuplanen und zu fördern.

Das Ziel, den Biodiversitätsverlust insbesondere in der breiten, landwirtschaftlich genutzten Fläche Deutschlands aufzuhalten, hängt wesentlich von der Entwicklung des Grünlands und dessen

Qualität als Lebensraum ab.[502] Grünland zu erhalten ist in Mitteleuropa immer an eine Nutzung[503] oder zumindest an Pflege gebunden. Bei angepasster Intensität kann die Beweidung von Dauergrünland und die Nutzung zur Futter-, insbesondere Heugewinnung zum Erhalt der vielen gefährdeten Grünlandbiotoptypen beitragen. Dies gilt besonders vor dem Hintergrund, dass mittlerweile nicht nur bereits extensiv bewirtschaftete, sondern verbreitet auch blütenreiche Grünlandtypen mittlerer Nährstoffgehalte und Bewirtschaftungsintensitäten massiv unter Druck geraten sind[504], weil sie zu intensiv bewirtschaftet werden.

Darüber hinaus ist schon seit Längerem bekannt, dass insbesondere ganzjährige und großflächige Beweidungen mit einer im Jahresdurchschnitt maximalen Besatzdichte von einer Großvieheinheit pro Hektar zu vielen Naturschutzzielsetzungen wesentlich beitragen können. Extensive Beweidung ist vor allem in Überschwemmungsgebieten und auf grundwassernahen Standorten die naturverträglichste Form der landwirtschaftlichen Nutzung. Darüber hinaus gehören Weidetiere in vielen Regionen zum touristischen Aushängeschild.[505]

Vor diesem Hintergrund werden extensive ganzjährige Weiden mit Rindern und Pferden[506], die Umwandlung von Ackerland in Extensivgrünland und die Biotoppflege durch Schafe und Ziegen als besonders erstrebenswert und damit förderwürdig eingeschätzt. Die Empfehlung zur Umwandlung von Ackerflächen in Grünland gilt vor allem für Überschwemmungsgebiete und auf Niedermoorböden. Insgesamt steht die naturnahe Beweidung von Kulturlandschaften für eine moderne, multifunktionale Landwirtschaft[507], zumal eine schonende Grünlandbewirtschaftung und Weidehaltung auch zum Erhalt der Bodenfruchtbarkeit (Seite 117) und zur CO_2-Speicherung (Seite 99) beitragen kann.

Ein weiterer Aspekt ist, bei der landwirtschaftlichen Tierhaltung gezielt auf bedrohte oder seltene Haustierrassen zu setzen und damit dem Schwund der genetischen Vielfalt innerhalb der Arten entgegenzuwirken. Dies schließt allerdings zwangsläufig die Vermehrung solcher Tiere und letztlich deren Nutzung ein.[508]

Unabhängig von der Tierhaltung haben im landwirtschaftlichen Zusammenhang Blühflächen und Streifenelemente, gefolgt von Brachen den größten Mehrwert für den Naturschutz. Für den Anbau von Leguminosen, insbesondere großkörnigen Hülsenfrüchten, wird dagegen kein deutlicher Nutzen für den Naturschutz festgestellt. Zwischenfrüchte und Untersaaten haben ebenfalls nur relativ geringe positive Auswirkungen für die biologische Vielfalt.[509]

Zusammenfassende Antwort auf die Frage, welche Rolle landwirtschaftliche Tierhaltung für die biologische Vielfalt und den Naturschutz spielt

Landwirtschaftliche Tierhaltung ist direkt oder indirekt eine der Ursachen für die Abnahme der Biodiversität. Vor allem die hohen Nährstoffeinträge in die Ökosysteme und die Intensivierung der Grünlandnutzung stehen im direkten Zusammenhang mit den vorherrschenden Formen landwirtschaftlicher Tierhaltung.

Andererseits bietet die Haltung landwirtschaftlich genutzter Tieren auch die Chance, biologische Vielfalt zu fördern. Das gilt insbesondere für eine angepasste Nutzung des artenreichen Grünlands wie auch für die großflächigen extensiven Beweidungen traditioneller oder nährstoffsensibler Standorte. Ergänzend können der Einsatz und die Nutzung von bedrohten Rassen zum Erhalt der biologischen Vielfalt beitragen.

Von entscheidender Bedeutung für einen positiven Beitrag der Tierhaltung zum Schutz der Biodiversität ist allerdings deren Förderung im Rahmen der Gemeinsamen Agrarpolitik (GAP) der EU oder aus anderen Quellen. Tierhaltung mit dem Ziel, biologische Vielfalt zu erhalten oder zu vermehren, ist unter den derzeitigen Bedingungen häufig alleine nicht wirtschaftlich tragfähig.

Was hat die Ernährung der Weltbevölkerung mit Tierhaltung zu tun?

Im Grunde sind sich alle einig: Es gibt eigentlich genügend Nahrungsmittel auf der Welt, um alle Menschen satt zu machen.[510, 511] Das gilt auch für das Jahr 2050, wenn voraussichtlich über 9 Milliarden Menschen auf der Welt leben werden.[512, 513] Schätzungen zufolge könnte die Nahrungsmittelproduktion auf der Welt für die Versorgung von 12 bis 14 Milliarden Menschen ausreichen.[514, 515]

Trotzdem litten im Jahr 2016 über 800 Millionen Menschen an Hunger und waren chronisch unterernährt. Nach einem langen Rückgang der Zahl hungernder Menschen hat der Hunger zuletzt wieder zugenommen. 60 % der Hungernden weltweit sind Frauen und Mädchen.[516] Außerdem sind noch immer 155 Millionen Kinder unter fünf Jahren unterentwickelt, und ihre Zahl nimmt langsamer ab als in den zurückliegenden Jahren.[517] Laut Welthungerindex sind Südasien und Afrika südlich der Sahara am stärksten betroffen.[518] Weiteren 2 Milliarden Menschen mangelt es wegen einseitiger Ernährung an Mikronährstoffen wie Vitamin A, Eisen oder Jod. Diese Art der Mangelernährung wird als versteckter Hunger (hidden hunger) bezeichnet.[519, 520]

Der Wirtschaftszweig, der weltweit am umfangreichsten Flächen nutzt, ist die Tierhaltung. Sie trägt entscheidend zum Lebensunterhalt von mindestens 1,3 Milliarden als arm zu bezeichnenden Menschen in ländlichen Haushalten bei. Zwischen 15 und 20 % der Nahrungsenergie und ungefähr 30 % des Nahrungseiweißes auf der Welt stammen aus Tierhaltung.[521] Die weitere Entwicklung der Tierhaltung ist deshalb entscheidend für die Frage der globalen Ernährungssicherheit.

Hunger, Völkerrecht und Politik

Seit 70 Jahren gehört Nahrung zu den Rechten aller Menschen auf der Erde.[522] Völkerrechtlich verbindlich wurde das Recht auf angemessene Ernährung allerdings erst 1976 durch den UN-Sozialpakt, der inzwischen von über 160 Staaten unterzeichnet wurde.[523]

Im Jahr 2000 hatten sich Vertreter von 189 Staaten der Welt im Rahmen der sogenannten Millenniums-Entwicklungsziele vorgenommen, Hunger und extreme Armut auf der Welt zu beseitigen. Bis 2015 sollte die Zahl der Menschen halbiert werden, die in extremer Armut leben und Hunger leiden. Die UN stellen zwar dar, dass weltweit erhebliche Fortschritte erzielt wurden. Zugleich räumen sie aber ein, dass große Lücken bei der Ernährungssicherheit bestünden und die Fortschritte für die verschiedenen Regionen, Länder und Bevölkerungsgruppen sehr ungleich ausfielen. Außerdem würden der Klimawandel und die Umweltzerstörung bereits Erreichtes gefährden.[524] Inzwischen wurden die Millenniumsziele durch die Agenda 2030 der UN für eine nachhaltige Entwicklung abgelöst. Armutsbekämpfung und Ernährungssicherung sind dabei weiterhin von herausragender Bedeutung.

Der Umsetzung dieser Ziele dient auch die aktualisierte deutsche Nachhaltigkeitsstrategie von 2016. Darin bekennt sich die Bundesregierung ausdrücklich zum Menschenrecht auf Nahrung. Sie bekräftigt, dass zur Überwindung des Hungers auf der Welt die natürlichen Ressourcen geschützt und das Potenzial kleinbäuerlicher Strukturen für die Nahrungsmittelerzeugung genutzt werden müssten. Außerdem müsste die Reduzierung von Lebensmittelabfällen und -verlusten ebenso einen Beitrag leisten wie die Wahl der Lebensmittel.[525]

Ein Blick in die Zukunft: Nahrungsmittel im Jahr 2050

Wenn im Jahr 2050 mehr als 9 Milliarden Menschen auf der Welt leben, werde die Welt immer noch die Mittel und Möglichkeiten haben, den Hunger auszulöschen und für alle Menschen langfristig Nahrungsmittelsicherheit zu gewährleisten.[526] So lautete 2009 die Einschätzung der Welternährungsorganisation FAO unter der Voraussetzung, dass der politische Wille dazu bestehe und die richtigen Entscheidungen getroffen würden.

Die FAO ging nicht nur von einer weltweiten Bevölkerungszunahme um mehr als ein Drittel aus. Sie prognostizierte auch, dass im Jahr 2050 viel mehr Menschen – nämlich über 70 % der Bevölkerung[527] – in Städten leben werden und viele über ein höheres Einkommen verfügen. Beides wird sich darauf auswirken, wovon sich die Menschen voraussichtlich ernähren.[528, 529] Der Getreideanteil der Ernährung wird zurückgehen. Stattdessen werden Obst und Gemüse, aber auch Fleisch, Fisch, Milchprodukte und stärker verarbeitete Produkte zunehmen. Hunger und Armut werden vor allem ländliche Gegenden betreffen.[530] Bevölkerungszunahme, Verstädterung und Veränderungen des Konsumverhaltens erfordern laut FAO im Vergleich zu 2005/2007 eine Steigerung der weltweiten Futter- und Nahrungsmittelerzeugung um 60 bis 70 % bis zum Jahr 2050.[531, 532] Für Fleisch rechnet die FAO bis dahin mit einer Zunahme um fast 75 % der Produktion und einem jährlichen Pro-Kopf-Verbrauch von knapp 52 kg.[533] Die FAO hält es – mit angeblich realistischen Zunahmen bei der Land- bzw. Wassernutzung und der Erträge – für möglich, dass im Jahr 2050 pro Kopf der Bevölkerung täglich über 3000 kcal Nahrungsenergie zur Verfügung stehen. Das wäre mehr, als zur Versorgung benötigt wird, sodass ein Teil der zusätzlichen Erträge auch als Futtermittel eingesetzt werden könnte.[534]

Die FAO liefert allerdings nahezu keine Prognosen dazu, wie sich die erwarteten Entwicklungen bei der Ernährung der Weltbevölkerung auf die Klima- und andere Umweltfragen auswirken werden. Sie stellt lediglich fest, dass der Verlust der ökologischen

Ressourcen Land, Wasser und Biodiversität die größte Gefährdung für die Nahrungssicherheit darstellen. FAO und Weltbank fordern deshalb seit Jahren einen verantwortungsbewussteren Umgang mit den natürlichen Ressourcen.[535, 536]

Bereits 2009 betonte die FAO außerdem, dass es nicht nur darum gehe, ausreichende Mengen an Nahrungsmitteln zu erzeugen. Es sei besonders darauf zu achten, dass Arme und Hungerleidende Zugang zu den Nahrungsmitteln erhalten, die sie für ein gesundes und aktives Leben benötigen.[537] Damit wird deutlich, dass Hunger kein reines Mengenproblem ist.

Hunger – ein Verteilungsproblem

Nach aktuellen Hochrechnungen der FAO sind zurzeit 11 % der Weltbevölkerung unterernährt. Im südlichen Afrika ist der Anteil der unterernährten Bevölkerung besonders hoch, in Asien dagegen die absolute Zahl betroffener Menschen.[538] Als Gründe für den aktuellen Anstieg der Unterernährung nennen die FAO und ihre Partnerorganisationen die mangelnde Verfügbarkeit von Nahrungsmitteln, steigende Preise in bestimmten Regionen und die Zunahme von Konflikten in Ländern mit bereits unsicherer Versorgungslage. Dürren und andere Wetterereignisse verschärfen die Situation. Hinzu kommt, dass betroffene Staaten aus verschiedenen Gründen weniger finanzielle Spielräume für Sozialprogramme haben.[539]

Kriegerische Auseinandersetzungen, insbesondere länger anhaltende Krisen, zählen unbestritten zu den wichtigsten Ursachen für Unterernährung.[540] Dass allerdings angesichts grundsätzlich ausreichender Nahrungsmittel so viele Menschen im 21. Jahrhundert keine sichere Ernährungsgrundlage haben, lässt sich darüber hinaus nur als Verteilungs- oder genauer als Konkurrenzproblem interpretieren.

Experten staatlicher wie nichtstaatlicher Organisationen betonen, dass es keine einzelne Ursache für Unterernährung gibt, sondern viele Einflussfaktoren zusammenwirken. Dazu zählen Landlosigkeit, Ernteverluste und fehlende Lagermöglichkeiten genauso wie die Nutzung fruchtbarer Flächen für den Anbau von Futtermitteln und Energiepflanzen oder die spekulationsbedingte Explosion von Nahrungsmittelpreisen, die Chancenlosigkeit lokaler Anbieter gegenüber internationaler Konkurrenz und die Folgen der Klimaveränderung.[541, 542]

Um Hunger, Armut und Mittellosigkeit auf der Welt zu beenden, ohne die natürlichen Lebensgrundlagen zu zerstören, bedarf es demnach neben der Friedenssicherung vieler Entwicklungsschritte in fachspezifischer wie agrar- und gesellschaftspolitischer Hinsicht. Auch der Weltagrarrat hält einen grundlegenden Richtungswechsel der globalen Agrarproduktion für erforderlich.[543]

Nahrungssicherheit und Ernährungssouveränität

Info

- **Nahrungssicherheit** wird häufig synonym mit Ernährungssicherheit verwendet und besteht laut FAO, wenn alle Menschen zu jeder Zeit (...) Zugang zu ausreichenden, sicheren und nahrhaften Lebensmitteln haben, um den Erfordernissen (...) für ein gesundes und aktives Leben zu entsprechen. Nahrungssicherheit beinhaltet die vier Elemente Verfügbarkeit von Nahrungsmitteln, den individuellen Zugang dazu, die Nutzung von Nahrungsmitteln und die Stabilität der Versorgung.[544]
- **Ernährungssicherheit** ist mehr und umfasst weitere Rahmenbedingungen für einen guten Ernährungszustand: Neben dem Zugang zu quantitativ und qualitativ angemessener Nahrung schließt der Begriff auch den Zugang zu ausreichender Gesundheitsvorsorge und sozialer Fürsorge einschließlich einer gesunden Umwelt, sauberem Trinkwasser und sanitären Einrichtungen ein.[545]
- **Ernährungssouveränität** bezeichnet das Recht der Bevölkerung und souveräner Staaten, ihre Landwirtschafts- und Ernährungspolitik auf demokratische Weise selbst zu bestimmen.[546]

149

Subsistenzwirtschaft und Kleinbauern fördern

Zu den Ergebnissen des Weltagrarrates bzw. des Weltagrarberichts (IAASTD) zählt die Feststellung, dass sich die Landwirtschaft weltweit in eine Sackgasse manövriert hat. Zwar habe es enorme Fortschritte beim Wissen und bei der Produktivität gegeben, also bei den Erträgen pro Flächeneinheit oder pro Tier. Einige der Folgen seien aber nicht ausreichend beachtet worden. Gemeint sind damit die Ungleichheit der Entwicklung in den Regionen der Welt, der nicht nachhaltige Umgang mit den natürlichen Ressourcen und die Armut und Mittellosigkeit vieler Menschen.[547]

Die Unterschiede sind, so der Weltagrarbericht, insbesondere dadurch entstanden, ab wann und in welchem Umfang in den Regionen systematisch agrarisches Wissen und Technologien entwickelt und gefördert wurden. Zurzeit setzt das globale System kleinbäuerliche Betriebe in weniger entwickelten Regionen, die großteils Subsistenzwirtschaft, also Landwirtschaft zur Selbstversorgung, betreiben, der direkten Konkurrenz mit Betrieben in Europa oder den USA aus. Die Betriebe in den industrialisierten Regionen wurden aber bereits seit Jahrzehnten politisch und wirtschaftlich so unterstützt, dass sie von Kosteneinsparungen durch die Produktion großer Mengen – Stichwort economy of scales – profitieren. Außerdem wurden viele ökologische Kosten solcher Betriebe nicht den Betrieben zugerechnet, sondern auf die Allgemeinheit verlagert.[548]

Trotzdem sind es die kleinbäuerlichen Strukturen, denen weltweit eine zentrale Rolle für Nahrungssicherheit, soziale Gerechtigkeit und Ernährungssouveränität zukommt, weil sie den Löwenanteil der landwirtschaftlichen Produktion und der Beschäftigung in den weniger entwickelten Regionen ausmachen.[549, 550, 551, 552] Das gilt auch für künftige Entwicklungen. Die Multifunktionalität kleinbäuerlicher Strukturen mit ihren ökologischen und sozialen Leistungen muss deshalb anerkannt und gezielt gefördert werden. Dazu gehört nach Ansicht aller Experten, kleinbäuerlichen Betrieben besseren Zugang zu Land und Produktionsmitteln, zu lukrativen ländlichen Märkten und zu Exportmärkten zu verschaffen und landwirtschaftliches Einkommen mit nicht-landwirtschaftlichem besser kombinieren zu können.[553, 554] Deshalb sollten vermehrt hochwertige Produkte erzeugt, die lokalen Märkte gestärkt und lokales bzw. traditionelles Wissen aufgewertet werden.[555, 556, 557]

Konkurrenz um Märkte

In der Mitte des zurückliegenden Jahrhunderts war ein wesentliches Ziel, ausreichend Kalorien für die menschliche Ernährung zu erzeugen. Inzwischen ist deutlich, dass durch Lebensmittel wie Reis, Weizen oder Maniok alleine das Problem der Unter- und Mangelernährung nicht gelöst werden kann. Besonders in einkommensschwachen ländlichen Haushalten der wenig entwickelten Regionen, in denen häufig eine einseitige stärkehaltige Ernährung vorherrscht, sollten mehr qualitativ hochwertige Nahrungsmittel wie Fleisch, Milchprodukte, Obst und Gemüse verfügbar sein, um dem Mangel an Mikronährstoffen wie Vitamin A, Eisen oder Jod zu begegnen.[558]

Eine größere Vielfalt bei der Erzeugung von Nahrungsmitteln, beispielsweise durch Gartenbau, aber auch durch landwirtschaftlich genutzte Tiere, wird deshalb als notwendig erachtet. Dies dient nicht nur der Eigenversorgung, sondern trägt auch zum Einkommen bei.[559] Beides sollte besonders Frauen nützen, die eine Schlüsselrolle bei der Ernährung und Entwicklung der Kinder haben.[560]

Vor diesem Hintergrund werden Exporte von Fleisch, Milchprodukten und anderen Lebensmitteln aus der EU oder Nordamerika in weniger entwickelte Regionen inzwischen sehr kritisch bewertet.[561] Zwar können solche Exporte zunächst bewirken, dass diese Lebensmittel in den betroffenen Regionen auch für einkommensschwache Haushalte erschwinglich sind. Mittel- und langfristig erdrücken sie dort aufgrund ihrer wirtschaftlichen Übermacht die Entwicklung eigenständiger Strukturen für die Erzeugung, Verarbeitung und Vermarktung höherwertiger Produkte. Sie unterlaufen die Stärkung der lokalen, regionalen und überregionalen Märkte und erschweren so die Einkommenssteigerung der kleinbäuerlichen heimischen Erzeuger, die von allen Experten als zwingend notwendig erachtet wird, um Unter- und Mangelernährung dauerhaft zu überwinden. Letztendlich vergrößern sie die Abhängigkeit der weniger entwickelten Regionen von den globalen Märkten[562] und behindern die Etablierung einer nachhaltigen Landwirtschaft.

Die Beispiele für solche Entwicklungen reichen von Kleinmolkereien in Burkina Faso[563] und Haiti[564] über kleinbäuerliche Tierhalter in Kamerun oder Bangladesch, die der europäischen Billig-Konkurrenz durch Milchpulver, Kondensmilch und andere Molkereiprodukte ausgesetzt sind, bis zu importiertem Billigreis in Haiti und Westafrika oder europäischen Geflügelteilstücken in Ghana, Benin, Togo und anderen Ländern.[565]

In Nachhaltigkeit investieren

Als nachhaltig gilt Landwirtschaft, die ökologische, wirtschaftliche und soziale Erfordernisse gleichermaßen erfüllt. Die Bedürfnisse der Gegenwart sollen gedeckt werden, ohne die Möglichkeit künftiger Generationen zu gefährden, ihre eigenen Bedürfnisse zu erfüllen. Dazu gehören Methoden, die die Produktivität erhöhen und gleichzeitig die natürlichen Ressourcen schonen, aber auch die Nutzung von lokalem Wissen, der Zusammenschluss zu Nutzer- und Erzeugergemeinschaften und vieles mehr.[566] Die Weltbank forderte bereits vor mehr als zehn Jahren dazu auf, geeignete Anreize zur Förderung der Nachhaltigkeit in der Landwirtschaft zu schaffen.[567] Als besonders vielversprechend gelten Konzepte, die die gesamte Wertschöpfungskette berücksichtigen, wie der ökologische Landbau.[568]

Insgesamt ist – ähnlich wie bei der Klimarelevanz – in weniger entwickelten Regionen der Welt eine höhere Produktivität der

Landwirtschaft erforderlich, um die notwendige Nahrungsmittelerzeugung nicht allein durch verstärkte Nutzung und Belastung der natürlichen Ressourcen wie Flächen, Böden und Wasser zu erreichen. Ressourcenschonende, aber arbeitsintensive Anbauverfahren werden dabei positiv bewertet.[569] Beispiele dafür sind der Bau von erosionsmindernden Erdwällen, das Abdecken des kahlen Bodens mit organischem Material, also Mulchen, oder der aufeinander abgestimmte Anbau von wechselnden und gemischten Kulturen.[570] Im Gegensatz dazu wird Landwirtschaft mit hohem Einsatz von Dünger, Pestiziden und spezialisiertem Saatgut skeptisch gesehen, vor allem wegen der Umweltfolgen und wegen der schwindenden Vielfalt landwirtschaftlicher Kulturen. Die Grüne Revolution müsse grüner werden, fasste die Weltbank deshalb bereits 2007 ihre Empfehlungen zusammen.[571]

Konkurrenz um Nahrung

Weniger als die Hälfte der weltweiten Getreideproduktion dient als Nahrungsmittel für Menschen; ein Drittel wird als Futtermittel eingesetzt und die restlichen 20 % werden für industrielle und sonstige Zwecke genutzt.[572, 573] Lebensmittel tierischer Herkunft liefern weltweit aber nur 18 % der Nahrungsenergie und 25 % der verzehrten Proteinmenge.[574] Eine besonders ernst zu nehmende Kritik an landwirtschaftlicher Tierhaltung ist deshalb, dass die Tiere Nahrungsmittelkonkurrenten zum Menschen sind und insbesondere Wiederkäuer eine besonders schlechte Futterverwertung aufzuweisen hätten. Das trifft prinzipiell zu, ist allerdings auf den zweiten Blick deutlich komplizierter.

Grundsätzlich ist es so, dass für die Erzeugung von 1 kg Schweinefleisch unter europäischen Verhältnissen ungefähr 3 kg einer Futtermischung eingesetzt werden, die auf Getreide basiert.[575] Bei Hähnchenfleisch benötigt man dafür ungefähr 1,5 kg eines ähnlichen Mischfutters.[576] Bei Wiederkäuern, die nicht ausschließlich mit solchen getreidebasierten Futtermischungen gefüttert werden, reichen die Angaben je nach Art der Fütterung von 6 bis 20 kg getreidebasierter Futtermischung pro Kilogramm Rindfleisch.

Besser lässt sich vergleichen, wie viel Energie und Rohprotein verfüttert werden müssen, um beispielsweise 1 kg Nahrungseiweiß in Form von Rind-, Schweine- oder Hähnchenfleisch bzw. Milch oder Eiern zu erzeugen. Für 1 kg Rindfleischprotein muss zum Beispiel fünf bis acht Mal mehr Futterenergie und drei bis fünf Mal mehr Rohprotein eingesetzt werden als für 1 kg Nahrungsprotein in Form von Hähnchenfleisch, Eiern oder Milch.[577]

Diese Art zu vergleichen hat allerdings einen großen Nachteil: Sie berücksichtigt einen Aspekt nicht, der letztlich ausschlaggebend dafür ist, wie die Konkurrenz um Nahrungsmittel bewertet wird. Eine entscheidende Frage ist nämlich, welcher Anteil der eingesetzten Futtermittel direkt zur menschlichen Ernährung genutzt werden könnte. Hinsichtlich der Nahrungskonkurrenz lassen sich drei Gruppen unterschieden: Futtermittel, die vom Menschen nicht genutzt werden können, Futtermittel, die als Nahrungsmittel geeignet wären, und Futtermittel, die Ernterreste bzw. Nebenprodukte der Lebensmittelerzeugung sind und fast 30 % aller eingesetzten Futtermittel ausmachen.[578]

Grundsätzlich ist die Umwandlungsrate von Futter in Protein bei Schweinen und Hühnern günstiger als bei Wiederkäuern. Wenn man in den Vergleich aber einbezieht, wie viel Futter, das direkt der menschlichen Ernährung dienen könnte, für die Erzeugung von 1 kg tierischem Protein eingesetzt wird, dann verändert sich die Bewertung. Wiederkäuer benötigen verglichen mit Schweinen und Hühnern im weltweiten Durchschnitt nur rund ein Drittel solcher Futtermittel, um dieselbe Menge Nahrungsprotein zu bilden.[579] Ihre Konkurrenz um Nahrungsmittel ist demnach deutlich geringer als häufig unterstellt wird und kann unter bestimmten Bedingungen gegen Null gehen.

Das Verdauungssystem macht den Unterschied

Grundsätzlich können Getreide oder Hülsenfrüchte, die als Futtermittel eingesetzt werden, auch der menschlichen Ernährung dienen. Ganz anders ist die Situation bei Futtermitteln wie Gras, Heu, Blättern und Ähnlichem, die man häufig Grund- oder Raufutter nennt und die die Menschen nicht direkt zur eigenen Ernährung nutzen können. Futtermittel aus Getreide und Hülsenfrüchten sind im Vergleich zu den anderen Futtermitteln besonders nährstoffreich und werden deshalb als Konzentrate bezeichnet. Konzentrate werden vor allem bei Schweinen und Hühnern eingesetzt, die wie der Mensch wegen ihres Verdauungsapparates nur begrenzt in der Lage sind, Gras, Heu oder ähnliche Raufuttermittel zu verdauen.

Es ist die große Besonderheit der Wiederkäuer, dass sie in der Lage sind, pflanzliche Substanzen, die für Menschen unverdaulich sind, aufzuschließen und daraus ihren gesamten Bedarf an Energie und nahezu alle benötigten Nährstoffe zu beziehen. Rinder, Schafe und Ziegen wachsen, vermehren sich, geben Milch und liefern Fleisch, selbst wenn sie ausschließlich mit sogenanntem Grundfutter, also Gras und dessen Varianten wie Heu, Silagen oder Ähnlichem, gefüttert werden.[580]

Je mehr Eier und Milch bzw. je schneller Fleisch erzeugt werden soll, umso höher wird allerdings der Anteil an Konzentraten in der Futterration.[581] In den Mastanlagen des industrialisierten Typs, in denen allen Tierarten große Mengen Konzentrate verfüttert werden, benötigt man bei der Rindfleischerzeugung schließlich doppelt so viel Futter, das direkt für die menschliche Ernährung geeignet wäre, wie bei der hochintensiven Hühner- oder Schweinemast.[582]

Hinsichtlich der Umwandlungsrate von Futter in Nahrungsprotein mit möglichst geringer Konkurrenz zum Menschen schneiden im Übrigen bei den Hühnern und Schweinen die Haltungsformen am besten ab, die als Hinterhofhaltungen bezeichnet werden und aus Klimagesichtspunkten skeptisch betrachtet werden. Bei solchen Tierhaltungen wird so gut wie nichts verfüttert, was als menschliche Nahrung dienen könnte.[583] Sie erhalten hauptsächlich Lebensmittelabfälle und andere Reste.

Alles zusammen unterstreicht, wie wesentlich die Fragen nach der Tierart, dem Leistungsniveau und damit nach der Futterzusammensetzung, insbesondere dem Raufutteranteil, ist. Zusammenfassen lässt sich, dass die Verfütterung von lebensmitteltauglichem, hochwertigem Getreide und Hülsenfrüchten die direkte Nahrungsmittelkonkurrenz zwischen Tieren und Menschen ausmacht. Im weltweiten Maßstab bestehen zurzeit die Futtermittel aller Tierarten zusammen zu über 80 % aus Substanzen, die nicht für die menschliche Ernährung geeignet sind.[584] Allerdings sind die regionalen, tierart- und haltungsformbedingten Unterschiede sehr groß, weshalb in manchen Regionen wie beispielsweise Lateinamerika oder Europa landwirtschaftliche Flächen, die für die Nahrungsmittelerzeugung genutzt werden könnten, in großem Umfang der Futtermittelproduktion dienen.

Soja weltweit

Nach internationaler Einstufung gehört Soja zu den Futtermitteln mit unmittelbarer Konkurrenz zur menschlichen Ernährung, trotz der Gewinnung von Sojaöl und obwohl die Ölkuchen bzw. Extraktionsschrote nicht als Lebensmittel geeignet sind. Sojaextraktionsschrot wird dennoch nicht zu den Nebenprodukten gerechnet, weil der deutlich überwiegende Teil des Sojaertrags als Futtermittel genutzt wird.[585] Man könnte das Sojaöl als Nebenprodukt betrachten, das zudem wegen der Gentechnik-Problematik in großem Umfang ebenfalls nicht für Lebensmittelzwecke verwendet wird.[586]

Ölkuchen und -schrote werden gerne als hochwertige Proteinquellen in Futtermischungen eingesetzt. Das trifft auch auf Sojaextraktionsschrote zu. Ungefähr 4,5 Millionen t Sojaschrot werden in Deutschland verfüttert. Ein großer Teil davon stammt aus Brasilien oder Argentinien und wird mit gentechnisch veränderten Pflanzen erzeugt.[587] Der Anteil von Sojaextraktionsschrot in Mischfuttermitteln variiert je nach Preis, Verfügbarkeit anderer Eiweißträger, Tierart und -alter. Er kann über 20 % ausmachen.[588] Weltweit macht Soja alleine 4 % der Futtermittel aller Art aus[589] und ist besonders vor dem Hintergrund der direkten Konkurrenz zur Nahrungsmittelerzeugung ein wichtiger Faktor bei der Landnutzungsdebatte.

Konkurrenz um Ackerflächen

Eine weitere Variante der Konkurrenz ist die Konkurrenz um Flächen, die trotz ihrer Eignung für die Nahrungsmittelerzeugung für andere Zwecke genutzt werden. Weltweit wird ungefähr ein Drittel der Ackerflächen für die Futtermittelproduktion genutzt.[590]

In Deutschland ist der Anteil mit rund 45 % – 5,4 Millionen ha von 11,8 Millionen ha Ackerfläche hauptsächlich für die Erzeugung von Futtergetreide und Silomais – noch höher. Einschließlich des Dauergrünlands mit 4,7 Millionen ha ist der Anteil der Futtermittelproduktion an der gesamten landwirtschaftlichen Nutzfläche (16,7 Millionen ha) sogar noch größer und beträgt 60 %.[591, 592] Zur Herstellung der in Deutschland verwendeten Futtermittel wurden 2015 außerdem 2,4 Millionen ha Anbaufläche im Ausland benötigt.[593]

Der Anteil der gesamten Anbaufläche, der für die Tierhaltung genutzt wird, ist in Deutschland insofern bemerkenswert hoch. Allerdings sollte bedacht werden, dass der Aufwuchs von Dauergrünland nicht als Nahrungsmittel für Menschen genutzt werden kann. Außerdem hat ein Teil des Anbaus von Futterpflanzen auf Äckern Funktionen in der Fruchtfolge: als Gründung und vor allem bei Zwischen- und Nachfrüchten zur Nährstofffixierung.

Problematischer ist der Futtermittelanbau, der von vorneherein hauptsächlich für die Herstellung von Futtermitteln, insbesondere von Konzentraten, bestimmt ist. Daraus hergestellte Konzentrate haben einen anderen Stellenwert bei der Konkurrenz um Flächen als die relativ unproblematischen Nebenprodukte der Lebensmittelerzeugung oder einer mehrgliedrigen Fruchtfolge, wie beispielsweise hiesige Körnerleguminosen-Getreide-Gemische.

Eine zusätzliche Dimension erhält die Problematik der Flächenkonkurrenz, wenn dem Futtermittelanbau Landnutzungsänderungen vorausgehen oder Anbauverfahren gewählt werden, die nicht als nachhaltig betrachtet werden können. Dies gilt für den Anbau von Soja als Monokultur auf dafür umgebrochenem Weideland oder zuvor gerodeten Waldflächen, aber auch für den Anbau von Silomais auf Grünlandstandorten, Moorböden und andere ähnliche Veränderungen.

Gibt es Flächenreserven?

Vor dem Hintergrund des Geschilderten sind folgende Einschätzungen der FAO bemerkenswert: Bis 2050 würden weltweit nur 5 % mehr Ackerflächen benötigt, um den wachsenden Nahrungsansprüchen zu genügen. Bei dieser Prognose wurde ausdrücklich von einer ressourcenschonenden Landbewirtschaftung ausgegangen, ohne allerdings zu konkretisieren, was damit gemeint ist. Der Zuwachs an Ackerflächen soll nur in weniger entwickelten Ländern stattfinden, während ansonsten ein Rückgang und die Nutzung der freiwerdenden Flächen für andere Zwecke zu verzeichnen sein werde.[594] Neuere Berechnungen gehen von weltweit 4 % mehr Ackerflächen bis 2025 aus. Der benötigte Ertragszuwachs bei den Ernten soll ansonsten durch deutlich steigende Produktivität auf den vorhandenen Flächen erzielt werden.[595] Es wird erwartet, dass die Zunahme an Ackerflächen vor allem in Lateinamerika und in Afrika südlich der Sahara stattfindet. In Lateinamerika wird der Ackerflächenzuwachs über 15 % der jetzigen Anbauflächen ausmachen. Diese Landnutzungsänderung wird vor allem durch die Zunahme des Sojaanbaus angetrieben.[596]

Eine Schätzung besagt, dass die theoretisch vorhandenen weltweiten Reserven an Flächen, die als Acker genutzt werden könnten – wohlgemerkt ohne dafür Wald abzuholzen – fast so groß sind, wie die derzeit bewirtschafteten Ackerflächen.[597] Andere Berechnungen gehen davon aus, dass nur ungefähr die Hälfte dieser Reserve tatsächlich als Ackerflächen geeignet wäre.[598]

Bei den potenziellen Ackerflächen handelt es sich in der Regel um sogenanntes Grasland, also grasbewachsene Flächen unterschiedlicher Ausprägung. Diese Flächen sind regional sehr unterschiedlich verteilt und häufig de facto nicht zugänglich, insbesondere nicht für die Menschen, die Ackerland benötigen.[599] Außerdem erfüllen sie bereits andere unersetzbare Aufgaben, beispielsweise im Hinblick auf die Vermeidung zusätzlicher CO_2-Emissionen (Seite 98). Sie können deshalb nicht einfach in Ackerflächen umgewandelt werden.

Tierhaltung weltweit: zwischen Intensivtierhaltung und traditioneller Weidewirtschaft

Im Zuge der weltweiten Verstädterung und wegen der Veränderungen bei den Konsumgewohnheiten wird die Tierhaltung einerseits immer mehr durch die Nachfrage bestimmt. Sie findet deshalb auch an ungeeigneten Standorten statt – beispielsweise im direkten Umfeld der Städte – und führt zu Entsorgungsproblemen oder zur Landnutzungsänderung. Besonders in Regionen wie Teilen Asiens mit sehr schnellem wirtschaftlichem Wachstum hat ein besonders starker Zuwachs inklusive Intensivierung der Tierhaltung stattgefunden.[600]

Andererseits wird nach wie vor ein großer Teil der Tierhaltung ganz traditionell durch die vorhandenen Möglichkeiten bestimmt. Das trifft vor allem für den Pastoralismus, also die Nutzung natürlich vorhandener Weideflächen durch Nomadenhirten, und die Klein- und Kleinsthalter zu, die für ihr Überleben unmittelbar auf die Tierhaltung angewiesen sind.[601]

Weltweit existieren über 3 Milliarden ha sogenanntes Grasland, also durch Grasbewuchs charakterisierte Flächen unterschiedlichster Ausprägung einschließlich Steppen und Savannen. Das ist mehr als das Doppelte der weltweiten Ackerflächen bzw. entspricht zwei Dritteln der gesamten landwirtschaftlichen Nutzfläche auf der Welt.[602, 603] Fast die Hälfte des Graslands gilt als ungeeignet für die Tierhaltung, ungefähr 60 % werden durch Tiere genutzt. Die Hälfte dieser Weideflächen, das heißt über 1 Milliarde ha Land, eignet sich nicht für andere landwirtschaftliche Zwecke.[604]

Die Weideflächen werden weltweit durch Pastoralisten und ihre Tiere – Rinder, Schafe, Ziegen, Kamele, Lamas, Alpakas, Yaks, Pferde, Esel und Rentiere – genutzt. Weitere Nutzer sind Kleinbauern, die neben der Tierhaltung auf geeigneten Flächen Ackerbau betreiben. Der Beitrag beider Gruppen zur Ernährungssicherung ist nicht zu unterschätzen.[605]

Für die notwendigen Produktivitätssteigerungen, die auch aus Nachhaltigkeitsgründen unabdingbar sind, eignen sich zum einen Verbesserungen beim Herden- und Weideflächenmanagement. Dazu zählt die Verbesserung der Tiergesundheit ebenso wie eine angepasste Beweidungsintensität und ausreichende Ruhezeiten für die Flächen. Zum anderen werden diverse gemischte Anbau- und Nutzungssysteme erprobt und praktiziert. Dabei werden beispielsweise Agroforst-Elemente, also Baumpflanzungen und Aufforstungsmaßnahmen, mit Tierhaltung kombiniert. Solche gemischten Systeme können sowohl zur Verbesserung der Ernährung und der Fütterung wie auch zur Absicherung der Einkünfte beitragen.[606]

Hochproblematisch ist dagegen, wenn Weideflächen auf Kosten von Wald oder anderen sensiblen Ökosystemen ausgedehnt werden.

Chancen einer nachhaltigen Weidewirtschaft

Nicht nur die Qualität der Böden von Ackerflächen ist durch ungeeignete Bewirtschaftung gefährdet (Seite 119). 20 bis 70 % der
Weideflächen weltweit wurden bzw. werden durch Überweidung,
Bodenverdichtung und tierhaltungsbedingte Erosionen geschädigt.[607, 608, 609] Umso wichtiger sind alle Maßnahmen, die zum Erhalt dieser Ökosysteme beitragen. Dazu gehört beispielsweise bei
den nomadisierenden Hirten, vorhandenes Wissen zu nutzen und
insbesondere Informationen zu Vorhersagen über Dürren und
Ähnliches zu verbreiten, damit die Hirten rechtzeitig die Herden-
größe an die Futtergrundlage und die Regenfälle anpassen können.[610]

Außerdem sollte die organische Substanz in den Böden der
Weideflächen und deren Pflanzendecke erhalten bleiben, um die
Speicherkapazität für Wasser zu erhöhen und Dürreperioden besser zu überstehen.[611] Betont wird darüber hinaus das häufig unter-
schätzte Potenzial des weltweiten Graslands zur CO_2-Speicherung.
Das Potenzial, CO_2 aufzunehmen, ist hoch, weil es sich um große
Flächen handelt und weil in der Vergangenheit große Mengen CO_2
durch Abbau der organischen Bodensubstanz freigesetzt wurden.
Die Böden sind deshalb weit von der erreichbaren Sättigung mit
organischer Substanz entfernt.[612] Ausschlaggebend für den Aufbau
organischer Bodensubstanz ist auch bei den von Trockenheit geprägten Weideflächen die Wurzelmasse der Vegetation. Deshalb
wird die Förderung tief wurzelnder Pflanzen durch das jeweilige
Weidemanagement empfohlen.[613]

Ein weiterer Schritt ist, die Qualität geschädigter Böden von
Ackerflächen durch Rückumwandlung in systematisch genutzte
Weideflächen zu verbessern. Innerhalb weniger Jahre kann es
gelingen, den Gehalt an organischer Substanz im Boden zu steigern und auf diese Weise sogar zu einer zumindest zeitweiligen
zusätzlichen CO_2-Speicherung beizutragen. Erfolgreich praktiziert
wird das auf ehemaligen Anbauflächen für Baumwolle und Erd-
nüsse.[614]

Eine weitere Form der Konkurrenz: Nahrungsmittel-verluste

Eine andere Form der Nahrungskonkurrenz ist indirekter: Eine Studie im Auftrag der FAO zeigte, dass weltweit ungefähr ein Drittel aller Lebensmittel, die für den Menschen erzeugt wurden, entlang der Lebensmittelkette verloren geht. Die Verluste beginnen bereits bei der Ernte und enden bei den Lebensmittelabfällen der einzelnen Haushalte. In manchen Regionen der Welt zerstören ungünstige Witterungseinflüsse oder Nagetiere bis zu 25 % der Ernte.[615] Alle diese Einbußen bedeuten, dass auch die eingesetzten Ressourcen und die entstehenden Umweltfolgen vergeblich waren[616]. Zu den Lebensmittelverlusten zählen ausdrücklich auch die Tierverluste während der Aufzucht oder beim Transport und die Untauglichkeit von Lebensmitteln, die durch Erkrankungen der Tiere verursacht wird.[617]

In allen Regionen der Welt gehen jährlich pro Kopf der Bevölkerung rund 100 bis knapp 200 kg Nahrungsmittel von der Erzeugung bis zur Abgabe an den Verbraucher verloren. Die Verluste bei den Verbrauchern, also die eigentlichen Lebensmittelabfälle, variieren dagegen stärker. Es wird geschätzt, dass in Europa und Nordamerika jährlich 95 bis 115 kg Nahrungsmittel pro Person als Abfälle entsorgt werden; in den am wenigsten entwickelten Regionen sind es dagegen nur 6 bis 11 kg. Die Lebensmittelabfälle der Verbraucher in Europa und Nordamerika sind insgesamt fast so hoch wie die gesamte Nahrungsmittelproduktion in Afrika südlich der Sahara.[618]

Hochrechnungen für Deutschland bestätigen dieses Bild: 11 Millionen t Lebensmittel landen jährlich in den Mülltonnen und Entsorgungseinrichtungen von Industrie, Handel, Großküchen, Gaststätten und privaten Haushalten. Über 60 % der Lebensmittelabfälle entstehen in den privaten Haushalten. Pro Einwohner fallen fast 82 kg Lebensmittelabfälle im Jahr an. Mindestens die Hälfte davon wäre vermeidbar. Mit großen Schwankungen bei den Abfallmengen folgen Industrie und Großküchen einschließlich Gaststätten mit jeweils 17 % der Lebensmittelabfälle. In den privaten Haushalten werden vor allem Obst und Gemüse entsorgt. Die weggeworfenen Lebensmittel tierischen Ursprungs ergeben zusammen knapp 15 % der Abfälle.[619]

Bei Fleisch und Fleischprodukten gehen weltweit ungefähr 20 % der Erzeugung verloren. In Europa und Nordamerika sind fast die Hälfte davon Abfälle bei den Konsumenten, in den am wenigsten entwickelten Regionen spielen dagegen Tierverluste wegen Krankheiten und Ähnlichem eine zum Teil dominierende Rolle.[620]

Perspektiven für die globale Tierhaltung: Nahrungskonkurrenz vermeiden

Die Debatte, welche Möglichkeiten bestehen, um die negativen Auswirkungen landwirtschaftlicher Tierhaltung zu begrenzen, wird vor allem von zwei Strategievorschlägen geprägt: Zum einen wird eine Produktivitätssteigerung der Tierhaltung bei niedrigem Ausgangsniveau für notwendig gehalten. Zum anderen geht es um sicherlich unverzichtbare Veränderungen beim Konsumverhalten, vor allem im Hinblick auf den umfangreichen Fleischverzehr in den industrialisierten Ländern.

Eine – ausdrücklich als ergänzend bezeichnete – dritte Strategie ist, Tiere so zu füttern, dass keine Nahrungs- bzw. Flächenkonkurrenz entsteht. Mit dieser Herangehensweise verändert sich die Rolle der landwirtschaftlich genutzten Tiere. Sie wären dann nicht mehr hauptsächlich Lieferanten von hochwertigem Protein, sondern ihre Hauptaufgabe bestünde darin, Ressourcen zu erschließen, die ansonsten nicht für die Nahrungsmittelerzeugung genutzt werden können. Futtergrundlage für die Tiere sind bei dieser Strategie vor allem natürliche Weiden und Dauergrünland bzw. Lebensmittelabfälle und Nebenprodukte aus der Verarbeitung.[621] Begleitend müssten allerdings die Leistungsanforderungen an die Tiere bzw. die Zuchtziele einer solchen Strategie angepasst werden, um tierschutzrelevante Fütterungsdefizite zu vermeiden (Seite 185).

Neuere Berechnungen zeigen, welche Veränderungen sich im Vergleich zu heute und bis zum Jahr 2050 für die Flächennutzung, den Tierbestand, die verfügbaren Nahrungsmittel und die Umweltfolgen der Tierhaltung ergeben würden, wenn man Tiere so füttern würde, dass keine oder eine deutlich verringerte Nahrungskonkurrenz bestünde: Verglichen mit der aktuellen Situation würde bei gleichbleibender Weidefläche und etwas reduzierter Ackerfutterfläche die Zahl der Wiederkäuer leicht zunehmen, Hühner und Schweine dagegen erheblich reduziert werden. Trotz der problematischen Klimabilanz der Wiederkäuer würden die Treibhausgasemissionen bei diesem Szenario weltweit leicht, andere Umweltbelastungen und die Abholzung sogar deutlicher abnehmen. Alle Effekte fallen noch stärker aus, wenn man sie mit den gängigen Prognosen für 2050 vergleicht; nur die Zahl der Wiederkäuer würde dann im Vergleich nicht zu-, sondern ebenfalls abnehmen.[622] Die gravierendste Veränderung gegenüber den sonstigen Hochrechnungen und Prognosen wäre, dass im Falle völlig konkurrenzfreier Tierfütterung und ohne die Verfütterung von Lebensmittelabfällen der Konsum pro Person im Vergleich zur üblichen Prognose für 2050 auf 20 % Fleisch bzw. auf die Hälfte der Milchprodukte reduziert würde. Eier würden mit im Durchschnitt täglich 2 g pro Person allerdings zur Seltenheit auf dem Speiseplan.[623]

Selbstverständlich beinhalten derartige Prognosen und Hochrechnungen Unsicherheiten. Sie können aber dennoch mögliche Trends aufzeigen und zu einem sinnvollen Strategiemix beitragen. So wird deutlich, dass bei Rindern, die hauptsächlich mit Raufutter gefüttert werden, die CO_2-Bilanz für Fleisch und Milch zwar ungünstiger ist als bei hochproduktiven Tieren, die unter anderem mit Konzentraten gefüttert werden. Bezieht man aber alle anderen Umweltauswirkungen mit ein, die sich vor allem aus den Unterschieden bei der Nutzung der Flächen ergeben, dann verschiebt sich die Gesamtbewertung.[624]

Strategien kombinieren

Zum Umgang mit der Welternährungsfrage einschließlich der Auswirkungen auf die natürlichen Ressourcen werden viele Lösungsansätze diskutiert. Die Bandbreite reicht von einem zynischen „Weiter wie bisher", über die gut begründeten Forderungen nach Veränderungen beim Konsumverhalten bzw. Produktivitätssteigerungen einschließlich Nachhaltigkeit bis zu den Vorschlägen für neue Fütterungsregimes und kombinierte Ansätze.

Eine weitere aktuelle Studie verdeutlicht, dass es nur durch die Kombination mehrerer Lösungsansätze gelingen wird, die Weltbevölkerung auf der Grundlage der zurzeit landwirtschaftlich genutzten Flächen dauerhaft zu ernähren. Vorausgesetzt, dass die Hälfte aller Lebensmittelabfälle vermieden und erhebliche Steigerungen der Ernteerträge pro Flächeneinheit stattfinden, reichen die heute genutzten Flächen im Jahr 2050 zur Ernährung der Weltbevölkerung demnach nur für die Konsumansprüche und Produktionsweisen aus, bei denen keine Futtermittel auf Ackerflächen angebaut werden. Umgekehrt formuliert: Mit den derzeitigen Ackerflächen ist im Jahr 2050 entweder nur eine Ernährung ohne natürliches Fleisch möglich oder die Tierhaltung muss so begrenzt werden, dass ausschließlich Raufutter, Nebenprodukte der Lebensmittelerzeugung und die übrigen Lebensmittelabfälle verfüttert werden. Ohne Steigerung der Ernteerträge und Reduzierung der Lebensmittelabfälle würden die jetzigen Anbauflächen nicht einmal für eine ausschließlich pflanzliche Ernährung der Welt ausreichen. Für alle anderen Szenarien mit unterschiedlichen Anteilen an Tierhaltung müssten zusätzliche Ackerflächen erschlossen werden – mit allen negativen Folgen für die Treibhausgasbildung und die Biodiversität.[625] Die Kehrseite der Medaille ist jedoch, dass wie zu erwarten die intensivsten Tierhaltungsvarianten hinsichtlich der Treibhausgasemissionen günstiger abschneiden als die Tierhaltung auf der Grundlage von Raufutter, Nebenprodukten und Lebensmittelabfällen, wenn sie nicht mit einer zumindest mäßigen Konsumänderung kombiniert wird. Allerdings wurden bei dieser Berechnung die zusätzlichen Emissionen durch die Veränderungen bei der unausweichlichen Landnutzungsänderung für die Mischfuttermittelproduktion nicht einbezogen, wovon die Klimabilanz der Intensivtierhaltung profitiert.[626]

Diese neueren Berechnungen stehen nicht im Widerspruch zu der grundsätzlichen Einschätzung, dass auch im Jahr 2050 ausreichend Nahrungsmittel für die Weltbevölkerung zur Verfügung stehen können. Sie unterstreichen allerdings die Zielkonflikte, die sich aus der Ernährungsweise, dem sonstigen Konsumverhalten und dem damit zusammenhängenden Flächenbedarf im Hinblick auf den Klima- und Umweltschutz ergeben. Vor dem Hintergrund solcher Berechnungen und widerstreitender Interessen wird inzwischen von verschiedenen Experten empfohlen, im weltweiten Maßstab mehrere Strategien zu verbinden, um die Ernährungssicherheit zu gewährleisten ohne dafür alle anderen – ebenfalls für das Überleben notwendigen – Ziele aufgeben zu müssen : die Vermeidung von Lebensmittelabfällen, Produktivitätssteigerungen durch tatsächlich nachhaltige Verfahren, die Strategie, hauptsächlich Raufutter, Nebenprodukte und restliche Lebensmittelabfälle als Tierfutter zu nutzen, und eine moderate Einschränkung des Konsums tierischer Lebensmittel.[627, 628]

Dieser Vorschlag eröffnet zudem Spielraum für regionale und lokale Unterschiede. Zu einem gelingenden Strategiemix für eine nachhaltige Landwirtschaft und Ernährung gehört letztlich, alle Folgen, also auch die positiven gesundheitlichen, ökonomischen und sozialen Auswirkungen vor dem Hintergrund der konkreten lokalen Gegebenheiten zu beachten. Beispiele dafür sind kommunale Projekte, die die Haltung von Ziegen, Kaninchen und Hühnern fördern, um eine einseitige Ernährung zu ergänzen.[629] Sie stehen damit nicht im Widerspruch zu den im weltweiten Durchschnitt erforderlichen Veränderungen.

Zusammenfassende Antwort auf die Frage, welche Rolle Tierhaltung bei der Ernährung der Weltbevölkerung spielt

Unterernährung und Mangelversorgung werden maßgeblich davon bestimmt, wie und für welche Zwecke die weltweit vorhandenen Flächen und Erträge eingesetzt werden. Zusammengefasst ist Hunger ein Verteilungs- oder genauer ein Konkurrenzproblem. Tierhaltung hat auf vielfältige Weise sowohl mit der Entstehung wie mit der Lösung dieser Probleme zu tun.

Die Haltung landwirtschaftlich genutzter Tiere verursacht weltweit ohne Zweifel sowohl direkte Konkurrenz um Nahrungsmittel wie auch um Flächen. Erschwerend kommt hinzu, dass die Umwandlungsrate von Futter in Lebensmittel unter vielen Bedingungen ungünstig ist und zudem klima- und umweltbelastend wirkt.

Insgesamt sind die Unterschiede beträchtlich, die sich aus den Tierarten und der Art, sie zu halten, ergeben. Mit Hühnern und Schweinen können unter bestimmten Bedingungen schnell und vergleichsweise klimagünstig hochwertige Nahrungsmittel erzeugt werden. Allerdings ist dann die direkte Konkurrenz um Nahrungsmittel und damit um Flächen besonders ausgeprägt. Hinterhofhaltungen von Schweinen und Hühnern verursachen zwar kaum Nahrungskonkurrenz, sind aber unter Umwelt- und Klimagesichtspunkten problematisch.

Ein ähnliches Dilemma entsteht bei den Rindern und kleinen Wiederkäuern. Je weniger Konkurrenz um Nahrung und Flächen sie verursachen, umso höher wird das Risiko, dass sie sehr wenig hochwertige Nahrungsmittel liefern und zur Belastung für das Klima werden.

Es ist allerdings auch unbestritten, dass Tierhaltung einen relevanten Beitrag zur Ernährungssicherung leisten kann, vor allem hinsichtlich der Verfügbarkeit von hochwertigem Protein und Mikronährstoffen in wenig entwickelten Regionen. Gerade dort geht die Bedeutung von Tierhaltung außerdem weit über die Bereitstellung von Fleisch, Milch und Eiern hinaus. Ähnlich wie im

Europa früherer Jahrhunderte bedeutet Tierhaltung auch heute noch in vielen Regionen der Welt Zugkraft, Dünger und ein zusätzliches Einkommen für die Haushalte, um damit wiederum Nahrung, Bildung und Entwicklung bezahlen zu können.

Für die Lösung der Welternährungsfrage wird es also keine einfache Antwort auf die Frage geben, ob Tierhaltung einen sinnvollen und notwendigen Beitrag leisten kann. Es wird nichts anderes übrig bleiben als festzuhalten: Es kommt darauf an, wer wie und wo wie viele Tiere hält und füttert.

Eines ist allerdings deutlich: Der Einfluss, aber auch die Einflussmöglichkeiten der wirtschaftlich mächtigen Regionen in den weniger entwickelten Gegenden sind nicht zu übersehen. Daraus erwächst für die Konsumenten, die Tierhalter und den Handel in den wohlhabenden Ländern eine Verantwortung, die weniger Wohlhabenden auf dem Weg zur Ernährungssicherheit und Entwicklung zu unterstützen.

Was macht ein gutes Tierleben aus?

Trotz der immer wieder vorgebrachten Kritik (Seite 60), dass Menschen nicht wissen könnten, was in einem Tier vorgeht, gibt es wissenschaftlich etablierte Herangehensweisen, um einzuschätzen, wie es um das Befinden eines Tieres steht. Viele biomedizinische und verhaltenskundliche Forschungsergebnisse ergänzt durch unzählige praktische Erfahrungen ermöglichen, ausreichend klar zu beschreiben, welche Einflüsse Tieren das Leben erschweren oder es verbessern können.

Zur Abgrenzung kann man einleitend feststellen, dass Tierschutz das umfasst, was die Menschen zum Wohle der Tiere tun und wozu sie gesetzlich aufgefordert sind. Wohlbefinden, kurz Tierwohl, ist dagegen das Resultat, das sich im günstigen Fall für das Tier ergibt. Wo früher der Begriff „Wohlbefinden von Tieren" verwendet wurde, wird heute immer häufiger der Ausdruck Tierwohl, eine mögliche Übersetzung des englischen animal welfare benutzt. Der Begriff Tiergerechtheit fasst zusammen, welche Bedingungen in einer Tierhaltung vorliegen müssen, damit Tierwohl entsteht. Häufig werden diese Begriffe auch weitgehend synonym verwendet.

Was bedeutet Tierwohl?

Für den Begriff Wohlbefinden gibt es in Deutschland keine gesetzliche Definition, obwohl der Schutz des Wohlbefindens der Tiere ausdrücklich Zweck des Tierschutzgesetzes ist. Die rechtlichen Vorgaben beschreiben mit Ausnahme eines Paragrafen im Tierschutzgesetz[630] stets Mindestanforderungen an die Haltungsbedingungen. Auf diese Weise können jedoch nur Beeinträchtigungen des Wohlbefindens begrenzt werden. Eine zuverlässige Vorgehensweise, wie sich Wohlbefinden bei den Tieren erzeugen lässt, ergibt sich daraus nicht.

Eine Orientierungshilfe, was unter Wohlbefinden zu verstehen ist, bietet deshalb die Definition in einem wichtigen Kommentar zum deutschen Tierschutzrecht. Darin heißt es: „Wohlbefinden ist ein Zustand körperlicher und seelischer Harmonie des Tieres in sich und mit der Umwelt. Regelmäßige Anzeichen des Wohlbefindens sind Gesundheit und ein in jeder Beziehung normales Verhalten. Beide setzen einen ungestörten, artgemäßen und verhaltensgerechten Ablauf der Lebensvorgänge voraus. (…) Die Freiheit von Schmerzen und Leiden ist Voraussetzung des Wohlbefindens,

Schmerzen, Leiden, Schäden

Info

- Unter **Schmerz** versteht man ein unangenehmes Sinnes- und Gefühlserlebnis, das mit Gewebeschädigung verknüpft sein kann. Je nach Dauer wird zwischen akutem und chronischem Schmerz unterschieden. Schmerzäußerungen von Tieren können beispielsweise Klagelaute, Schweif- oder Schwanzschlagen, Zähneknirschen, Aufkrümmen des Rückens, Abwehrbewegungen, Schweißausbruch, Unruhe und Wälzen, Fluchtversuche oder Apathie sein. Das Fehlen solcher Anzeichen ist allerdings allein kein zuverlässiger Beleg dafür, dass ein Tier schmerzfrei ist, weil bestimmte Tierarten und -gruppen ausgesprochen still auf Schmerzen reagieren.
- Als **Leiden** bezeichnet man dagegen gesteigerte Unlustgefühle aufgrund unterschiedlichster Einwirkungen. Sie können bis zu unerträglicher Qual gesteigert werden und dann auch mit zusätzlichem körperlichem Schmerz und organischen Störungen verbunden sein. Leiden schließt alle seelischen Missbehagensempfindungen ein, die nicht vom Begriff des Schmerzes umfasst werden und ein gewisses Mindestmaß überschreiten. Auch Angst gehört zu diesen Missbehagensempfindungen. Auf das Vorliegen von Leiden wird ähnlich wie bei Schmerz durch äußerliche Anzeichen geschlossen. Zu diesen Anzeichen zählen Zittern, häufiges Absetzen von Kot und Harn, weit geöffnete Augen und Nasenlöcher, aber auch das Ausfallen von Verhaltensweisen oder das Auftreten von Verhaltensstörungen.
- Als **Schaden** wird schließlich die bleibende Beeinträchtigung der Unversehrtheit des Tieres bezeichnet, die sich organisch oder psychisch zeigen kann. Dazu gehören neben Verletzungen und Organveränderungen auch Verhaltensstörungen, die multifaktorielle Phänomene wie Federpicken oder Schwanzbeißen und Stereotypien wie Weben oder Leerkauen einschließen.[633]

reicht aber nicht aus. Auch kann die Gesundheit nicht mit Wohlbefinden gleichgesetzt werden. Bei Störungen der Gesundheit wird
man generell von einer Beeinträchtigung des Wohlbefindens ausgehen dürfen."[631]

Tierwohl ist also deutlich mehr als Leidvermeidung oder das
Fehlen von Schmerzen oder Schäden, auch wenn die Begründung
zum Tierschutzgesetz von 1972 das zunächst so dargestellt hat.[632]

Bei den Bestrebungen, Tierwohl zu definieren, wird immer wieder betont – so auch durch die Weltorganisation für Tiergesundheit – dass die Beurteilung von Wohlbefinden auf wissenschaftlich
erfassbaren Merkmalen beruhen solle.[634] Das gilt in gleicher Weise
für das Nicht-Wohlbefinden, also Unbehagen, Angst, Schmerzen
und Leiden.

Im Verlauf der wissenschaftlichen und öffentlichen Debatte
fanden weitere Gesichtspunkte, beispielsweise aus der Stressfor-
schung, zunehmend Beachtung. Die Wechselwirkungen mit der
Umgebung und das Verhalten der Tiere erhielten dadurch ein höheres Gewicht für das Verständnis von Wohlbefinden. Eine britische Definition aus den 1980er-Jahren spiegelt diese Entwicklung
wieder. Demnach ist das Wohlergehen eines Individuums ein Zustand der Auseinandersetzungsfähigkeit mit der Umwelt.[635]

Als weitere relevante Voraussetzungen für Tierwohl gelten
außerem die Vorhersehbarkeit und Kontrollierbarkeit einer Situation für das Tier, Wahlmöglichkeiten und die möglichst vollständige Ausführung von Normalverhalten. Das ist mehr als die
Aufrechterhaltung überlebensnotwendiger Funktionskreise, also
von Gruppen zusammengehörender Verhaltensweisen, des art-
eigenen angeborenen Verhaltens der Tiere.[636] Letztendlich sollen
Frustration und Motivationskonflikte bei den Tieren vermieden
und dadurch positive Emotionen wie zum Beispiel Freude begünstigt werden.

Tierwohlkonzepte

Um der Aufforderung Folge zu leisten, das Wohlbefinden bzw. das Nicht-Wohlergehen von Tieren wissenschaftlich erfassbar zu machen, wurden mehrere Tierwohlkonzepte entwickelt. Solche Konzepte dienen nicht dazu, lediglich Mindestanforderungen an Haltungsbedingungen zu charakterisieren. Sie sollen darüber hinaus verdeutlichen, wie Tiergerechtheit und Wohlbefinden erreicht werden können.

Zu den Modellen, die im deutschsprachigen Raum lange Zeit die wissenschaftliche und öffentliche Debatte prägten, zählt das sogenannte Bedarfsdeckungs- und Schadensvermeidungskonzept. Es geht von der Annahme aus, dass es die grundlegende Funktion, also Zielsetzung, von Verhalten ist, den Bedarf des Organismus zu decken und Schaden zu vermeiden. Die zentrale Frage dieses Konzepts lautet deshalb: Gelingen dem landwirtschaftlich genutzten Tier Selbstaufbau und Selbsterhalt? Gefragt wird also, ob das Tier gesund wächst bzw. ob es seine Körpersubstanz erhalten kann oder ob es beispielsweise abmagert und krankhafte Veränderungen erleidet.

Mit dieser Frage soll festgestellt werden, ob der Bedarf des Tieres an Stoffen und Reizen gedeckt wird und ob es schädigenden Einwirkungen begegnen kann. Ob das Tier unter den jeweiligen Bedingungen Bedarfsdeckung und Schadensvermeidung erreicht, wird durch den Vergleich mit einer Referenzgruppe, die unter natürlichen oder naturnahen Bedingungen gehalten wird, naturwissenschaftlich festgestellt.[637] Unter Bedarf wird verstanden, was für den Selbstaufbau und Selbsterhalt notwendig ist, während mit Bedürfnis das Gefühl eines Mangels und das Bestreben, diesen Mangel zu beseitigen, bezeichnet wird.[638] Von verschiedenen Anwendern des Konzepts wird in unterschiedlichem Ausmaß aus der erfolgreichen Bedarfsdeckung und Schadensvermeidung eines Tieres darauf geschlossen, dass auch die subjektiveren Elemente von Wohlbefinden, also die Bedürfnisse des Tieres, erfüllt werden und es nicht leidet.

Mit der grundsätzlichen Herangehensweise, durch objektivierbare Parameter festzustellen, ob der Bedarf gedeckt und Schäden vermieden wurden, sollen die Analogieschlüsse bei der Bewertung von Schmerzen und Leiden belastbar und zwingend werden. Auf diese Weise wird dem Anthropomorphismus-Vorwurf (Seite 60) vorgebeugt.

Als Weiterentwicklung oder Ergänzung des Bedarfsdeckungs- und Schadensvermeidungskonzeptes kann man das Handlungsbereitschaftsmodell[639] betrachten. Darin wird die Bedeutung des Verhaltens der Tiere als Resultat von Empfindungen, also ihres Gemütszustands, betont. Dass Tiere Gemütszustände erleben, wird mit der hohen Homologie zum Menschen begründet[640], wobei in den biomedizinischen Wissenschaftszweigen und der Rechtssetzung mittlerweile nicht mehr angezweifelt wird, dass Tiere empfindungsfähig sind und Gemütszustände erleben. Verhalten stellt nach dem Handlungsbereitschaftsmodell die höchste und zugleich zusammenfassende Ebene dar, auf der sich Reize und Umweltbedingungen auswirken. Gestörtes Verhalten ist deshalb ein Zeichen dafür, dass etwas im Verhältnis des Tieres zu seiner Umgebung nicht stimmt.

Ein drittes Konzept ist für das aktuelle Verständnis und für derzeitige Forschungsaktivitäten zum Wohlbefinden von Tieren von besonderer Bedeutung. Basierend auf den Ergebnissen des sogenannten Brambell-Reports[641], hat ein britisches Expertengremium in den 1970er-Jahren das Konzept der Fünf Freiheiten entwickelt. Von Wohlbefinden bei Tieren kann erst ausgegangen werden, wenn alle Freiheiten bestehen.

Five freedoms – Fünf Freiheiten

- Freisein von Hunger und Durst
- Freisein von Unbehagen
- Freisein von Schmerz, Verletzungen und Erkrankungen
- Freisein von Angst und Stress
- Freisein zum Ausleben normaler Verhaltensweisen

Info

Auch selbstverständlich erscheinende Freiheiten wie das Freisein von Hunger haben vor dem Hintergrund der verbreiteten stoffwechselbedingten Erkrankungen von Milchrindern (Seite 79) oder schnellwüchsigen Masttieren eine große Aktualität. Mit der zweiten Freiheit sind insbesondere Mängel bei der Unterbringung wie Zugluft, unzureichende Luftzufuhr, ungeeignete Liegeflächen, fehlender Witterungsschutz und Ähnliches gemeint. Insgesamt unterstreicht auch dieses Konzept, dass es ein unverzichtbarer Bestandteil des Wohlbefindens von Tieren ist, normales, artgemäßes Verhalten zu entwickeln und auszuleben.

Alle drei vorgestellten Konzepte verbindet, dass sie objektivierbare Merkmale, sogenannte Indikatoren, heranziehen, um abzuschätzen, ob die Voraussetzungen für das Wohlbefinden von Tieren – also Tiergerechtheit – vorliegen bzw. wie groß die Einschränkungen des Wohlbefindens sind. Es wurde inzwischen eine Vielzahl von Indikatoren entwickelt und hinsichtlich ihrer Praktikabilität und Aussagekraft getestet. Die Indikatoren können sowohl für wissenschaftliche Fragestellungen als auch für die praktische Bewertung von Tierhaltungsverfahren oder einzelner Tierhaltungen herangezogen werden.

Tiergerechtheit und Tierwohl durch Indikatoren erfassen

Grundsätzlich werden drei Arten von Indikatoren unterschieden: die sogenannten ressourcen-, management- und tierbasierten Indikatoren. Mit dem ersten Typ lassen sich die technischen und baulichen Voraussetzungen in Tierhaltungen erfassen. Der zweite Typ wird dazu genutzt, betriebliche Abläufe und Entscheidungen in die Bewertung aufzunehmen. Die tierbasierten Indikatoren schließlich werden direkt an den Tieren oder aus Probenmaterial der Tiere erhoben und spiegeln die Auswirkungen aller Bedingungen auf das Tier selbst wider. Die tierbasierten Indikatoren ermöglichen die unmittelbarsten Rückschlüsse auf das Wohlergehen der Tiere.[642, 643]

Für die Beurteilung von Tierhaltungen oder Haltungsverfahren werden üblicherweise mehrere Indikatoren miteinander kombiniert. Beispiele dafür sind der Tiergerechtheitsindex[644] und seine Weiterentwicklungen wie der TGI 200. Das Nachschlagewerk Nationaler Bewertungsrahmen Tierhaltungsverfahren des KTBL berücksichtigt und bewertet neben Indikatoren zur Tiergesundheit und zu den Umweltauswirkungen bei allen untersuchten Haltungsverfahren systematisch Merkmale für die verschiedenen Funktionskreise des Verhaltens.[645]

Die Auswahl an Indikatoren kann sich auch daran orientieren, dass die Fünf Freiheiten abgebildet werden. So wurde bei dem europaweiten Welfare Quality®-Projekt vorgegangen. Dieses Projekt führte zu einem umfassenden Verfahren für die indikatorgestützte Bestimmung von Tierwohl bzw. Tiergerechtheit. Zu vier Grundprinzipien, die sich den Fünf Freiheiten zuordnen lassen, wurden insgesamt zwölf Kriterien einer guten Tierhaltung festgelegt, für die Indikatoren erhoben werden können.[646] Die Häufigkeit und Ausprägung der Merkmale kann anhand tierartspezifischer Protokolle aus diesem Projekt erfasst und bewertet werden. Die Erhebungsbögen umfassen auch Indikatoren für das Sozialverhalten der Tiere, das Verhältnis der Tiere zu den betreuenden Menschen und den emotionalen Zustand der Tiere. Hinweise auf

---

Beispiele für Indikatoren zur Abschätzung des Tierwohls

- **Ressourcenbasierte Indikatoren:** Anzahl der Fressplätze, der Liegeplätze und der Tränken, Größe der Liegeplätze, Bodengestaltung, Klimaanlage, Vorhandensein von Auslauf
- **Managementbasierte Indikatoren:** Besatzdichte, routinemäßige Eingriffe, Klimaführung, Hygienemanagement, Impfregime, Sachkunde
- **Tierbasierte Indikatoren:** Körperkondition, Verschmutzung der Tiere, Verletzungen, Hautläsionen, Gelenkveränderungen, Lahmheiten, Husten, Nasenausfluss, Kotkonsistenz, Liegeverhalten, eine Vielzahl von Laborparametern, Verluste durch Todesfälle, Aggression oder Scheu gegenüber Menschen, Verhaltensstörungen

Info

den emotionalen Zustand eines Tieres liefern dabei vor allem bestimmte Verhaltensweisen und -parameter wie Drohgebärden, die Ausweichdistanz als Ausdruck der Mensch-Tier-Beziehung[647], Stereotypien und andere Verhaltensauffälligkeiten.

Veränderungen oder Beeinträchtigungen beim Verhalten lassen sich in vielen Fällen direkt beobachten, wie zum Beispiel veränderte Bewegungsabläufe beim Aufstehen oder bei Stereotypien wie dem Zungenschlagen. Häufig werden aber auch sogenannte indirekte Verhaltensindikatoren genutzt wie Schwielenbildungen oder Verschmutzungen, wenn beispielsweise das Liegeverhalten der Tiere beeinträchtigt ist.

Tierwohl-Eigenkontrollen

Seit 2014 verpflichtet das Tierschutzgesetz in Deutschland alle landwirtschaftlichen Tierhalter dazu, durch betriebliche Eigenkontrollen sicherzustellen, dass die grundsätzlichen Anforderungen an eine tiergerechte Haltung nach § 2 des Tierschutzgesetzes, der sogenannten allgemeinen Tierhaltungsnorm (Seite 185), eingehalten werden. Für diese Eigenkontrollen sollen ausdrücklich geeignete tierbezogene Merkmale, die dort als Tierschutzindikatoren bezeichnet werden, erhoben und bewertet werden.[648]

Um solche Eigenkontrollen unter Praxisbedingungen mit möglichst konkretem Nutzen durchführen zu können, müssen die Indikatoren nicht nur fachlich begründet, quantifizierbar, aussagekräftig und zuverlässig sein. Sie müssen sich darüber hinaus auch leicht erheben lassen und problemorientiert ausgewählt sein, um tierschutzrelevante Schwachstellen und Defizite in einer Tierhaltung sicher aufdecken zu können.[649] Inzwischen sind diverse Vorschläge und elektronische Hilfsmittel für die Durchführung der Eigenkontrolle verfügbar.

Ein Defizit vieler Vorschläge ist, dass keine Bewertungen für die Häufigkeit der erfassten Merkmale vorgeschlagen werden. Nur in wenigen Fällen werden solche Orientierungswerte geboten. Beispiele dafür sind der Leitfaden zum Tierwohl der Ökoverbände[650], bei dem ein Ampelsystem zur Beurteilung der Häufigkeit von Merkmalen verwendet wird, oder ein Vorschlag für die Beurteilung von Milchrinderhaltungen[651] aus Baden-Württemberg.

Bisher unterstützen die eingeführten Indikatorensets hauptsächlich den Vergleich der jeweiligen Tierhaltung mit sich selbst zu verschiedenen Zeitpunkten. Damit können Trends innerhalb des Betriebs sichtbar gemacht werden. Ein systematischer Vergleich zwischen Betrieben[652] oder auch der Vergleich mit einem allgemein als akzeptabel eingestuften Wert findet bisher selten statt. Als Grund dafür wird angeführt, dass die Erfassung der Merkmale nicht ausreichend standardisiert erfolge.

Stress, Schmerz und positive Emotionen erfassen

Sehr vereinfacht dargestellt bezeichnet Stress die psychischen und physischen Reaktionen, die Lebewesen zur Bewältigung neuer Anforderungen befähigen. Der Begriff Stress wird außerdem für die dadurch entstehende körperliche und geistige Belastung verwendet. Nach derzeitigem Verständnis liegt die zentrale Bedeutung von Stress darin, dass sich ein Organismus an Veränderungen der Umweltbedingungen anpassen kann. Deshalb wird nicht jeder Anpassungsbedarf, also Stress in einem weiten Sinne, negativ bewertet. Stress, der den Körper positiv beeinflusst, wird als Eustress bezeichnet. Negativer Stress, Disstress, entsteht, wenn der Stressauslöser nicht beseitigt wird.

Stressmessungen machen sich die unterschiedlich schnellen und verschieden lang anhaltenden Anpassungsreaktionen des Körpers an eine Belastungssituation zunutze. Häufig verwendete Parameter sind Blutdruck und Herzfrequenz, die Adrenalin- und Noradrenalinspiegel im Blut und die Gehalte cortisonähnlicher Substanzen in Blut, Speichel, Harn, Kot, Haaren oder Federn. Je nach Fragestellung können auch andere Messgrößen im Blut oder in anderen Geweben der untersuchten Lebewesen bestimmt werden.

Stressmessungen spielen eine große Rolle bei tierschutzrelevanten Fragestellungen in der Forschung. Man muss sich allerdings immer vor Augen halten, dass die Stressreaktion selbst nichts über die Art des Stressreizes aussagt. Bei allen wissenschaftlichen Fragestellungen muss deshalb sorgfältig geprüft werden, welcher Anteil einer Stressreaktion durch allgemeine Umgebungsbedingungen oder die Handhabung der Tiere und welcher durch den untersuchten Stressreiz, zum Beispiel einen chirurgischen Eingriff, verursacht wird.

Um Schmerzen von Stress abzugrenzen und bei Tieren zu erfassen, wird in der Regel auf Verhaltensmerkmale zurückgegriffen.[653] Neben der Erfassung von Abwehrbewegungen, Bewegungseinschränkungen oder Veränderungen der Aktivität eines Tieres hat sich inzwischen vor allem bei Ferkeln die Auswertung der Lautäußerungen, der sogenannten Vokalisation, verbreitet.[654] Von zunehmender Bedeutung für die Einschätzung von Schmerzen bei Tieren ist außerdem, Veränderungen beim Gesichtsausdruck der Tiere und die Stellung der Ohren anhand bestimmter Schemata zu bewerten.[655, 656]

Zur Erfassung positiver Emotionen als Bestandteil von Wohlbefinden, wird im Wesentlichen auf eine qualitative Einschätzung des Verhaltens der Tiere zurückgegriffen. Dabei wird ein Gesamteindruck erfasst, wofür unter anderem folgende Begriffe vorgeschlagen werden: freundlich, ruhig, aktiv, zufrieden, angespannt, nervös, glücklich, frustriert und einige mehr.[657] Das subjektive Element dieser Bewertungen ist allerdings kaum zu bestreiten und erfordert deshalb, dass die Anwendung solch qualitativer Bewertungen gründlich geschult wird.[658]

Weitere Möglichkeiten, Emotionen eines Tieres zu erfassen, sind Beobachtungen des Sozialverhaltens wie beispielsweise gegenseitiges Lecken[659] bei Rindern als Ausdruck einer freundschaftlichen Beziehung. Außerdem kann ähnlich wie beim sogenannten Schmerzgesicht der Gesichtsausdruck von Tieren zur Einschätzung des emotionalen Zustands herangezogen werden.[660]

Zusammenfassende Antwort auf die Frage, was ein gutes Tierleben ausmacht

In Anlehnung an das Konzept der Fünf Freiheiten kann man feststellen, dass die Vermeidung von Einschränkungen und Belastungen wie Hunger, Schmerzen, Angst und Krankheiten eine wichtige Grundvoraussetzung für das Wohlbefinden von Tieren ist. Als entscheidendes weiteres Element kommt hinzu, dass Wohlbefinden erst möglich ist, wenn das ganze Spektrum natürlicher Verhaltensweisen ausgelebt werden kann. Verhaltensstörungen sind ein sicherer Hinweis dafür, dass die Anpassungsfähigkeit eines Tieres an seine Umgebung überfordert wurde oder wird.

Mithilfe unterschiedlicher Indikatoren lässt sich erfassen, ob die Voraussetzungen für das Wohlbefinden von Tieren gegeben sind, also eine tiergerechte Haltung vorliegt. Zum Wohlbefinden gehörende positive Emotionen lassen sich bei Tieren im täglichen Umgang aufgrund von Erfahrung zwar gut erfassen. Für wissenschaftliche Fragestellungen ist dies aber nach wie vor schwierig.

Auch deshalb kann man zusammenfassend festhalten, dass der Schwerpunkt der Tierwohldebatte nach wie vor darauf liegt, Einschränkungen des Wohlbefindens von Tieren zu identifizieren, deren Auswirkungen abzuschätzen und Korrekturansätze zu entwickeln. Das Wohlbefinden selbst entzieht sich nach wie vor weitgehend einer direkten Feststellung.

Mit der Pflicht zur Tierschutz-Eigenkontrolle wurde in Deutschland eine wichtige Voraussetzung dafür geschaffen, tierschutzrelevante Defizite flächendeckend und systematisch zu erheben. Die Ergebnisse der Eigenkontrolle sind nicht nur eine Schwachstellenanalyse, sondern können auch Stärken verdeutlichen. Die Eigenkontrolle liefert deshalb Hinweise auf den Entwicklungsbedarf, aber auch die Entwicklungsmöglichkeiten einer Tierhaltung. Allerdings fehlt bislang der Vergleich der Eigenkontrollergebnisse mit einem qualifizierten Standardwert für die jeweiligen Merkmale.

Werden die Tiere ausreichend durch Rechtsvorgaben geschützt?

Einige europäische Staaten, darunter auch Deutschland, sind der Auffassung, eine sehr fortschrittliche Tierschutzrechtsetzung zu haben. Am deutschen Tierschutzrecht wird exemplarisch vorgestellt, was für den Schutz der Tiere vielversprechend und was defizitär ist. Dabei geht es um Rechte im juristischen Sinne.

Kurzer Blick zurück

Das älteste bekannte Regelwerk, das sich mit dem Schutz von Tieren befasst, ist der sogenannte Codex Hammurapi, eine um 1750 v. Chr. entstandene babylonische Sammlung von Rechtssprüchen. Allerdings ist deren Ziel, das Tier als Eigentum eines Menschen zu erhalten und Fragen des Schadenersatzes zu regeln. Es handelt sich also um wirtschaftliche Belange[661] und insofern um einen anthropozentrischen, an den Interessen der Menschen ausgerichteten Tierschutz.

Im Alten Testament, das ebenfalls als Gesetzessammlung verstanden werden kann, finden sich dagegen auch Regeln, die das Tier selbst in den Mittelpunkt stellen. So heißt es beispielsweise in den rund 2500 Jahre alten Sprüchen Salomos: „Der Gerechte erbarmt sich seines Viehs; aber das Herz der Gottlosen ist unbarmherzig."[662] Die Sonderstellung der Menschen wird allerdings nicht infrage gestellt.[663] Im römischen Recht wurden Tiere schließlich als Sachen behandelt, was damals eine Aufwertung und Gleichstellung mit Frauen, Kindern und Sklaven bedeutete.[664]

Erst spät wirkten sich die Entwicklungen in der Moralphilosophie und die Erkenntnisse zur Empfindungsfähigkeit von Tieren auf die Rechtsvorgaben aus. Ab 1770 wurde Tierquälerei zwar in Großbritannien gerichtlich geahndet. Es dauerte aber weitere 50 Jahre, bis 1822 der erste Tierschutzrechtsakt, der nach einem

Parlamentarier benannte Martin's Act, in Großbritannien verabschiedet wurde. Damit wurde die grausame Behandlung von Vieh unter Strafe gestellt, wobei diese Rechtsetzung der Überlegung folgte, dass Mitleid mit Tieren der sittlichen Erziehung der Menschen nütze.[665]

Diese anthropozentrische Tierschutzvorstellung (Seite 50) hatte eine lange Tradition und Fortsetzung. Deutlich wird das auch im Strafgesetzbuch für das Deutsche Reich von 1871. Strafbar war Tierquälerei nach damaliger Rechtssetzung nur, wenn sie zur Störung für die Menschen wurde.[666] Diese Einschränkung wird häufig als unangemessen und nicht zeitgemäß kritisiert. Es könnte sich aber auch um einen Kompromiss gehandelt haben, der die Durchsetzung der Regelung erleichtern sollte, und nicht den Stand der damaligen ethischen Debatte widerspiegelt.[667]

Häufig wird das Reichstierschutzgesetz von 1933 als erster Rechtstext betrachtet, der dem ethischen Tierschutz verpflichtet war[668] und die Tiere um ihrer selbst willen schützen sollte. Allerdings verfolgten die Nationalsozialisten mit diesem ersten eigenständigen Tierschutzgesetz auch nationalistische Propagandazwecke.[669] Die Entwürfe für das Reichstierschutzgesetz waren außerdem bereits vor der Machtergreifung entwickelt und diskutiert worden.

Erst 1972 trat in Westdeutschland nach jahrelangen Debatten ein neues Tierschutzgesetz in Kraft. In der DDR blieb das Reichstierschutzgesetz bis zur Wende bestehen. Das bundesdeutsche Tierschutzgesetz von 1972 wurde immer wieder überarbeitet. Die wichtigsten Novellierungen stammen aus den Jahren 1986 und 1998. Die letzten inhaltlich umfassenderen Änderungen fanden 2013 statt.

Tiere sind keine Sachen; ihr Schutz ist ein Verfassungsgut

Auch nach deutschem Recht galten Tiere lange als Gebrauchsgegenstände. Erst seit 1990 gilt: „Tiere sind keine Sachen. Sie werden durch besondere Gesetze geschützt. Auf sie sind die für Sachen geltenden Vorschriften entsprechend anzuwenden, soweit nicht etwas anderes bestimmt ist".[670] Dies bedeutet immerhin, dass man beim Umgang mit Tieren vorrangig die besonderen Vorschriften beachten muss, die ihrem Schutz dienen.

Das gestiegene öffentliche Bewusstsein für den Schutz und das Wohlbefinden der Tiere spiegelt sich in Deutschland nicht zuletzt darin wider, dass der Schutz der Tiere 2002 als Staatsziel in das Grundgesetz aufgenommen und damit zu einem Verfassungsgut wurde.[671] Aus dem Staatsziel Tierschutz, mit dem ausdrücklich auch der Schutz einzelner Tiere gemeint ist,[672] folgt unter anderem, dass die Gesetzgeber in Bund und Ländern aufgefordert sind, den Schutz der Tiere bei der Rechtsetzung zu berücksichtigen.[673] Dies schließt das sogenannte Verschlechterungsverbot ein, wonach neue rechtliche Regelungen den Tieren keinesfalls weniger Schutz bieten dürfen als zuvor. Außerdem bewirkt der Verfassungsrang des Tierschutzes, dass sein Gewicht bei allen Abwägungen erhöht wurde, also auch bei Maßnahmen von Behörden oder gegenüber anderen Rechtsgütern.[674]

Bemerkenswert ist in diesem Zusammenhang, dass auch im Vertrag über die Arbeitsweise der EU dem Tierschutz große Bedeutung zugesprochen wird. Dort heißt es in Art. 13, dass die Union und die Mitgliedstaaten bei der Festlegung und Durchführung der Politik in den Bereichen Landwirtschaft, Fischerei, Verkehr und anderen den Erfordernissen des Wohlergehens der Tiere als fühlende Wesen in vollem Umfang Rechnung tragen. Allerdings wird diese Zielsetzung im Folgesatz durch den Verweis auf die Rechtsnormen und Gepflogenheiten in den Mitgliedstaaten eingeschränkt.

Woraus sich das deutsche Tierschutzrecht zusammensetzt

Tierschutzrelevante Rechtsetzung in Deutschland speist sich insbesondere aus zwei Quellen. Zum einen ist dies das EU-Recht, das heißt die unmittelbar geltenden EU-Verordnungen und die erst nach Umsetzung in nationales Recht verbindlichen EU-Richtlinien. Zum anderen verfügen die Mitgliedstaaten über eigene Gesetze und damit verbundene nationale Verordnungen, die der Konkretisierung der gesetzlichen Regelungen und häufig auch der Umsetzung der EU-Richtlinien dienen.

Tierschutzrelevante rechtliche Vorgaben in Deutschland sind zurzeit vor allem die EU-Verordnungen, das Tierschutzgesetz und die dazugehörigen nationalen Verordnungen. Ergänzend müssen die Europäischen Übereinkommen, also völkerrechtliche Verträge auf der Ebene des Europarats einschließlich ihrer Empfehlungen, und eine ganze Reihe von Sachverständigengutachten beachtet werden. Außerdem wird üblicherweise die aktuelle Rechtsprechung bei der Beurteilung rechtlicher Fragen berücksichtigt.

Grundsätzliche Ausrichtung des deutschen Tierschutzgesetzes

Während des Gesetzgebungsverfahrens für das Tierschutzgesetz von 1972 standen einerseits die besondere Schutzbedürftigkeit des Lebens des Tieres, sein Wohlbefinden und seine Unversehrtheit außer Zweifel. Es wurde andererseits umgehend festgestellt, dass bestimmte Einschränkungen aufseiten des Tieres ethisch gerechtfertigt seien.[675]

Es gab mehrere Gründe, weshalb das Reichstierschutzgesetz ersetzt wurde. Einer davon war, dass man dessen wissenschaftliche Grundlage nicht mehr für zeitgemäß hielt.[676] Deshalb waren die beiden grundsätzlichen Ziele der Tierschutzgesetzgebung von 1972: Es sollte der Konzeption eines ethisch ausgerichteten Tierschutzes gefolgt werden. Zugleich bestand die Erwartung, zunehmend wissenschaftliche Feststellungen als Beurteilungsmaßstäbe zu nutzen. Die Absicht dabei war, die Verpflichtung zum Tierschutz nicht mehr so sehr aus den Empfindungen und der Einstellung des Menschen zum Tier zu begründen und gefühlsbetont zu sehen. Stattdessen sollten immer mehr exakte und repräsentative wissenschaftliche Feststellungen über tierartgemäße und verhaltensgerechte Normen den Tierschutz in der modernen Industriegesellschaft bestimmen.[677, 678] Diese grundsätzliche Ausrichtung wird häufig als wissenschaftlicher Tierschutz bezeichnet. Damit sollte offensichtlich dem Vorwurf der Vermenschlichung begegnet werden.

Ob das Bemühen, den Tierschutz verstärkt naturwissenschaftlich zu begründen, den Tieren genützt oder geschadet hat, wird sehr unterschiedlich bewertet. Manche Autoren betonen, dass das wissenschaftliche Tierschutzverständnis den Tierschutz mit seinen rationalen Entscheidungsprozessen zu einer Pflicht in einer modernen Gesellschaft macht.[679] Zudem könnten objektiv feststellbare Phänomene den Analogieschluss vom Mensch auf Tiere bei der Einschätzung von Schmerzen oder Leiden überprüfbarer[680] und gerichtsfester machen. Andere sind der Ansicht, dass gerade diese Herangehensweise, die Emotionen möglichst vollständig ausschließt, besonders problematische Formen der Tiernutzung erst möglich gemacht habe.[681]

Insgesamt kann man festhalten, dass sich die jüngere deutschsprachige Tierschutzrechtsetzung aus ethischen Argumenten speist und die Tiere selbst in den Blick nimmt. Gleichzeitig bleibt die Tierschutzrechtsetzung aber vorwiegend an pathozentrischen Konzepten, also der Vermeidung von Leiden, orientiert.[682] Der Begriff Wohlbefinden wird dabei häufig auf das Ausbleiben von Angst, Schmerzen, Leiden oder Schäden reduziert, obwohl er wesentlich mehr umfasst (Seite 169).

184

Zielsetzungen im deutschen Tierschutzgesetz

Durch den ersten Satz des Tierschutzgesetzes wird sein Zweck bestimmt und eine grundsätzliche Ausrichtung des gesamten deutschen Tierschutzrechts vorgenommen. Betont werden die Verantwortung der Menschen und der eigenständige Wert der Tiere als Mitgeschöpfe. Weil das Gesetz dem ethischen Tierschutz verpflichtet ist, hat es nicht nur das Wohlbefinden und die Unversehrtheit, sondern auch das Leben des Tieres schlechthin, also einen umfassenden Lebensschutz, zum Ziel. Der zweite Satz von § 1 wird zwar als Verbot formuliert, relativiert aber bereits den zuvor definierten Schutzzweck. Schon in der damaligen Begründung des Gesetzes wurde – etwas umständlich – darauf hingewiesen, dass die Konzeption des ethischen Tierschutzes nicht im Widerspruch zu jeder berechtigten und vernünftigen Lebensbeschränkung des Tieres im Rahmen der Erhaltungsinteressen des Menschen stehe.[683] Anders formuliert bedeutet dies, dass nach der Vorstellung des Gesetzgebers Einschränkungen des Tierwohls zulässig sind, wenn sie durch einen vernünftigen Grund gerechtfertigt werden.

Als vernünftig gilt ein Grund, wenn er triftig und einsichtig ist und von einem sogenannten schutzwürdigen Interesse, d.h. Motiv,

---

Auszug aus dem Tierschutzgesetz   **Info**

§ 1: Zweck dieses Gesetzes ist es, aus der Verantwortung des Menschen für das Tier als Mitgeschöpf dessen Leben und Wohlbefinden zu schützen. Niemand darf einem Tier ohne vernünftigen Grund Schmerzen, Leiden oder Schäden zufügen.

§ 2: Wer ein Tier hält, betreut oder zu betreuen hat,

1. muss das Tier seiner Art und seinen Bedürfnissen entsprechend angemessen ernähren, pflegen und verhaltensgerecht unterbringen,

2. darf die Möglichkeit des Tieres zu artgemäßer Bewegung nicht so einschränken, dass ihm Schmerzen oder vermeidbare Leiden oder Schäden zugefügt werden,

3. muss über die für eine angemessene Ernährung, Pflege und verhaltensgerechte Unterbringung des Tieres erforderlichen Kenntnisse und Fähigkeiten verfügen.

bestimmt wird. Welche Interessen schutzwürdig sind und ob sie deshalb als Begründung für Beeinträchtigungen bei den Tieren in Betracht kommen, hängt direkt mit ihrer gesellschaftlichen Akzeptanz zusammen. Deshalb müssen sich auch Traditionen der Rechtfertigung stellen. Generell wird Handlungen der vernünftige Grund abgesprochen, wenn sie aus Wut, Ärger oder der Lust, Schmerzen zuzufügen, entstehen. Anerkannt sind dagegen Beweggründe mit allgemein gesellschaftlich akzeptierten Motiven wie beispielsweise die Nahrungsmittelgewinnung. Ob und wie weit wirtschaftliche Gründe als vernünftiger Grund gelten, ist stark umstritten. Das Bundesverfassungsgericht hat bereits 1999 klargestellt, dass „nicht jede Erwägung der Wirtschaftlichkeit der Tierhaltung aus sich heraus ein vernünftiger Grund im Sinne des § 1 Satz 2 TierSchG sein kann".[684]

Nach der gesetzlichen Zielsetzung im ersten Paragrafen folgt § 2, der als allgemeine Tierhaltungsnorm gilt und alle Pflichten benennt, die die Menschen im Interesse des Tieres erfüllen müssen. Dieser Paragraf stellt den grundlegenden Rechtsrahmen – und damit Maßstab – für eine tierschutzgerechte Tierhaltung unabhängig von Tierart oder Nutzungszweck dar. Die geforderte tierart- und bedürfnisgerechte Ernährung und Pflege schließt dabei ein, was für die Versorgung der jeweiligen Tierart oder Tiergruppe, aber auch für das einzelne Individuum, notwendig ist. Neben der Nährstoffzufuhr gehört beispielsweise auch die Möglichkeit dazu, gleichzeitig fressen zu können, wenn dies dem Normalverhalten der Tiere entspricht. Mit Pflege wird der gesamte Umgang mit dem Tier gemeint. Das beinhaltet neben der Fütterung auch das Tränken, das Sauberhalten von Tieren und Haltungseinrichtungen, den Schutz vor Witterungseinflüssen und geeignete Licht- und Luftverhältnisse.

Der zweite Punkt dieser Tierhaltungsnorm bedeutet eine absolute Grenze im Hinblick auf die Einschränkung der Bewegungsfreiheit der Tiere. Durch die Bewegungseinschränkung dürfen keine Schmerzen entstehen. Das Gesetz räumt an dieser Stelle keinen Abwägungsspielraum ein.[685] Insofern kann die Frage aufgeworfen werden, inwieweit zum Beispiel typische Verletzungen bei der Anbindehaltung von Milchkühen oder Liegeschwielen bei Muttersauen in Einzelhaltung zeigen, dass diese Haltungsmethoden nicht dem Gesetz entsprechen.

Ohne zu polemisieren kann man bezweifeln, dass die anspruchsvolle Vorstellung von Tierhaltung, die in dieser allgemeinen Tierhaltungsnorm zum Ausdruck kommt, in der Realität ausreichend zur Geltung kommt.

Der grundsätzlich hohe Anspruch an eine rechtskonforme Tierhaltung wird außerdem durch verschiedene nationale Verordnungen konkretisiert, worunter die derzeit zulässigen Einschränkungen für die Tiere zu verstehen sind. Für den Bereich der landwirtschaftlichen Tierhaltung ist vor allem die Tierschutz-Nutztierhaltungsverordnung ausschlaggebend, die neben allgemeinen Pflichten auch spezielle Regeln für bestimmte Tierarten, Altersgruppen und Nutzungsrichtungen enthält.

Hühner und das Tierschutzrecht

Nachdem die kommerzielle Legehennenhaltung in konventionellen Batteriekäfigen üblich geworden war, entwickelte sich diese Haltungsform in der öffentlichen Wahrnehmung zum Sinnbild für eine industrialisierte Nutzung von Tieren. Viele exemplarische Debatten und Gerichtsverfahren befassten sich deshalb mit der Legehennenhaltung. Nach jahrelangen Auseinandersetzungen und breiter Darstellung der Thematik in den Medien entschied das Bundesverfassungsgericht 1999[686], dass die damals praktizierte Art der Käfighaltung den Anforderungen der Tierhaltungsnorm in § 2 des Tierschutzgesetzes widerspricht und damit tierschutzwidrig ist. Es dauerte jedoch zehn Jahre, bis die konventionellen Batteriekäfige in Deutschland und etwas später in der EU vollständig verboten wurden. Käfighaltung in veränderter Form ist darüber hinaus in vielen Ländern der EU weiterhin zulässig. Die ausgestalteten, also mit Nest, Scharrflächen und Sitzstangen eingerichteten Käfige der sogenannten Kleingruppenhaltung sind in Deutschland ebenfalls bis 2025, in Härtefällen sogar bis 2028 erlaubt.[687]

Weitere wichtige Regelungsinhalte

Den folgenden Paragrafen, § 3 des Tierschutzgesetzes, der einen Katalog verbotener Handlungen darstellt, kann man als negatives Gegenstück zur Tierhaltungsnorm betrachten. Es ist demnach unter anderem verboten, Tiere zu überfordern, auszusetzen, ihnen schädliches Futter zu verabreichen oder durch Elektrogeräte – außer bei ganz bestimmten Ausnahmen – Bewegungsabläufe zu erzwingen.[688]

Anschließend macht das Tierschutzgesetz Vorgaben zur Tötung und zum Schlachten von warmblütigen Tieren. Beidem muss mit ganz wenigen Ausnahmen immer eine Betäubung vorausgehen.

Außerdem besteht für schmerzhafte Eingriffe an Wirbeltieren eine Betäubungspflicht. Die Betäubung bei Eingriffen muss fast ausnahmslos von einem Tierarzt durchgeführt werden. Von der Betäubungspflicht gibt es allerdings einige, zum Teil sehr umstrittene Ausnahmen im Zusammenhang mit den sogenannten managementbedingten oder zootechnischen Eingriffen (Seite 70). Solche Eingriffe wie beispielsweise das Kürzen der Schwänze bei Ferkeln oder Lämmern dürfen bisher bis zu einem bestimmten Alter der Tiere ohne Betäubung durchgeführt werden. Sie stellen außerdem eine häufige Ausnahme vom grundsätzlichen Verbot dar, an Tieren Amputationen vorzunehmen.

Weitere Regelungen im deutschen Tierschutzgesetz betreffen unter anderem Tierversuche, Tierzucht und -handel, Zoo- und Zirkustiere, das Verbot der Qualzucht, aber auch die Handlungsmöglichkeiten der Behörden und deren Zusammenarbeit.

Was Behörden tun können

Nicht ganz zu Unrecht wird immer wieder beklagt, dass es an der Durchsetzung der tierschutzrechtlichen Vorgaben mangele und Verstöße gegen geltendes Recht keine Folgen nach sich zögen. Für Vollzugsdefizite beim Tierschutzrecht gibt es vielerlei Gründe, die hier nicht ausführlicher erörtert werden können. Es ist allerdings so, dass die allgemeinen Vorstellungen davon, was Behörden durchsetzen könnten, häufig nicht mit den Möglichkeiten übereinstimmen, die den Tierschutzbehörden tatsächlich zur Verfügung stehen. Nicht zuletzt rechtsstaatliche Prinzipien und gesetzliche Vorgaben für das Agieren von Behörden, also für das Verwaltungshandeln, verursachen manchmal schwer nachvollziehbare Verzögerungen oder Einschränkungen.

Werden Verstöße gegen geltendes Recht festgestellt, gibt es im Prinzip drei mögliche Folgen. Zum einen kann die Behörde alle Möglichkeiten nutzen, die sich aus der sogenannten tierschutzrechtlichen Generalklausel im Tierschutzgesetz[689] ergeben. Das Maßnahmenspektrum reicht dabei von der Belehrung und konkreten Anweisungen bis zur Fortnahme von Tieren oder dem Verbot, Tiere zu halten. Zum anderen kann die Behörde ein Bußgeldverfahren einleiten. Bei Verdacht auf eine Straftat schließlich wird die ganze Angelegenheit an die Staatsanwaltschaft abgegeben.

Straf- und bußgeldrechtliche Regelungen beziehen sich immer auf Verstöße, die bereits geschehen sind, und entfalten dadurch vor allem eine rückwärtsgewandte Wirkung. Stark vereinfacht zielt dagegen das Handeln der Behörden durch Verwaltungsakte wie Anordnungen, Genehmigungen oder Verbote darauf ab, die Fortsetzung von Verstößen oder künftige Verstöße zu verhindern. Dieser Typ von Maßnahmen ist also stärker in die Zukunft gerichtet. Die tierschutzrechtliche Generalklausel wird im Übrigen so verstanden, dass die Behörde nicht nur handeln kann, sondern auch handeln muss, wenn dies zur Beseitigung festgestellter oder künftiger Verstöße notwendig ist. Mit den geschilderten Maßnahmen können Behörden allerdings nur eine rechtskonforme Tierhaltung einfordern. Das ist keineswegs gleichbedeutend mit einer tierschutzfachlich guten Tierhaltung.

Von vornherein ist zu beachten, dass bei allen Verwaltungsakten wie bei Bußgeldbescheiden die Möglichkeit für die Betroffenen besteht, Rechtsmittel einzulegen, sich also zur Wehr zu setzen. Dadurch kann eine aufschiebende Wirkung für die angeordneten Maßnahmen entstehen. Die Behörde muss außerdem für jede Maßnahme prüfen, ob sie geeignet, erforderlich und verhältnismäßig ist. Diese Vorgehensweise nach dem Verhältnismäßigkeitsgrundsatz führt dazu, dass die Behörde zuerst das mildeste geeignete Mittel wählen muss, um rechtskonforme Zustände herzustellen. Eine solche erste Maßnahme ist für Außenstehende oft nicht erkennbar. Das Vorgehen der Behörde wird deshalb manchmal als wirkungslos empfunden.

Wenn ein Tierhalter allerdings innerhalb der gesetzten Frist nicht erfüllt, was die Behörde verlangt, dann steigern sich die Maßnahmen. Verschlechtern sich die Verhältnisse immer mehr, kann die Behörde schließlich eine Fortnahme der Tiere veranlassen. Damit wird zwar nicht ausgeschlossen, dass in bestimmten Fällen Tiere auch sofort fortgenommen werden, wenn das in Anbetracht einer konkreten Situation das einzige geeignete Mittel darstellt. In den meisten Fällen geht Fortnahmen allerdings monatelanges Tauziehen voraus.

Tierquälerei ist eine Straftat

Wird ein Tier ohne vernünftigen Grund getötet, aus Rohheit gequält oder fügt ihm jemand immer wieder oder über längere Zeit erhebliche Schmerzen und Leiden zu[690], dann wird die Staatsanwaltschaft eingeschaltet und Strafanzeige erstattet. Bei Bußgeld- oder Strafverfahren im Tierschutzbereich gelten dieselben Regeln wie in anderen Rechtsgebieten. Bei Straftaten gehört dazu auch, dass die Tat vorsätzlich oder zumindest bedingt vorsätzlich geschehen sein muss. Genau das ist häufig schwierig nachzuweisen.

Neben den allgemeinen Aspekten müssen weitere Voraussetzungen für die strafrechtliche Ahndung erfüllt sein. Je nachdem, welche Strafvorschrift angewendet werden soll, muss beispielsweise belegt werden, dass der Täter aus Rohheit gehandelt hat, dass die zugefügten Schmerzen oder Leiden erheblich sind, wiederholt stattfanden oder länger andauerten. Fasst man die Erfahrungen der zurückliegenden Jahre mit den Strafvorschriften im Tierschutzgesetz zusammen, dann wird deutlich, dass die Hürden für die Ahndung eines tierschutzrechtlichen Verstoßes als Straftat hoch sind.[691] Bußgeldverfahren können bei etwas weniger schwerwiegenden Verstößen und auch bei Fahrlässigkeit eingeleitet werden.

Neben dem herkömmlichen Vorgehen der Behörden durch Verwaltungsakte, Bußgeldverfahren oder Strafanzeigen soll hier auch noch auf eine spezielle Folge bei Verstößen gegen das Tierschutzrecht im landwirtschaftlichen Bereich hingewiesen werden, die es beispielsweise auch beim Düngerecht gibt. Als Cross Compliance wird die Verknüpfung von Prämienzahlungen mit der Einhaltung von EU-Standards bezeichnet. Seit 2007 müssen mehrere EU-Tierschutz-Richtlinien in diesem Zusammenhang berücksichtigt werden. Zahlreiche tierschutzrelevante Rechtsverstöße – beispielsweise angebunden gehaltene Kälber – führen deshalb im Rahmen von Cross Compliance zu Abzügen bei den Subventionszahlungen, die landwirtschaftliche Tierhalter üblicherweise aus EU-Mitteln erhalten.

Beispiele für die Kluft zwischen Rechtsvorgaben und Realität

Der Verfassungsrang des Tierschutzes in Deutschland, die Grundsätze in den einleitenden Passagen des Tierschutzgesetzes und die bereits geschilderte große Bedeutung des Themas in der Gesellschaft legen die Vermutung nahe, dass Tiere in Deutschland einen umfassenden Schutz erfahren. Umso befremdlicher wirken die folgenden Beispiele. Sie stellen dar, dass es offenkundig eine Lücke zwischen der Rechtslage und der Realität gibt.

Mit der Novellierung des Tierschutzgesetzes von 1998 wurde beispielsweise eingeführt, dass bei den Eingriffen an Tieren, die ohne Betäubung erfolgen dürfen, alle Möglichkeiten ausgeschöpft werden müssen, um die Schmerzen oder Leiden der betroffenen Tiere zu vermindern. Erst mehr als zehn Jahre später verständigten sich der Deutsche Bauernverband, der Verband der Fleisch-wirtschaft und der Hauptverband des Deutschen Einzelhandels darauf, dass die betäubungslose Kastration männlicher Ferkel ab 2009 in Verbindung mit einem Schmerzmittel durchgeführt werden soll.[692] Eine ähnlich verzögerte Reaktion lässt sich beim Veröden der Hornansätze von Kälbern feststellen, was bis zu einem bestimmten Alter ebenfalls ohne Betäubung durchgeführt werden darf. Erst mehr als 15 Jahre nach der Novellierung des Tierschutz-gesetztes 1998 wird inzwischen auch von offizieller Seite vertreten, diesen Eingriff am sedierten Tier und unter Verwendung von Schmerzmitteln durchzuführen.[693]

Ein vielbeachtetes Urteil des Oberverwaltungsgerichts Sachsen-Anhalt in Magdeburg aus dem Jahr 2015 zur Sauenhaltung ist nicht nur in diesem Zusammenhang bemerkenswert. Es musste gerichtlich klargestellt werden, wie eine konkrete Vorgabe der Tierschutz-Nutztierhaltungsverordnung umzusetzen ist. In dem Urteil heißt es, dass sich aus der Rechtsnorm zwingend ergibt, dass den in einem Kastenstand gehaltenen Sauen die Möglichkeit eröffnet sein muss, jederzeit eine Liegeposition in beiden Seiten-lagen einzunehmen, bei der ihre Gliedmaßen auch an dem vom Körper entferntesten Punkt nicht an Hindernisse stoßen. Weiter wurde festgestellt, dass diese Vorgabe nur Kastenstände erfüllen, deren Breite mindestens dem Stockmaß des darin untergebrachten Schweins entspricht, oder Kastenstände, die dem Tier die Möglichkeit eröffnen, die Gliedmaßen ohne Behinderung in die beiden benachbarten leeren Kastenstände oder beidseitige (unbelegte) Lücken durchzustecken.[694] Durch das geschilderte Urteil wird eine weit verbreitete weniger strenge Verwaltungspraxis kritisiert und die Bedeutung des eigentlichen Rechtstextes betont. Viele Behörden hatten sich aufgrund länderübergreifender, inzwischen revidierter Auslegungshinweise auf Breiten von 65 bzw. 70 cm bei den Kastenständen eingelassen[695], ohne einen Bezug zur tatsächlichen Größe der Tiere herzustellen[696].

Unbefriedigend ist außerdem, dass viele landwirtschaftliche Tierhaltungen – insbesondere in kleinstrukturierten Gebieten –

nur ungefähr alle zehn Jahre im Hinblick auf den Tierschutz kontrolliert werden können. Darüber hinaus dauert es lange, bis neue rechtliche Inhalte durch die Behörden aufgegriffen werden. Ein Beispiel dafür ist die seit 2014 geltende Pflicht der Tierhalter, das Wohlbefinden der Tiere anhand von tierbasierten Indikatoren (Seite 175) zu überprüfen. Eine Überwachung dieser Eigenkontrollverpflichtung der Tierhalter findet bisher nicht statt.

Auffällig ist zudem, dass gravierende Verstöße gegen das Tierschutzrecht häufig damit zusammenhängen, dass sehr grundlegende und allgemeinverständliche Pflichten wie tägliche Tierkontrollen, das Hinzuziehen eines Tierarztes im Bedarfsfall oder auch das Tötungsgebot bei unheilbar kranken Tieren missachtet werden. Vor allem diese letztgenannten Versäumnisse führen zu den besonders verstörenden Bildern schwer verletzter Tiere bei den meist illegal entstandenen Filmaufnahmen von Tierschutzaktivisten aus Schweine- oder Geflügelställen.

Eine erschreckende Kluft zwischen Rechtsvorgabe und Realität besteht außerdem beim Transport oder bei der Schlachtung von Tieren. So regelt das Tierschutzrecht zum Beispiel eindeutig, dass Tiere – mit ganz wenigen sehr speziellen Ausnahmen – nur vollständig betäubt, in einem bis zum Tod anhaltenden Zustand der Wahrnehmungs- und Empfindungslosigkeit, und unter Vermeidung von Schmerzen oder Leiden geschlachtet werden dürfen. Zahlreiche wissenschaftliche und mediale Berichte verdeutlichen allerdings einen unerwartet hohen, nicht zu rechtfertigenden Anteil von unzureichend betäubten Tieren bei der Schlachtung.[697]

Wird das EU-Recht korrekt in nationales Recht überführt?

Neben dem mehr als zögerlichen Reagieren der Realität auf Änderungen der Rechtslage gibt es auch Fragestellungen, bei denen Zweifel daran bestehen, ob EU-Recht korrekt in das deutsche Tierschutzrecht umgesetzt wurde.

Ein bekanntes Beispiel dafür ist das routinemäßige Kürzen der Schwänze bei Ferkeln (Seite 70). Eine weitere Diskrepanz zwischen EU-Vorgabe und nationaler Umsetzung besteht bei den Liegeflächen von Kälbern. Die EU verlangt in der Kälberhaltungsrichtlinie, dass die Liegefläche für Kälber unter anderem bequem und sauber sein muss.[698] In der deutschen Tierschutz-Nutztierhaltungsverordnung wird dagegen nur gefordert, dass die Erfordernisse des Liegens erfüllt werden müssen und insbesondere keine Gesundheitsbeeinträchtigung durch Wärmeableitung entsteht.

Ein ähnliches Beispiel ist die Beschreibung des notwendigen Beschäftigungsmaterials für Schweine. Die EU stellt anhand einer längeren Liste von Beispielen dar, welche Art von Material geeignet ist.[699] Im deutschen Recht wird dagegen nur gefordert, dass das Beschäftigungsmaterial durch die Schweine untersucht, bewegt und verändert werden kann. Als Ergebnis werden den Schweinen deshalb häufig in unterschiedlicher Weise befestigte Hartholzgegenstände angeboten, die die formalen Anforderungen zwar erfüllen, das Erkundungsbedürfnis der Tiere aber nicht befriedigen können.

Beide Beispiele zeigen, dass die Umsetzung in nationales Recht bewirken kann, dass die Vorgaben noch allgemeiner formuliert werden. Damit wird für alle Beteiligten – Tierhalter, Behörden und Gerichte – schwieriger zu beurteilen, ob die ursprüngliche Zielsetzung einer Regelung im konkreten Fall noch erfüllt wird.

Ergänzungsbedarf

Ein weiteres Problem der Tierschutzrechtsetzung ist, dass es häufig sehr lange dauert, bis fachliche Erkenntnisse oder andere Entwicklungen in das Recht aufgenommen werden. So wurde beispielsweise viele Jahre sehr kontrovers über die Ergänzung der Tierschutz-Nutztierhaltungsverordnung um Mindestvorgaben zur Kaninchenhaltung debattiert. Das jahrelange Regelungsvakuum führte nicht nur zu teilweise hochproblematischen Haltungsbedingungen in kommerziellen Kaninchenhaltungen, sondern bedeutete auch lange anhaltende Planungsunsicherheit für die Tierhalter. Dadurch kam es zu einem erheblichen Investitions- und Innovationsstau, der die Situation in manchen Altanlagen zusätzlich verschärfte. Die Kaninchen wurden schließlich 2014 Inhalt der Tierschutz-Nutztierhaltungsverordnung.

In zwei anderen Bereichen von hoher tierschutzfachlicher Relevanz existieren ebenfalls keine rechtlichen Vorgaben. Dies betrifft die in der Öffentlichkeit kritisch hinterfragte Putenmast und die für die gesamte Legehühnerhaltung ausschlaggebende Junghennenaufzucht. Zwar existieren in diesen Bereichen freiwillige Vereinbarungen zu Mindeststandards. Wie bindend solche Vereinbarungen sind, wird allerdings unterschiedlich eingeschätzt.

Es stellt sich insofern die Frage, ob die Vorgehensweise Österreichs, frühzeitig auch in umstrittenen Bereichen rechtliche und damit verbindliche Vorgaben zu machen, diese aber mit vergleichsweise langen Übergangszeiten zu versehen, nicht doch für alle Beteiligten vorteilhaft ist und die häufig eingeforderte Planungssicherheit ermöglicht. Die Debatten, in denen berechtigterweise die Einführung oder Verbesserungen rechtlich vorgegebener Mindeststandards angemahnt werden, betreffen vor allem die Bewegungsfreiheit der Tiere – also die Anbindehaltung von Milchkühen oder die Fixierung von Muttersauen in den sogenannten Ferkelschutzkörben und Kastenständen – und ihr natürliches Verhalten wie zum Beispiel bei der Haltung von Wassergeflügel die Möglichkeit zu baden.

Bemerkenswert ist außerdem, dass zwar seit 1998 auch in Deutschland gesetzlich vorgesehen ist, dass für serienmäßig hergestellte Stalleinrichtungen Prüfverfahren mit verbindlichen Standards eingeführt werden können. Später wurde sogar die Möglichkeit obligatorischer Zulassungsverfahren ergänzt. Für beide Möglichkeiten wurden allerdings bislang keine Regeln etabliert, obwohl entsprechende unabhängige Prüfungen beispielsweise für Hühnerställe schon lange gefordert werden. Entsprechende Zertifikate würden nicht zuletzt Tierhaltern und Behörden Sicherheit bei der Beurteilung ermöglichen, ob die jeweiligen Anlagen rechtskonform sind.[700] Private Organisationen wie das Kuratorium für Technik und Bauwesen in der Landwirtschaft e. V. (KTBL) oder die Deutsche Landwirtschafts-Gesellschaft e. V. (DLG) prüfen und bewerten zwar Haltungssysteme und Zubehör, allerdings ohne verbindliche Standards für ihre Vorgehensweise heranziehen zu können.

Vorbilder in Europa

Gerade bei den Prüf- und Zulassungsverfahren für Stalleinrichtungen wirken andere europäische Staaten schon lange beispielgebend. Österreich betreibt nach schwedischem Vorbild eine gesetzlich verankerte Fachstelle für tiergerechte Tierhaltung und Tierschutz, die Zertifikate vergibt.[701] In der Schweiz müssen serienmäßig hergestellte Aufstallungssysteme und Stalleinrichtungen ein Bewilligungsverfahren durchlaufen. Die Schweizer Einrichtungen, die dafür praktische Prüfungen durchführen, sind legendär und erfüllen seit vielen Jahren diesen gesetzlich verankerten Prüfauftrag.[702]

Auch bei weiteren umstrittenen Tierschutzthemen haben sich verschiedene europäische Staaten für andere Strategien und weitreichendere rechtliche Lösungen entschieden. Dies betrifft vor allem die Bewegungsfreiheit der Tiere und die managementbedingten Eingriffe.

So ist beispielsweise in Österreich die dauernde, also die ganzjährige Anbindehaltung bei Rindern untersagt.[703] Selbst wenn es davon eine ganze Reihe von Ausnahmeregelungen gibt, so ist die Vorstellung, was richtig ist, damit klar formuliert. Ähnlich verhält es sich bei der Haltung von Sauen und Jungsauen in der Zeit des Deckens bzw. beim Abferkeln und Säugen. Für den Zeitraum des Deckens dürfen Sauen in Österreich bereits jetzt maximal zehn Tage einzeln gehalten werden. Für den Abferkelbereich sind Buchten vorgeschrieben, in denen sich Sauen und Jungsauen frei bewe-

gen können. Diese Vorschrift gilt zwar erst ab 2033 für alle sauen-
haltenden Betriebe.[704] Trotz der langen Übergangsfrist wird aber
deutlich, was das Leitbild für eine tiergerechte Sauenhaltung in
Österreich beinhaltet.

Beim Kupieren der Ferkelschwänze haben mehrere skandinavi-
sche Länder und die Schweiz[705] eine Vorreiterrolle übernommen
und den Eingriff verboten. Beim Kupieren von Hühnerschnäbeln
hat sich Österreich ähnlich wie Deutschland für eine nicht-gesetz-
liche Regelung – eine Vereinbarung mit der Branche – entschieden. Diese Vereinbarung führte über ein stufenweises Verfahren
zwischen 2000 und 2005[706] zum Ausstieg aus der Kupierpraxis bei
Hühnern.

Eine bemerkenswerte Besonderheit des schweizerischen Tierschutzrechts im Vergleich zu Deutschland oder Österreich besteht
bei der grundlegenden Zielsetzung. In Österreich und Deutschland hat das Lebensschutzprinzip einen hohen Stellenwert.
Schutzziel der Tierschutzgesetze ist neben dem Wohlbefinden das
Leben der Tiere an sich. In der Schweiz sind die Schutzziele dagegen das Wohlergehen und die Würde des Tieres.[707] Als bisher ein-
ziges Land weist die Schweiz der Würde der Kreatur einen so
hohen Rang zu. Der Begriff wurde nach einer Volksabstimmung
bereits 1992 in die Schweizer Bundesverfassung eingeführt und
später auch ins Tierschutzgesetz integriert. Die Bedeutung dieses
Schutzziels wird allerdings sehr unterschiedlich bewertet. Manche
halten den Schutz der Würde der Tiere für einen großen Fortschritt und eine neue Dimension, andere finden den Begriff zu un-
bestimmt oder bemängeln, dass er zu häufig verwendet werde.
Einschränkungen der tierlichen Würde sind allerdings möglich,
wenn andere Interessen dies im Sinne einer Güterabwägung rechtfertigen[708]. Es wird deshalb infrage gestellt, ob der Schutz ihrer
Würde die Tiere im konkreten Zusammenhang tatsächlich besser
schützt als die Regelungen in anderen Tierschutzgesetzen, die
ebenfalls dem ethischen Tierschutz und damit dem Schutz der
Tiere um ihrer selbst willen verpflichtet sind.

Auswege

Um aus einer unbefriedigenden Rechtslage herauszukommen, gibt es letztlich nur die Möglichkeit, das Recht zu ändern. Dafür müssen allerdings Mehrheiten in den gesetzgebenden Instanzen wie Parlamenten und Länderkammern zustande kommen. Vor dem Hintergrund einer aufgeheizten öffentlichen Tierschutzdebatte scheute zumindest der deutsche Gesetzgeber diesen Weg zuletzt. Stattdessen setzte die Bundesregierung in den vergangenen Jahren nahezu ausschließlich darauf, regelungsbedürftige Probleme durch freiwillige Vereinbarungen der beteiligten Gruppierungen zu lösen, und betonte dabei, dass es eine „freiwillige Verbindlichkeit" gebe.[709]

Solche freiwilligen Vereinbarungen, die zumindest theoretisch für die gesamte Branche bindend sind, wurden beispielsweise für die Putenmast erarbeitet.[710] Ein weiteres Beispiel ist die Vereinbarung zum Ausstieg aus dem Schnabelkupieren von Legehühnern in Deutschland, die 2015 unterzeichnet wurde.[711] Seit Beginn des Jahres 2017 dürfen demnach nur noch Legehühner eingestallt werden, deren Schnäbel nicht gekürzt wurden. Die Vereinbarung enthält auch Bedingungen für die Aufzucht von Junghennen.

Zusammenfassende Antwort auf die Frage, ob die Tiere ausreichend durch Rechtsvorgaben geschützt werden

Das deutsche Tierschutzgesetz beinhaltet Zielvorgaben, die ein zufriedenstellendes Schutzniveau für die landwirtschaftlich genutzten Tiere sicherstellen könnten und sollten. Die Struktur des deutschen Tierschutzrechts bietet außerdem die Möglichkeit, neuere tierschutzfachliche Erkenntnisse vergleichsweise einfach rechtlich einzubeziehen.

Mehrere Beispiele verdeutlichen allerdings, dass eine erkennbare Lücke zwischen den Rechtsvorgaben und deren Umsetzung besteht. Andere geschilderte Sachverhalte zeigen, dass tierschutzfachliche Kenntnisse nicht oder nur zögernd in das Recht aufgenommen werden. Dadurch entsteht eine deutliche Lücke zwischen den tierschutzfachlichen Erfordernissen und den tierschutzrechtlichen Regelungen. Außerdem wurden manche Vorgaben der EU nur teilweise in nationales Recht übertragen. Vonseiten der EU gibt es zudem seit fast zehn Jahren keine relevanten neuen Impulse oder Vorgaben mehr für eine harmonisierte europaweite Tierschutzrechtsetzung.

Insgesamt steht das deutsche Tierschutzrecht damit für eine ganze Reihe von ungenutzten Möglichkeiten, das Schutzniveau für die Tiere in der Landwirtschaft angemessen anzuheben. Mit einer konsequenten Ergänzung und Modernisierung des Tierschutzrechts könnte zur Planungssicherheit für die Tierhalter und gleichzeitig zu einer gesamtgesellschaftlich stärker akzeptierten Tierhaltung im landwirtschaftlichen Bereich beigetragen werden. Dazu wäre es nötig und sinnvoll, eine Novellierung des Tierschutzrechts so vorausschauend anzulegen, dass die neu getroffenen Regelungen für alle Seiten über einen längeren Zeitraum Bestand haben können. Außerdem wäre wünschenswert, den ordnungsrechtlichen Weg, also den Weg über zusätzliche Rechtsvorgaben für Pflichten oder Verbote, mit anderen Ansätzen, insbesondere positiven Anreizen, zu kombinieren, um zügig Veränderungen bei der Tierhaltung zu erreichen.

Welche Rolle spielen Konsumenten, Handel und Agrarpolitik für die landwirtschaftliche Tierhaltung?

Das Gebiet der Europäischen Union ist dicht besiedelt; 2020 werden voraussichtlich 80 % der EU-Bürger in Städten und stadtnahen Gebieten leben.[712] Das bringt einen städtischen, landwirtschaftsfernen Lebensstil mit sich, der einen hohen Verzehr an Lebensmitteln tierischer Herkunft und relativ stark verarbeiteter Nahrungsmittel einschließt. Ein Auslöser dafür ist, dass vor allem Menschen in großen Städten Wert darauf legen, dass Essen einfach und schnell zuzubereiten ist.[713]

Prognostiziert wird, dass in wirtschaftlich entwickelten Ländern die Nachfrage nach Fleisch, Milchprodukten und Fisch – ausgehend von einem hohen Niveau beim Pro-Kopf-Verbrauch – nur noch geringe Steigerungen erfahren wird. Eine Ausnahme bildet Geflügelfleisch, wofür noch deutliche Zunahmen beim Konsum vorhergesagt werden.[714]

Wegen der erheblich angestiegenen Erzeugung von Fleisch, Milch und Eiern liegt in Deutschland der sogenannte Selbstversorgungsgrad, also das Verhältnis von inländischer Erzeugung zum Inlandsverbrauch, bei allen tierischen Produkten außer bei Eiern inzwischen teilweise deutlich über 100 %.[715] Bei Fleisch betrug der Selbstversorgungsgrad 2016 knapp 120 %.[716] Bei Schweine- und Geflügelfleisch, aber auch bei Käse, hat sich Deutschland innerhalb von zehn Jahren von einem Nettoimporteur zu einem bedeutenden Nettoexporteur entwickelt. Die Bedeutung ausländischer Märkte hat dementsprechend für die deutschen Erzeuger deutlich zugenommen.[717] Anders formuliert heißt dies aber auch, dass der Markt für tierische Produkte in Deutschland außer bei Eiern gesättigt ist. Die künftige Entwicklung der landwirtschaftlichen Tierhaltung wird deshalb wesentlich damit zusammenhängen, was Konsumenten und Handel erwarten und letztlich über den Preis honorieren.

Verbrauch, Verzehr, Konsumverhalten und Ausgaben

In Deutschland wurden 2016 pro Person 85 kg Fleisch, 401 kg Milch – in Form von Milch, Butter und Käse – und 235 Eier verbraucht. Im Jahr 1900 waren es dagegen 47 kg Fleisch, 355 kg Milch und 90 Eier.[718] Der Verbrauch bei Fleisch ist höher als der Verzehr, weil der Verbrauch neben dem Verzehr auch Tierfutter, sonstige industrielle Verwendung und Verluste einschließlich der Knochen umfasst. Der durchschnittliche Fleischverzehr pro Person beträgt in Deutschland seit mehreren Jahren mit geringen Schwankungen 60 kg.[719] Verglichen mit 1990 und dem damaligen Verzehr von 66,3 kg Fleisch pro Person bedeutet dies einen Rückgang um 10 %.[720] Am deutlichsten fällt die Abnahme in den letzten Jahren bei Schweinefleisch aus.[721]

Fleischverzehr 2016 pro Person in Deutschland laut Bundesverband der Deutschen Fleischwarenindustrie[722]

Info

Fleischart	Menge
Schwein	36,2 kg
Geflügel	12,5 kg
Rind- und Kalb	9,7 kg
Schaf- und Ziege	0,6 kg
Pferd	0,0 kg
Innereien	0,1 kg
Sonstiges	0,9 kg
Insgesamt	60,0 kg

Auch der demografische Wandel der Gesellschaft trage entscheidend zu solchen Veränderungen bei, da mit höherem Alter das Gesundheitsbewusstsein steigt[723] und der Fleischkonsum abnimmt. Eine Veränderung der Konsummuster hin zu einem verringerten Konsum tierischer Produkte bei gleichzeitig verbesserter Nachhaltigkeit findet deshalb breite gesellschaftliche Unterstützung.[724] Im angelsächsischen Raum wird eine solche Ausrichtung unter dem Schlagwort „Less but better" diskutiert. Im deutschsprachigen Raum wird der Ausdruck „Klasse statt Masse" verwendet.

Auch nach Einschätzung der Wirtschaft liegt der Grund für den leicht abnehmenden Fleischkonsum trotz des geschilderten Beharrungsvermögens von Verbrauchern (Seite 28) vor allem an veränderten Ernährungsgewohnheiten. Bemerkenswert sei allerdings, dass entgegen der vielfach angegebenen Bereitschaft, weniger, aber dafür zertifiziertes Fleisch zu essen, der Anteil von ökologisch produziertem Fleisch an der Gesamtproduktion in den letzten Jahren kaum gestiegen ist.[725] Bei Schweinefleisch beträgt der Anteil von Bioprodukten beispielsweise unter 1%[726], während der Anteil von Biolebensmitteln ansonsten kontinuierlich gewachsen ist und inzwischen 5,7% des gesamten Lebensmittelumsatzes[727] ausmacht. Lediglich beim ökologischen Geflügelfleisch lässt sich ein konstanter und deutlicher Zuwachs verzeichnen. Dennoch bestätigen auch Wirtschaftskreise die Bereitschaft der Verbraucher, besseres bzw. nachhaltig produziertes Fleisch zu kaufen.[728]

Eine aktuelle Umfrage im Auftrag der Bundesregierung verdeutlicht allerdings auch, dass 30% der Befragten nach wie vor jeden Tag Fleisch und Wurst verzehren.[729] Andererseits beabsichtigt rund ein Viertel der Bürger, zukünftig weniger Fleisch zu konsumieren.[730]

In Deutschland werden pro Einwohner durchschnittlich 20.000 Euro im Jahr für Konsumgüter ausgegeben.[731] Auf Nahrungsmittel und nicht-alkoholische Getränke entfallen jedoch nur 10,6% der gesamten Konsumausgaben bzw. 9,3% des verfügbaren Einkommens privater Haushalte.[732] In anderen Ländern der EU lag dieser Anteil an den Konsumausgaben meistens erkennbar und zum Teil deutlich höher.[733] Im Jahr 2016 wurden in Deutschland pro Haushalt durchschnittlich 1.172 Euro für Lebensmittel tierischer Herkunft ausgegeben.[734]

Einstellung der Verbraucher zum Schutz landwirtschaftlicher Tiere

Seit Jahren zeigen wissenschaftliche Studien, dass das Wohlbefinden der Tiere für Verbraucher eine große Bedeutung hat: Höhere Tierhaltungsstandards werden als bessere Qualität wahrgenommen und lösen bei einem beachtlichen Anteil der Konsumenten eine höhere Zahlungsbereitschaft aus.[735] Wie eine Studie der Europäischen Kommission belegt, ist für 94 % der europäischen Bevölkerung der Schutz von landwirtschaftlich genutzten Tieren wichtig und 82 % sind der Meinung, dass es in diesem Bereich Verbesserungen geben sollte.[736] Fast zwei Drittel der europäischen Bürger gaben außerdem an, dass sie gerne mehr Informationen darüber hätten, wie landwirtschaftlich genutzte Tiere in ihrem Land behandelt werden.[737]

Umfragen im Auftrag der Bundesregierung zeigen, dass 90 % der Verbraucher in Deutschland der Meinung sind, dass die Landwirtschaft Tierschutz besonders beachten müsse.[738] Nach der jüngsten Umfrage erwarten zwei Drittel der Befragten nicht nur, dass der Tierschutz Beachtung findet, sondern dass die Tiere artgerecht gehalten werden. Für 39 % der Teilnehmer an dieser letzten Umfrage sind bessere Haltungsbedingungen landwirtschaftlich genutzter Tiere sogar die wichtigste Erwartung gegenüber der Landwirtschaft. Jeder zweite Befragte misst außerdem umweltschonenden Produktionsmethoden sehr hohe Bedeutung zu, 44 % der Teilnehmer halten die Pflege ländlicher Räume und 39 % die Transparenz eines Betriebes für sehr wichtig.[739] Mehr als drei Viertel der Verbraucher legen außerdem Wert darauf, dass ihre Lebensmittel aus ihrer Region stammen.[740]

Sehr viele Konsumenten, nämlich 90 % der Befragten, wären bereit, einen höheren Preis für Lebensmittel zu bezahlen, wenn die Tiere besser gehalten werden, als es das geltende Recht vorschreibt. 52 % dieser Verbraucher würden dann für 1 kg Fleisch zum Grundpreis von 10 Euro einen Aufpreis von 2 bis 5 Euro, also einen Aufschlag von 20 bis 50 %, bezahlen. 23 % würden sogar

5 bis 10 Euro mehr ausgeben, und 6 % wäre mehr Tierwohl einen
Aufpreis von über 10 Euro wert. Lediglich 2 % lehnten es vollständig ab, zugunsten von Tierwohl tiefer in die Tasche zu greifen.[741]
Die Bereitschaft der Verbraucher, deutlich mehr für tiergerechter
erzeugtes Fleisch auszugeben, wird auch durch andere repräsentative Umfragen belegt, bei denen beispielsweise eine Mehrzah-
lungsbereitschaft im Durchschnitt aller Befragten von über 35 %
für den Jahresbedarf an Fleisch ermittelt wurde.[742] Widersprüch-
lich dazu wirkt auf den ersten Blick, dass 57 % der Teilnehmer dieser Befragung an anderer Stelle angaben, auf den Preis von Lebensmitteln zu achten.[743] Diese Aussage bezog sich jedoch ohne
Unterscheidung auf alle Lebensmittel.

Bei Produkten tierischen Ursprungs würden auch in Deutschland 85 % der Verbraucher gerne Angaben zu den Haltungsbedingungen erhalten. Vier von fünf Befragten wünschen sich ein staatliches Tierwohllabel.[744]

Die Rolle der Handelsketten und der Fleischwirtschaft

Für Konsumenten wurde Fleisch im Verhältnis zum Einkommen
über lange Zeit immer günstiger (Seite 27). Die Entkopplung des
Fleischpreises von der allgemeinen Einkommensentwicklung wurde
durch Produktivitätssteigerungen der landwirtschaftlichen Tierhaltung und der gesamten Fleischbranche ermöglicht bzw. verursacht. Zurzeit begrenzen diese Entkopplung und das niedrige
Preisniveau jedoch den Spielraum für Modernisierungen in der
Tierhaltung.

Fleischvermarktung im Lebensmitteleinzelhandel ist vor allem
eine Preisfrage. Eigenmarken der jeweiligen Handelsketten und
Sonderangebote spielen in diesem Bereich eine große Rolle, weil
der Handel Fleisch als Lockvogelangebote und Frequenzbringer
preisaggressiv vermarktet.[745] Die langanhaltende Ausrichtung fast
aller großen Unternehmen der deutschen Fleischwirtschaft an der
Strategie der Kostenführerschaft – also an der Vorstellung, die ei-

gene Position am Markt durch niedrige Kosten und Preise zu sichern – ist nach Ansicht von Experten für das Hochlohn- und Hightech-Land Deutschland ungewöhnlich. In anderen Branchen gebe es mehr gemischte Wettbewerbsstrategien, bei denen sich gerade Premium-Marken als erfolgreich und rentabel erwiesen.[746] Bei den vorherrschenden Produktions- und Vermarktungsstrategien in der Fleischbranche und im Lebensmitteleinzelhandel gelten dagegen bereits kleine Preisunterschiede als wettbewerbsrelevant.[747] Längst sind die Landwirte im Fleischmarkt sogenannte Preisnehmer[748], die zu einem Preis liefern müssen, den sie selbst kaum beeinflussen können.

Auch im globalen Zusammenhang hat sich der Einfluss auf die Entwicklung des Marktes vom Angebot der Erzeuger auf die Anforderungen der abnehmenden Unternehmen verschoben.[749] Begünstigt wird dies durch die starke Konzentration der Nachfragemacht bei einer kleinen Zahl von Firmen und Handelsketten innerhalb der Wertschöpfungsketten. So kontrollieren fünf Einzelhandelsunternehmen die Hälfte des gesamten europäischen Lebensmittelmarktes.[750] In Deutschland entfallen auf die führenden Unternehmen Edeka, Rewe, Schwarz Gruppe und Aldi deutlich mehr als drei Viertel aller Umsätze im Lebensmitteleinzelhandel, die mit Endkunden erzielt werden.[751] Diese vier Handelsgruppen machen zusammen knapp 85 % des gesamten Beschaffungsvolumens im Bereich Lebensmittel aus.[752] Insofern ist die Einschätzung von Experten nicht überraschend, dass derzeit der Lebensmitteleinzelhandel marktdominierend ist.[753] Es lasse sich kaum eine Entscheidung im Bereich Lebensmitteleinzelhandel und Lebensmittelindustrie treffen, ohne das Thema Nachfragemacht des Lebensmitteleinzelhandels intensiv zu untersuchen.[754]

Bei allen Debatten über Preisveränderungen oder -entwicklungen muss darüber hinaus bedacht werden, dass im Jahr 2016 der Anteil der landwirtschaftlichen Erlöse an den Verbraucherausgaben für Nahrungsmittel bei 21 % lag. Anders formuliert: Nur jeder fünfte Euro, den Verbraucher für Lebensmittel ausgeben, landet bei den landwirtschaftlichen Betrieben. Anfang der 1970er-Jahre lag der entsprechende Anteil mit 48 % mehr als doppelt so hoch. Bei Fleisch- und Fleischwaren beträgt der Anteil zurzeit 22 %, bei Milch- und Milcherzeugnissen 33 %.[755]

Reaktion der Lebensmittelbranche auf die veränderten Verbraucherinteressen

Vor diesem Hintergrund haben der Lebensmitteleinzelhandel und viele verarbeitende Unternehmen auf die gestiegene Bedeutung von Tierwohl bei den Verbrauchererwartungen reagiert. Zum einen haben sie – häufig in Kooperation mit Tierschutzorganisationen – Markenprogramme, Kennzeichnungen, die meistens als Label bezeichnet werden, und Selbstverpflichtungen beim Wareneinkauf eingeführt. Zum anderen wurde die Brancheninitiative Tierwohl ins Leben gerufen.

Als Vorbilder für Gütesiegel oder Markenprogramme mit Tierwohlinhalten können das französische, durch eine staatliche Kommission vergebene Label rouge[756] bzw. die privatwirtschaftliche Initiative beter leven eines großen Schlachtunternehmens mit einer niederländischen Handelskette und einer Tierschutzorganisation betrachtet werden.[757] Die meisten Handelsketten in Deutschland haben inzwischen eigene Zertifizierungs- und Kennzeichnungssysteme entwickelt. Manche nutzen auch das von der größten deutschen Tierschutzorganisation, dem Deutschen Tierschutzbund e. V., etablierte mehrstufige Tierschutzlabel[758] für ihre Einkaufspolitik und Vermarktungskonzepte. Ergänzt werden die Markenprogramme und Kennzeichnungssysteme durch Einkaufsrichtlinien der Unternehmen, die neben unterschiedlichen Bedingungen für die Tierhaltung häufig Ausschlusskriterien oder den Verzicht auf bestimmte Produkte enthalten.[759] So haben sich mehrere Handelsketten dazu verpflichtet, keine Produkte zu vertreiben, für deren Erzeugung Tiere lebend gerupft oder zwangsweise ernährt wurden, wie beispielsweise bei der Stopfmast von Gänsen und Enten.

In einigen Fällen greifen Handelsketten auch Fragestellungen auf, für die staatliche Regelungen seit Langem angestrebt werden. Ein Beispiel dafür ist der Verzicht auf die Verwendung von Eiern aus Käfighaltung für die Herstellung von Produkten der jeweiligen Eigenmarken.[760] Dasselbe gilt für Initiativen von Molkereien, die Tierhaltern finanzielle Anreize bieten, wenn sie die Anbindehaltung ihrer Milchtiere zumindest durch einen Auslauf und 50 % des Tages freie Bewegung auflockern.[761]

Für die Tierhalter bedeuten Markenprogramme des Lebensmitteleinzelhandels, der Molkereien oder anderer Zusammenschlüsse, dass sie höhere Erzeugerpreise erzielen können, wenn sie bestimmte Kriterien bei der Tierhaltung einhalten. Beispiele für solche Bonuszahlungen stellen die verschiedenen erfolgreichen Weidemilchprogramme[762], sogenannte Heumilch[763], Strohmast in Bayern[764] oder der Verzicht auf die Verfütterung von gentechnisch verändertem Soja[765] dar.

Neben solchen Programmen haben die großen Unternehmen des Lebensmitteleinzelhandels gemeinsam die sogenannte Initiative Tierwohl ins Leben gerufen.

Die Initiative Tierwohl des Lebensmitteleinzelhandels

Info

Die Initiative Tierwohl startete 2015. Nach einem Baukastensystem aus Pflichtkriterien und zusätzlichen freiwilligen Tierwohlmaßnahmen bei Schweinehaltungen erhalten teilnehmende Betriebe Fördermittel als Ausgleich für ihren Mehraufwand. Finanziert wird die Initiative Tierwohl vom teilnehmenden Lebensmitteleinzelhandel. Die Unternehmen führen pro verkauftem Kilogramm Fleisch und Wurst von Schweinen und Geflügel 6,25 Cent an die Initiative ab. Mit diesem Geld, jährlich rund 130 Millionen Euro, werden die Tierhalter für die Umsetzung von Tierwohlmaßnahmen honoriert. Gesellschafter des Trägers der Initiative Tierwohl sind mehrere große Verbände wie beispielsweise der Deutsche Bauernverband e. V. oder der Verband der Fleischwirtschaft e. V.[766]

Eine Kennzeichnung der Produkte, die aus teilnehmenden Betrieben stammen, war bei der Initiative Tierwohl nicht vorgesehen. Der Verbraucher kann bei den Produkten, die er erwirbt, nicht erkennen, unter welchen Bedingungen die Tiere gehalten wurden. Deshalb wurde schnell Kritik laut, dass dieses System gegenüber dem Verbraucher nicht transparent ist, der letztlich über ansteigende Fleischpreise die Finanzierung ermöglichen und einen Entwicklungsprozess auslösen sollte. Von den Handelsketten wurde lediglich dargestellt, dass sich das Unternehmen an der Initiative beteiligt. Anstelle von Transparenz war es ein erklärtes Ziel der Initiative Tierwohl, das Image der Fleischerzeugung[767] und des Handels insgesamt zu verbessern und keine Unterscheidungen zu machen. Der erhoffte Reputationsgewinn für den Lebensmittelhandel ist jedoch bisher ausgeblieben.[768] Mittlerweile hat sich die Initiative dazu entschieden, zumindest bei Geflügelfleisch ein Siegel einzuführen und damit kenntlich zu machen, welche Produkte aus Betrieben stammen, die an der Initiative teilnehmen.[769]

Die Initiative Tierwohl wurde anfänglich vermutlich mit der Motivation gegründet, ein Konkurrenzmodell zu erfolgversprechenden Tierschutzlabels wie das des Deutschen Tierschutzbundes zu etablieren. Heute ist vorstellbar, dass sich beide Ansätze sinnvoll ergänzen könnten (ab Seite 254).

Für die Markenprogramme der Handelsketten lässt sich zusammenfassend feststellen, dass sie nach wie vor relativ wenige Tierhaltungen einschließen, geringe Marktanteile[770] erreichen und bisher nicht zu flächendeckenden Veränderungen geführt haben. Das trifft auch für die Initiative Tierwohl zu, an der lediglich rund 10 % aller schweinehaltenden Betriebe teilnehmen. Nur bei den Mastgeflügelbetrieben ist der teilnehmende Anteil mit ca. einem Drittel höher.[771, 772] Selbst den seit Langem eingeführten Marken im Bereich der ökologischen Landwirtschaft und der Tierschutz-Marke Neuland ist es bisher nicht gelungen, eine strukturelle und inhaltliche Wende in der landwirtschaftlichen Tierhaltung herbeizuführen.

Chance Tierhaltungskennzeichnung?

In Anbetracht der vielen verschiedenen Markenprogramme und Kennzeichnungssysteme, die für Konsumenten immer schwieriger zu vergleichen und einzuschätzen sind, wird seit einiger Zeit darüber diskutiert, wie eine Vereinfachung erreicht werden kann und wie sich die Glaubwürdigkeit sicherstellen lässt. Debattiert wird, ob es eine staatliche Tierhaltungskennzeichnung geben sollte und ob ein solches Siegel als freiwillige Möglichkeit oder als Pflichtkennzeichnung angelegt sein sollte.

Die Bundesregierung hat sich 2016 entschlossen, ein Tierwohllabel mit staatlicher Rahmensetzung einzuführen, um damit mehr Transparenz bei Kaufentscheidungen zu ermöglichen, die auch höhere Verbraucherpreise rechtfertigt. Die Teilnahme an dem Programm bzw. die Nutzung des geplanten mehrstufigen Kennzeichnungssystems soll allerdings freiwillig bleiben.[773] Mit dieser Entscheidung folgte das zuständige Bundesministerium der Empfehlung von einem seiner Expertengremien.[774] Unklar ist allerdings, wann dieses Label zur Verfügung stehen wird.

Dänemark hat mittlerweile ein solches staatliches Tierwohllabel für frisches Schweinefleisch eingeführt. Der Grad der Verbesserungen in der Tierhaltung wird mit einem bis drei Herzen auf den Fleischverpackungen gekennzeichnet, je nachdem wie viel Fläche, Beschäftigungsmöglichkeiten oder Stroh der Landwirt seinen Tieren bietet. Pro Schwein erhalten die Mäster von den Schlachthöfen 128 bis 220 % des Preises von konventionellem Fleisch.[775]

Abweichend von den Absichten der Bundesregierung kommt eine Forsa-Umfrage vom Herbst 2017 zu dem Ergebnis, dass über 80 % der Bevölkerung in Deutschland eine gesetzlich vorgeschriebene Kennzeichnungspflicht befürworten, die zeigt, wie die Tiere gehalten wurden, und für alle Lebensmittel tierischen Ursprungs gilt.[776]

Landwirtschaftspolitik und Tierhaltung

Politische Entscheidungen, wie die Deregulierung des Milchmarktes durch das Ende der sogenannten Milchquote oder die Ausgestaltung von Agrarumweltmaßnahmen im Rahmen der Gemeinsamen Agrarpolitik der EU (GAP) und der nationalen Agrarpolitik, können erhebliche Auswirkungen auf die Tierhaltung und die Umweltauswirkungen der Landwirtschaft haben.[777] Die Bewertung der Entscheidungen fällt dabei häufig sehr unterschiedlich aus. Die anstehende Überarbeitung der GAP vor der neuen Förderperiode ab 2021 ist deshalb Chance und Zankapfel zugleich. Derzeit werden knapp 40 % des gesamten EU-Haushaltes für die Finanzierung der GAP eingesetzt.[778] Über 70 % der EU-Agrarausgaben entfallen auf Direktzahlungen an Landwirte, also die Flächenprämien.[779] Aufgrund des Brexit werden Kürzungen der Mittel erwartet, was die Debatte über die Neuausrichtung der GAP nicht vereinfacht.

Die Einschätzungen gehen vor allem im Hinblick auf die Wirkung und die Kosten der Umweltauflagen im Rahmen der bisherigen Förderpolitik weit auseinander. So wird einerseits kritisiert, dass die GAP und die nationale Agrarpolitik keinen substanziellen Beitrag leisteten, um dem anhaltenden Verlust der biologischen Vielfalt wirksam entgegenzutreten. Die Erwartungen an das Greening würden nicht erfüllt. Die ökologischen Vorrangflächen hätten kaum Mehrwert für die Biodiversität entfaltet und seien ineffizient. Der Schutz des wertvollen Dauergrünlands sei weiterhin unzureichend und die Anbaudiversifizierung zur Förderung der Biodiversität irrelevant. Bei der finanziellen Ausstattung der zweiten Säule der GAP bestehe außerdem eine erhebliche Finanzierungslücke gegenüber dem tatsächlichen Mittelbedarf des Naturschutzes.[781] Der Sachverständigenrat für Umweltfragen plädiert wegen der fehlenden Mittel für Naturschutzzwecke dafür, einen eigenständigen Naturschutzfonds im Rahmen einer erneuerten GAP zu etablieren.[782] Im Gegensatz dazu kommt ein Gutachten, das im Auftrag des Deutschen Bauernverbands erstellt wurde, zu dem Ergebnis, dass

Gemeinsame Agrarpolitik der Europäischen Union (GAP)

Nach ihrer Einführung im Jahr 1962 unterstützte die GAP Landwirte zunächst über Preisgarantien. Produkte, die für den garantierten Preis nicht abgesetzt werden konnten, wurden von staatlichen Stellen aufgekauft. Das hat zu erheblichen Produktionssteigerungen und Überproduktion geführt. Deshalb wurden die Preisgarantien wieder abgeschafft und schrittweise durch sogenannte Direktzahlungen in Form von Flächenprämien für die landwirtschaftlichen Betriebe ersetzt. Weitere Reformschritte sollten die Umwelt entlasten. Dazu zählen die Etablierung der sogenannten zweiten Säule der GAP und die Einführung der Cross Compliance. Heute beruht die GAP auf zwei Säulen. Die erste Säule enthält im Wesentlichen die Direktzahlungen an die Landwirte. Die zweite Säule ergänzt die GAP seit 1999 und hat die Entwicklung des ländlichen Raums und den Schutz der natürlichen Ressourcen zum Ziel. Durch das Verfahren der Cross Compliance werden die Direktzahlungen mit der Einhaltung von EU-Standards verknüpft. Wenn bestimmte EU-Vorgaben nicht eingehalten werden, kommt es zu Abzügen bei den Zahlungen an den Landwirt.

Seit 2014 umfasst auch die erste Säule verpflichtende Maßnahmen zur Entlastung der Umwelt, das sogenannte Greening. Diese Umweltleistungen mit Auswahlmöglichkeiten umfassen den Erhalt von Dauergrünland, die Erweiterung der Fruchtfolge und die Bereitstellung ökologischer Vorrangflächen auf 5 % des Ackerlands, wie zum Beispiel Stilllegungsflächen, Blühstreifen, Hecken, Knicks oder Baumreihen.

Zu den bekannteren Förderprogrammen für freiwillige Maßnahmen im Rahmen der zweiten Säule, die einen direkten Bezug zur Tierhaltung haben, zählen das Agrarinvestitionsförderprogramm (AFP), durch das Neu- und Umbauten von Ställen bezuschusst werden können, die Weideprämie oder Förderprämien für bedrohte Haustierrassen. Auch die Förderung des ökologischen Landbaus zählt zur zweiten Säule.

Insgesamt stehen für die Agrarförderung in Deutschland bis 2020 jährlich rund 6,2 Milliarden Euro an EU-Mitteln zur Verfügung. Auf die erste Säule entfallen 4,85 Milliarden Euro. Pro Hektar bewirtschafteter Fläche erhalten die Landwirte rund 175 Euro Basisprämie und weitere 85 Euro bei Erfüllung der Greening-Verpflichtungen. Dazu kommen eine Umverteilungsprämie für die ersten Hektare und unter Umständen die Junglandwirteprämie. Im Durchschnitt machen die Direktzahlungen rund 40 % des Einkommens der landwirtschaftlichen Betriebe aus. Auf die zweite Säule entfallen 1,35 Milliarden Euro, die durch nationale Mittel von Bund, Ländern und Kommunen ergänzt werden müssen. Der Bund beteiligt sich mit jährlich rund 600 Millionen Euro an kofinanzierten Maßnahmen, die die Bundesländer in ihren jeweiligen Entwicklungs- und Förderprogrammen umsetzen.[780]

Info

211

die Landwirtschaft bereits jetzt Kosten in Höhe von über 300 Euro pro Hektar Nutzfläche für die Einhaltung von Umweltstandards trage. Entsprechende Kosten von Konkurrenten aus Regionen außerhalb der EU seien dagegen viel niedriger.[783] Bemerkenswert ist allerdings, dass in diesem Gutachten ausschließlich Kosten für Umweltauflagen geltend gemacht und nur Vergleiche mit Regionen wie Nordaustralien oder Lateinamerika gezogen werden. Der Nutzen, den landwirtschaftliche Betriebe aus der typischen europäischen Ausgangslage ziehen, wie beispielsweise die öffentliche Bereitstellung von Infrastruktur und nahegelegene Märkte, wird dagegen nicht erwähnt.

Im Zuge der Debatte um die nächste Förderperiode der GAP ab 2021 werden die politischen Akteure immer wieder dazu aufgefordert, Zahlungen an die Landwirtschaft konsequenter am Gemeinwohlprinzip auszurichten und stärker dem Grundsatz zu folgen, dass „öffentliches Geld für öffentliche Leistungen" bereitgestellt wird. Andernfalls wird infrage gestellt, ob das bisherige Säulenmodell und Flächenprämien Bestand haben sollten.[784, 785, 786] Außerdem wird gefordert, mehr Anreize für eine naturverträgliche, standortangepasste und nachhaltige Landbewirtschaftung zu schaffen und den administrativen Aufwand deutlich zu reduzieren.

Welche Position Deutschland bei den anstehenden Verhandlungen über die künftige GAP einnehmen wird, ist noch nicht bekannt. Anzunehmen ist, dass bereits existierende Konzepte der Bundesregierung ihre Gültigkeit behalten. Dies würde bedeuten, dass weiterhin mittelfristig das Ziel erreicht werden soll, einen Anteil von 20 % der landwirtschaftlichen Flächen ökologisch zu bewirtschaften, und dass die dafür beschriebenen Schritte umgesetzt werden.[787]

Insgesamt vage und ohne Angaben zum zeitlichen Ablauf bleibt dagegen die 2017 vorgelegte Nutztierhaltungsstrategie der Bundesregierung. Sie enthält im Wesentlichen Ankündigungen weiterer Beratungen und künftiger Entwicklungen. So soll beispielsweise eine Grünlandstrategie erarbeitet werden. Durch ein Bundesprogramm Nachhaltige Nutztierhaltung will die Bundesregierung außerdem Innovationen und deren Verbreitung fördern. Angestrebt werde eine Strategie, die auf den Qualitäts- und nicht auf den Mengenwettbewerb ausgerichtet sei.[788]

Zusammenfassende Antwort auf die Frage, welche Rolle Konsumenten, Handel und Agrarpolitik für die landwirtschaftliche Tierhaltung spielen

Offensichtlich besteht ein breiter gesellschaftlicher Grundkonsens darüber, dass die Lebensbedingungen landwirtschaftlich genutzter Tiere verbessert werden müssen und dass dies von großer Wichtigkeit ist. Dabei kann nicht unterschieden werden, welche Gründe oder tierethischen Argumente (Seite 52) der Bereitschaft weiter Bevölkerungskreise zugrunde liegen, Tierwohlbelange in ihr Konsumverhalten einzubeziehen. Bemerkenswert ist die – zumindest angegebene – große Bereitschaft der Bevölkerung, höhere Kosten für mehr Tierwohl zu akzeptieren.

Die Rolle der Lebensmittelunternehmen und insbesondere des marktdominierenden Handels ist doppelgesichtig. Einerseits greift die Branche viele Fragestellungen der Verbraucherseite auf, bevor die staatlichen und rechtssetzenden Akteure zu Entscheidungen gelangen. Andererseits ist die Nachfragemacht inzwischen so stark in den Händen weniger Unternehmen der Wertschöpfungsketten konzentriert, dass insbesondere die Erzeuger häufig auf eine weitgehend passive bzw. reagierende Rolle beschränkt werden.

Es ist die Aufgabe der Politik, Rahmenbedingungen für eine bessere Balance in diesem Bereich herzustellen und auf diese Weise gesamtgesellschaftlichen Zielsetzungen und Wertevorstellungen den Weg zu ebnen. Dass die Fortsetzung der bisherigen Konzepte der nationalen Agrarpolitik ausreicht, um eine zukunftsfähige landwirtschaftliche Tierhaltung zu entwickeln, kann allerdings bezweifelt werden.

Vorschläge für ein Leitbild der landwirtschaftlichen Tierhaltung in Deutschland

Zwischenbilanz aus der Ausgangslage und den offenen Fragestellungen

Die Bandbreite an Fragestellungen und Lebensbereichen, die auf unterschiedliche Weise einen Zusammenhang zur landwirtschaftlichen Tierhaltung aufweisen, ist groß. Sie schließt verschiedene Interessen- und Zielkonflikte ein, für die jede Epoche, jede Gesellschaft und letztlich jede Einzelperson Lösungen finden muss.

Im Wandel der Zeit: die Ziele landwirtschaftlicher Tierhaltung

Über Jahrhunderte musste landwirtschaftliche Tierhaltung mehreren Anforderungen zugleich gerecht werden, war also multifunktional. Die Erzeugung von ausreichenden Mengen an Lebensmitteln für die wachsende menschliche Bevölkerung wäre ohne die Arbeitskraft und den Dung der Tiere nicht möglich gewesen. Die Gewinnung von Nahrungsmitteln war also nicht der alleinige Zweck der Tierhaltung, aber ein willkommener Nebeneffekt. Die Fokussierung der landwirtschaftlichen Tierhaltung auf die Erzeugung von Lebensmitteln, für deren Gewinnung systematisch Futtermittel eingesetzt werden, die auch als Lebensmittel für Menschen dienen könnten, ist ein relativ junges Phänomen, das erst im Zuge der Industrialisierung entstand. Weitere Auswirkungen der Industrialisierung auf die landwirtschaftliche Tierhaltung waren, dass ökonomische Vorstellungen zur Arbeitswirtschaftlichkeit und den Produktionskosten die marktorientierte Landwirtschaft bestimmten und die Aspekte der Selbstversorgungswirtschaft verschwanden.

Was Tiere den Menschen bedeuten

Während der individuelle wirtschaftliche und emotionale Wert eines landwirtschaftlich genutzten Tieres sank, nahm die Bedeutung in ethischer Hinsicht zu. Es kann heute kein Zweifel mehr daran bestehen, dass die landwirtschaftlich genutzten Tiere empfindungsfähige Wesen sind, eigene Interessen haben und ihnen ein Wert um ihrer selbst willen zukommt. Damit sind sie ein Teil der moralischen Gemeinschaft, auch wenn es neben unzähligen Ähnlichkeiten zum Menschen auch Unterschiede gibt.

Ungeachtet dessen werden Tieren zurzeit häufig Leistungen abverlangt und Lebensumstände zugemutet, die weit von dem entfernt sind, was man als Tierwohl bezeichnen und erfassen kann. Die zulässigen Rahmenbedingungen und das Wissen über eine tiergerechte Haltung klaffen erschreckend weit auseinander. Dass sich dies ändern muss, stellt mittlerweile einen breiten gesellschaftlichen Konsens dar.

Unabhängig davon, ob man den Menschen eine Sonderstellung einräumen möchte oder nicht, gibt es de facto nur einen Adressaten für die Ansprüche der Tiere: die Menschen. Zumindest in dieser Hinsicht bleibt die Sonderstellung der Spezies *Homo sapiens* bestehen. Mehrere Positionen in der tierethischen Debatte betonen, dass den Menschen eine verantwortungsvolle, fürsorgende Rolle gegenüber den Tieren zukomme. Zu einer solchen fürsorglichen Mensch-Tier-Beziehung gehört, moderne wissenschaftliche Erkenntnisse über die Bedürfnisse der Tiere und die Voraussetzungen für ihr Wohlbefinden ernst zu nehmen und in das eigene Alltagsverhalten einzubeziehen.

Landwirtschaftliche Tierhaltung: Für und Wider

Bei den Vorschlägen für ein Leitbild müssen die Ergebnisse der Überlegungen aus dem zweiten Teil dieses Buches, die Fragestellungen und Zielkonflikte bei der Haltung landwirtschaftlich genutzter Tiere (ab Seite 83), berücksichtigt werden. Es kann nicht bestritten werden, dass die Haltung landwirtschaftlich genutzter Tiere Belastungen für das Klima, die Qualität der Gewässer und den Artenschutz mit sich bringt. Allerdings ist der Umfang dieser Belastungen beeinflussbar. Außerdem bietet landwirtschaftliche Tierhaltung neben Risiken auch Chancen.

Beachten sollte man darüber hinaus, dass Tierhaltung einerseits den Hunger auf der Welt vermehrt, andererseits aber auch einen Beitrag zur Lösung des Problems darstellen kann. Letzteres trifft zu, wenn die Tierhaltung Lebensmittel liefert und Einkommen ermöglicht, wo dies gebraucht wird, ohne zur Konkurrenz für die menschliche Ernährung zu werden. Insgesamt ist es weder möglich noch erstrebenswert, das Problem der Ernährung der Menschheit in Europa lösen zu wollen. Man kann hier aber einiges dafür tun, um in Regionen mit fehlender Nahrungssicherheit eine selbstständige stabile Versorgung zu begünstigen, anstatt sie zu behindern.

Die diskutierten Fragestellungen verdeutlichen, dass es keine einzelne Strategie gibt, die alleine den Königsweg zur Lösung der wichtigsten Fragen bietet. Alle Vorzüge eines Lösungsansatzes werden stets von Nachteilen begleitet. Das gilt selbst für den weitreichendsten Strategievorschlag, nämlich den vollständigen Verzicht auf die Haltung und Nutzung von Tieren im landwirtschaftlichen Zusammenhang.

Weltweiter Veganismus würde zwar die geringste Nahrungsmittelkonkurrenz bedeuten, erfordert aber etwas mehr Ackerfläche pro Person als Lebensweisen, die Tierhaltung ohne Nahrungskonkurrenz einschließen.[789] Außerdem würden ohne Tierhaltung wichtige Einkommensquellen und damit Entwicklungschancen gerade für kleinbäuerliche Strukturen wegfallen. Der vollständige Verzicht auf landwirtschaftliche Tierhaltung würde darüber hinaus weltweit eine deutliche Nährstofflücke bei der Düngung auslösen. Dies stünde wiederum im Konflikt damit, dass im globalen Maßstab pflanzenbauliche Produktivitätssteigerung unverzichtbar ist. Ganz ohne tierische Düngemittel wäre der Verzicht auf die besonders klimaschädlichen synthetischen Stickstoffdünger selbst in Deutschland schwierig zu realisieren. Vollständig auf Tierhaltung zu verzichten, würde zudem bedeuten, ihren möglichen positiven Beitrag zum Erhalt der biologischen Vielfalt und zum Aufbau organischer Bodensubstanz von vornherein aufzugeben. Das Gleiche gilt für die zumindest zeitweise CO_2-Fixierung durch beweidete und bewirtschaftete grasbewachsene Flächen aller Art, ein Effekt der insbesondere bei der Rekultivierung von Grünland ausgeprägt ist.

Die Weiterentwicklung der Tierhaltung wird demnach einen Strategiemix darstellen müssen, der möglichst viele positive Aspekte vereint. Er wird allerdings nicht ohne Kompromisse bei den Zielsetzungen auskommen.

Veränderung ist möglich

Der Blick auf die Geschichte der Landwirtschaft in Mitteleuropa lässt immerhin eine Schlussfolgerung zu: Die Menschen sind grundsätzlich in der Lage, ihr Handeln anzupassen, wenn sich die Bedingungen und Möglichkeiten verändern. Wichtig war dabei stets, zu beobachten, auszuprobieren und zu lernen. Die daraus entstehenden Entwicklungen haben häufig viel Zeit in Anspruch genommen, keineswegs immer allen Beteiligten und Betroffenen genutzt – und vielfach zu unerwünschten Auswirkungen geführt, die heute die natürlichen Lebensgrundlagen bedrohen. Neue Erkenntnisse und Erfahrungen waren aber auch die Grundlage dafür, dass die Menschen ihr Weltbild, ihr Selbstverständnis und ihre Einstellung gegenüber der Umwelt einschließlich der Tiere überdachten und veränderten. Die Geschichte zeigt außerdem, dass selbst das Konsumverhalten offenkundig veränderbar ist, auch wenn dies häufig nicht freiwillig geschah.

Gerade in den vergangenen drei Jahrhunderten und noch intensiver in den letzten Jahrzehnten ist sehr viel sogenanntes agrikulturelles Wissen dazugekommen, also Wissen über das, was mit

Landbewirtschaftung zu tun hat. Dieses Wissen hat nicht allen gleichermaßen zur Verfügung gestanden, sondern im globalen Maßstab die Ungleichheit vertieft. Das gilt für die Unterschiede zwischen den Regionen und Bevölkerungen. Es gilt aber auch für die auf ein Minimum reduzierten Lebensbedingungen der Tiere in industriellen Tierhaltungen, während die Selbstbestimmungsmöglichkeiten der meisten Menschen in den entwickelten Regionen der Welt erheblich zugenommen haben.

Trotzdem lässt sich nicht leugnen, dass Veränderungen auf der Basis neuer Erkenntnisse und Erfahrungen immer wieder stattgefunden haben und auch weiterhin möglich sind. Dass viele Ergebnisse und Einsichten noch keinen Einzug in den praktischen Alltag gefunden haben, spricht keineswegs gegen diese Einschätzung, sondern macht sie zur Aufforderung.

Widersprüchliches verbinden

Nie zuvor gab es so viele Menschen auf der Erde wie heute. Dauerhaft genügend Nahrungsmittel bereitzustellen, muss gelingen, ohne dabei die Lebensgrundlagen zu zerstören. Lösungen für diese weltweite Herausforderung hängen auch mit den landwirtschaftlichen Praktiken und mit den Lebens- und Konsumgewohnheiten der Bevölkerung in den wohlhabenden Regionen der Erde zusammen. Die folgenden Vorschläge beziehen sich deshalb vor allem auf eine Neuausrichtung der Tierhaltung in Deutschland.

In einer globalisierten Welt können Probleme nicht gelöst werden, indem man weiterhin ausschließlich auf Einzelinteressen oder Teillösungen setzt und annimmt, dass aus der Summe dieser Einzelentscheidungen zwangsläufig für die Gemeinschaft nachhaltige und gerechte Ergebnisse entstehen würden.[790] Es soll im Weiteren vielmehr um einen Ansatz gehen, der die auseinanderstrebenden Aspekte landwirtschaftlicher Tierhaltung zusammenführt. Damit veränderte Rahmenbedingungen nicht lediglich eine Verlagerung der Erzeugung in andere Regionen bewirken, müssen

Veränderungen bei der Vermarktung und beim Verbrauch einbezogen werden.

Viele Informationen sprechen dafür, dass ein Weniger an Tierhaltung bzw. Tiernutzung ein Mehr an Klima- und Umweltschutz, Gesundheit und Gerechtigkeit bedeuten würde. So unpopulär das Stichwort „Extensivierung" auf viele wirken mag, so könnte es genau die fachlichen, moralischen und finanziellen Spielräume eröffnen, die für eine moderne multifunktionale, tiergerechtere und transparente Tierhaltung notwendig wären. Dieser Dreiklang steht für die drei Leitgedanken des folgenden Leitbildes.

Vielleicht gelingt es damit, einem von der EU formulierten Ziel näher zu kommen, in dem es heißt: Im Jahr 2050 leben wir gut innerhalb der ökologischen Belastbarkeitsgrenzen unseres Planeten. Unser Wohlstand und der gute Zustand unserer Umwelt sind das Ergebnis einer innovativen Kreislaufwirtschaft, bei der nichts vergeudet wird, natürliche Ressourcen so nachhaltig bewirtschaftet werden und die Biodiversität so geschützt, geachtet und wiederhergestellt wird, dass sich die Widerstandsfähigkeit unserer Gesellschaft verbessert.[791]

Weitere Gründe für ein Leitbild zur landwirtschaftlichen Tierhaltung

Selbst wenn in Deutschland die Erwerbstätigen in der Landwirtschaft inzwischen auf einen Anteil von 1,4 %[792] geschrumpft sind, ist das, was sie tun, doch von weitreichender Bedeutung: Nicht nur für die 12,5 Millionen Rinder, fast 28 Millionen Schweine, 1,5 Millionen Schafe,[793, 794] 40 bis 50 Millionen Legehennen[795, 796] und mehrere Hundert Millionen Masthühner, sondern auch für alle, die Fleisch, Milch und Eier verzehren, verarbeiten oder damit handeln. Ungeachtet des eigenen Konsumverhaltens spielt die landwirtschaftliche Tierhaltung außerdem für alle Menschen eine Rolle, die sich für Natur- und Artenschutz interessieren oder einfach gerne in einer vielfältigen Landschaft unterwegs sein wollen.

Wegen dieser großen Zahl von Tieren und Menschen, für die es einen Unterschied machen sollte, ob und wie Tiere landwirtschaftlich gehalten werden, lohnt es sich, ein Leitbild für die Tierhaltung zu entwerfen – oder zumindest Vorschläge dafür zu unterbreiten.

Ein zusätzlicher Grund für die folgenden Vorschläge ist die rasante Abnahme kleinerer tierhaltender Betriebe. Gerade solche Gemischtbetriebe waren über Jahrhunderte kulturprägend und sind auch heute wichtig, um dezentral die Versorgung der Bevölkerung abzusichern. Außerdem könnten sie zu einer Entzerrung der Umweltproblematik beitragen. Solchen Betrieben sollte eine reelle Perspektive eröffnet werden.

Das Dargestellte zeigt, dass ausdrücklich nicht für eine vollständige Abschaffung der Tierhaltung im landwirtschaftlichen Zusammenhang geworben wird. Allerdings besteht großer Veränderungsbedarf im Hinblick auf das Wie und den Umfang der Tierhaltung und -nutzung. Dies wird zu der Kritik führen, dass die Vorschläge für das Leitbild einer modern-multifunktionalen, tiergerechteren und transparenten Tierhaltung nicht weitreichend genug sind. Ähnlich wie bei manchen eingangs vorgestellten Beziehungs- oder Fürsorgeethikerinnen geht es jedoch nicht um die strikte Durchsetzung rationaler Argumente. Das Ziel ist vielmehr, Wege aus einem großen gesellschaftlichen Dilemma zu skizzieren, ohne das Ende der Entwicklungen bereits jetzt im Einzelnen festlegen zu können.

Tatsächlich sind alle Vorschläge letztendlich ein Bekenntnis für eine wertschätzende landwirtschaftliche Tierhaltung. Sie sollen ein zugleich emotionales wie rationales Verhältnis zu den Tieren in der Landwirtschaft ermöglichen. Zum Schluss wird jeder Verbraucher für sich selbst zu einer Art Gesamtbilanz bei der Abwägung der zum Teil gegenläufigen Argumente kommen müssen, die für oder gegen den Konsum bestimmter Lebensmittel sprechen.

Von kulturwissenschaftlicher Seite wird dafür plädiert, dass die Einflussnahme auf das Ernährungsverhalten nicht in Restriktionen oder Bevormundung durch Experten und Politiker münden sollte. Es gehe darum, die kulturellen Bedürfnisse der Menschen zu respektieren, was auch den Fleischverzehr einschließe. Der Weg zu einer neuen Kultur des Fleischkonsums führe über attraktive und zugleich bezahlbare Alternativen und eine verlässliche, transparente Informationspolitik[797]. Andererseits wird es nicht ausreichen, die gesellschaftliche Verantwortung für die künftige landwirtschaftliche Tierhaltung ausschließlich den einzelnen Menschen – seien es Verbraucher oder Tierhalter – zuzuschieben[798]. Die Politik muss für angemessene Mindeststandards und Rahmenbedingungen sorgen. Das betrifft auch die Frage der Finanzierung einer zukunftsfähigen Tierhaltung in der Landwirtschaft.

Alles in allem wird dafür plädiert, die Kritik an der Haltung und Nutzung von Tieren ernst zu nehmen und nicht reflexartig abzuwehren. Einige der erhobenen Vorwürfe lassen sich auch als Aufgabe verstehen. Alle folgenden Vorschläge lassen sich als Bemühung zusammenfassen, eine ethisch vertretbare landwirtschaftliche Tierhaltung mit erneuerter Multifunktionalität zu unterstützen.

Leitgedanke 1: Moderne Multifunktionalität der Tierhaltung ausbauen und Stoffkreisläufe entlasten

Aus den geschilderten Sachverhalten lassen sich mehrere vorrangige Aufgaben für die landwirtschaftliche Tierhaltung ableiten. Diese Aufgaben werden sich nur lösen lassen, wenn man das Potenzial der Tierhaltung, mehrere Funktionen zu erfüllen, bestmöglich nutzt, also eine moderne Multifunktionalität der landwirtschaftlichen Tierhaltung fordert und fördert. Es gilt, eine ganze Reihe selbstgeschaffener Probleme zu korrigieren und tragfähige Perspektiven zu entwickeln.

Kein Weg führt daran vorbei, Kritik aufzugreifen, Verbesserungen in Angriff zu nehmen und – wo immer möglich – daraus Stärken zu entwickeln. Im Idealfall kann die landwirtschaftliche Tierhaltung viele Vorwürfe entkräften und verdeutlichen, dass sie einen unverzichtbaren Beitrag zur nachhaltigen Entwicklung der gesamten Gesellschaft leistet.

Viele der folgenden Vorschläge müssen von Ökobetrieben bereits umgesetzt werden. Es gibt aber immer wieder Gründe, nicht auf die ökologische Wirtschaftsweise mit ihrem Idealbild der geschlossenen Betriebskreisläufe umzustellen. Dennoch ist auch bei konventionell wirtschaftenden Betrieben eine stärkere Ausrichtung an Ressourcenschutz und Nachhaltigkeit möglich und sollte auf angemessene Weise honoriert werden.

Die wichtigsten Richtungsentscheidungen für eine am Wohl der gesamten Gemeinschaft orientierte Tierhaltung werden im Folgenden vorgestellt. Weil es sich zumeist um länger anhaltende Umwandlungsprozesse handelt, ist es an dieser Stelle nicht möglich, die Endergebnisse aller Entwicklungen vorherzusagen.

Anders düngen und Nährstoffverteilung neu organisieren

Die Nährstoffüberschüsse auf den landwirtschaftlich genutzten Flächen in Deutschland sind vor allem für die Gewässer, die Biodiversität und für die angestrebte Klimaneutralität problematisch: wegen der Überdüngung, wegen der Treibhausgase aus dem Düngemanagement und wegen des hohen Energieeinsatzes bei der Herstellung mineralischer Düngemittel. Dass die Menge an durchschnittlich ausgebrachtem synthetisch hergestelltem Stickstoffdünger ungefähr dem durchschnittlichen Stickstoffüberschuss auf den landwirtschaftlich genutzten Flächen entspricht, unterstreicht das offensichtliche Verteilungsproblem bei den Nährstoffen. Dazu passt, dass nur etwas mehr als die Hälfte der landwirtschaftlichen Betriebe Gülle als Dünger nutzt.[799]

Ein entscheidendes Entwicklungsziel muss sein, den Einsatz von synthetischem Stickstoffdünger zügig zu vermeiden. Auf diese Weise ließen sich der Nährstoffüberhang abbauen und die organischen Düngemittel aufwerten. Durch den Wegfall des Energieaufwandes für die Herstellung der synthetischen Stickstoffdüngemittel ließen sich zugleich 10 % der Treibhausgaserzeugung einsparen, die der Landwirtschaft zugerechnet werden müssen.[800]

Um dieses Ziel zu erreichen, müssen Verfahren weiterentwickelt und gefördert werden, die die Verteilung der vorhandenen organischen Nährstoffe, also vor allem von Gülle, vereinfachen. Dazu gehören in erster Linie Verfahren, die den Wassergehalt von Gülle vermindern und damit einen praktikablen Transport möglich machen. Parallel dazu sollte die Tätigkeit von Güllebörsen ausgeweitet werden. Ausbaufähig wären zudem feste Nährstoff-Betriebspartnerschaften. Zu erwägen sind dabei auch Partnerschaften, bei denen nicht die Gülle transportiert wird, sondern beispielsweise die Mast von Tieren in Regionen verlegt wird, in denen ein Bedarf an Nährstoffen besteht und Futtermittel vorhanden sind.[801]

Nährstofflücken wegen fehlender tierischer Düngemittel, die bislang durch den Zukauf von mineralischem Stickstoffdünger geschlossen wurden, müssten vorrangig durch die Einbeziehung von Leguminosen in die Fruchtfolge aufgefüllt werden. Die Steigerung der Düngewirkung von Leguminosen-Gras-Gemischen durch Mähen und anschließende Vergärung des Aufwuchses in dafür ausgelegten Biogasanlagen sollte besonders für Betriebe mit Schwierigkeiten bei der Güllebeschaffung und -nutzung attraktiv gestaltet werden. Wegen der guten Wurzelbildung von Kleegrasgemengen bliebe bei einer solchen Vorgehensweise trotz Abfuhr des Pflanzenaufwuchses der Humusgehalt im Boden stabil.[802] Außerdem könnte die Verstromung von Gründüngung anstelle von Energiepflanzen das Image der Biogasanlagen verbessern.

Ein Nebeneffekt der Gülleaufwertung durch die Verknappung synthetischer Düngemittel wäre, dass damit auch das in der Gülle enthaltene Phosphat gezielter wiederverwendet würde. So würden die Überschüsse früherer Jahre in den Böden abnehmen, und der Abbau der verbliebenen Phosphatlagerstätten könnte verlangsamt werden.

Das Ergebnis der vorgeschlagenen Veränderungen wäre ein technisch wie logistisch anspruchsvolles vernetztes Düngemanagement, das auch überregional angelegt werden könnte.

Organische Bodensubstanz aufbauen: eine Humusinitiative starten?

Mehrere Gründe sprechen dafür, die Vermehrung der organischen Bodensubstanz systematisch zu begünstigen. Dabei geht es nicht in erster Linie um die Nährstoffversorgung pflanzlicher Kulturen. Das Ziel ist vielmehr, durch die systematische Förderung der Humusbildung eine ganze Reihe natürlicher Bodenfunktionen zu verbessern und auf lange Sicht zu erhalten (Seite 119). Auch die zumindest zeitweise Speicherung von CO_2 in Form von organischer Bodensubstanz spricht dafür, mehr Einsatz für die Humusbildung zu mobilisieren. Ein Programm für den Humusaufbau[803], das heißt eine möglichst flächendeckende Humusinitiative, würde auch einem der ausdrücklichen Ziele des Bundesbodenschutzgesetzes dienen.

Trotz aller Schwierigkeiten, konkrete Zielwerte für den Humusgehalt an unterschiedlichen Standorten festzulegen, ließen sich Verfahrensweisen finanziell honorieren, die nach dem Stand der Wissenschaft zur Vermehrung organischer Bodensubstanz und der damit verbundenen CO_2-Speicherkapazität beitragen. Die Bandbreite solcher Maßnahmen schließt den Anbau von Gras-Leguminosen-Gemischen und die Nutzung von Stallmist und Komposten ein.

Allerdings ist besonders der Einsatz von Stallmist arbeitsintensiv. Das spiegelt sich auch darin wieder, dass nur ungefähr ein Drittel aller landwirtschaftlichen Betriebe diese festen Wirtschaftsdünger einsetzt.[804] Ein unterstützendes Element innerhalb einer Humusinitiative sollte deshalb die Weiterentwicklung technischer Erleichterungen für das Stallmistmanagement sein.

Erstrebenswert wäre darüber hinaus, Lösungsansätze wie beispielsweise die Kombination von Flüssigmist, also Gülle, und Biokohle aus Agroforstprojekten zur Praxisreife zu bringen, um handhabbare Düngemittel mit optimiertem Potenzial für die Humusbildung verfügbar zu machen.

Anders füttern: Nahrungskonkurrenz vermeiden, Klima schonen

Sozialverträglich und umweltbewusst zu füttern, beinhaltet vor allem zwei Elemente: den Verzicht auf Importfuttermittel und eine grundfutterbetonte Fütterung, die nur Konzentrate einsetzt, die tatsächlich Nebenprodukte der Lebensmittelerzeugung sind oder als notwendige Elemente einer nachhaltigen Fruchtfolge angebaut wurden.

Der Verzicht auf Importfuttermittel – womit vor allem der Import von Soja aus Übersee gemeint ist – würde zum einen die globale Konkurrenz um Nahrungsmittel abschwächen, im globalen

Maßstab Landnutzungsänderungen mit ihren klimabelastenden Auswirkungen bremsen und die Stickstoffbilanz der Tierhaltung entlasten. Zum anderen ließe sich die Problematik gentechnisch veränderter Importfuttermittel weitgehend vermeiden. Als Folge eines Verzichts auf Import-Soja aus Nord- und Lateinamerika würde der Bedarf an proteinhaltigen Futtermitteln aus EU-Ländern steigen und zu Preissteigerungen führen. Das wiederum könnte die Attraktivität und Wettbewerbsfähigkeit von Körnerleguminosen in der Fruchtfolge, einschließlich ihrer günstigen Effekte für die Düngung und Bodenfruchtbarkeit[805], erhöhen.

Trotz Bemühungen zum Wissenstransfer und zusätzlicher Fördermittel im Rahmen der sogenannten Eiweißpflanzenstrategie der Bundesregierung hat der Anbau von Körnerleguminosen im Jahr 2017 zwar einen vorläufigen Höhepunkt erreicht, macht aber nach wie vor nur ungefähr 1 % der Nutzfläche aus.[806]

Ein Engpass bei den Eiweißfutterkomponenten würde auch zur Anpassung des Leistungsniveaus bei der Milch- und Eiererzeugung und bei der Mast führen müssen. Das kann bei vernünftiger Planung zur Entlastung der Stoffwechselüberforderung bei den Tieren beitragen. Voraussetzung dafür ist, dass die züchterischen Bestrebungen und die einzelbetrieblichen Zielsetzungen die veränderte Futtermittelsituation berücksichtigen. Dazu müsste eine reduzierte Leistung von vornherein eingeplant und die einseitige Fokussierung auf die Lebensmittelerzeugung zugunsten der Multifunktionalität der Tierhaltung aufgegeben werden.

Neben dem Verzicht auf Importfuttermittel ist das Grundfutter wesentliche Säule einer konkurrenzarmen Tierfütterung. Neuere Berechnungen zeigen, dass im weltweiten Maßstab mit einer Tierfütterung ohne Nahrungskonkurrenz für über 9 Milliarden Menschen mehr als 7,5 kg Nahrungsprotein tierischen Ursprungs pro Kopf im Jahr erzeugt werden könnten.[807] Das entspricht ungefähr 40 kg Fleisch bzw. über 220 l Milch oder 30 kg Käse vom Typ Gouda oder Edamer. In die Modellrechnung wurden nur Grundfutter von Dauergrünland, pflanzliche Nebenprodukte aus der Lebensmittelerzeugung und pflanzliche Lebensmittelabfälle als

Futtermittel einbezogen. Ernterückstände galten in dieser Modellrechnung nicht als Futtermittel, weil unterstellt wurde, dass sie als organisches Material auf den Ackerflächen belassen werden sollten. Außerdem wurde angenommen, dass sämtliche Ackerflächen ausschließlich für die Erzeugung von Nahrungsmitteln genutzt würden. Das Potenzial von Futterpflanzen, die wie zum Beispiel Kleegrasgemenge durch die Fruchtfolge bedingt sind, war deshalb nicht in die Berechnung eingeflossen.

Ein weiteres Argument für eine grundfutterbetonte Fütterung ist, dass sich auf diese Weise der CO_2-Fußabdruck von Milchkühen verbessern lässt. Ein Optimum wird je nach Umgebungsbedingungen bei 6000 bis 8000 l Milch Jahresleistung einer Kuh erreicht, soweit Grünlandaufwuchs noch eine wesentliche Rolle bei der Nährstoffversorgung einnimmt. Ergänzend dazu wird empfohlen, Zweinutzungsrassen für die Milch- und Rindfleischerzeugung einzusetzen, da deren Treibhausgasbilanz günstiger ausfällt, als die der spezialisierten Milch- oder Fleischrassen.[808]

Wenn Nebenprodukte der Nahrungsmittelerzeugung und geeignete Lebensmittelabfälle systematischer für eine konkurrenzarme Tierfütterung eingeplant werden, hat dies einen zusätzlichen günstigen Effekt: Wegen der weltweiten Bevölkerungszunahme und des Konsums immer stärker verarbeiteter Lebensmittel wird die Menge solcher Nebenprodukte zunehmen. Sie könnte trotz aller Bemühung um die Vermeidung von Abfällen zu einem Entsorgungsproblem werden. Die Nutzung dieser Nebenprodukte in der Tierhaltung kann deshalb einen entscheidenden Beitrag zur Aufwertung und Entsorgung dieser Substanzen leisten.[809] In diesem Bereich ließe sich auch die Multifunktionalität von Schweinen und Hühnern steigern, für deren Fütterung außerdem diverse traditionelle Futtermittel aus dem Grundfutterspektrum, wie zum Beispiel aussortierte und gedämpfte Kartoffeln gemischt mit Grassilage, verstärkt herangezogen werden könnten.

Anders konsumieren: Gewohnheiten überdenken

Zu einem zukunftsweisenden Strategiemix mit dem Ziel, Nahrungskonkurrenz zu vermeiden, Umweltbelastungen zu reduzieren und Spielräume für eine nachhaltige landwirtschaftliche Tierhaltung zu schaffen, gehören schließlich auch Veränderungen beim Konsumverhalten. Ein völliger Verzicht auf Fleisch ist dabei weder notwendig noch erstrebenswert. Auf diese Weise kann auch dem Geschmacks-Konservatismus Rechnung getragen werden.

Das Ernährungsverhalten an den Empfehlungen der Deutschen Gesellschaft für Ernährung auszurichten, würde bedeuten, dass jährlich ca. 15 bis 30 kg Fleisch pro Person verzehrt würden. Der Großteil der empfohlenen Verzehrmenge von Fleisch, Milchprodukten und Eiern ließe sich auch längerfristig ohne Nahrungskonkurrenz erzeugen.[816] Die Einsparungen an Treibhausgasemissionen wären beachtlich (Seite 97). Außerdem wären positive Auswirkungen auf die Gesundheit der Bevölkerung zu erwarten. Ein weiterer Nebeneffekt des verringerten Fleischkonsums wäre eine finanzielle Entlastung der Haushalte, wodurch Spielraum für höhere Verbraucherpreise bei Produkten aus nachhaltiger Tierhaltung entstünde.

Veränderungen beim Konsumverhalten sollten allerdings nicht nur berücksichtigen, was auf den Teller gelangt, sondern auch, was es gar nicht dorthin schafft. Die Verminderung von Lebensmittelabfällen auf allen Stufen der Lebensmittelerzeugung und -nutzung bietet ebenfalls ein großes Potenzial, umwelt- und klimaentlastend zu wirken. Viele Lebensmittelabfälle landen derzeit ohne jeden Nutzen im Restmüll der Einzelhaushalte oder werden, beispielsweise von Großküchen, an professionelle Entsorger abgegeben, die die Abfälle immerhin über Biogasanlagen energetisch verwerten. Bereits eine verbesserte Planung beim individuellen Einkauf würde viele Abfälle vermeiden.[817, 818] Auf diese Weise ließen sich außerdem jährlich über 200 Euro pro Person einsparen.[819]

An die Frage der Lebensmittelabfälle grenzt ein weiterer Aspekt der Ernährungsgewohnheiten. In den meisten Haushalten werden bestimmte Lebensmittel tierischer Herkunft deutlich bevorzugt, andere – wegen ihrer zeitaufwendigen Zubereitung, mangelnder Gewohnheit oder angeblicher Minderwertigkeit – fast vollständig vermieden. Beispielhaft dafür ist, dass sogenannte Edelstücke wie Schinken, Kotelett oder Filets einfach zu vermarkten sind, während Schweinefüße, Blut, Schwarten und Innereien häufig abgelehnt werden.[820] An die Stelle dieses wählerischen Konsumverhaltens sollte eine Nahrungsmittelkultur treten, die stets das ganze Tier – von der Nase bis zum Schwanz[821] – wertschätzt und nutzt.

Suppenhühner – fast Abfall

Wer im üblichen Umfang Eier konsumiert, sollte sich vergegenwärtigen, dass diesem Eierverzehr im Verlauf eines Jahres ungefähr zwei Drittel einer nach der Legeperiode geschlachteten Legehenne entsprechen, weil das Huhn in dieser Zeitspanne ungefähr 320 Eier gelegt hat. Dieses Suppenhuhn gilt es wertzuschätzen. Ein Erlös von zum Teil unter 15 Cent pro Tier bei der Abgabe zur Schlachtung[822] verdeutlicht allerdings das genaue Gegenteil auf allen Stufen der Lebensmittelerzeugung.

Prioritäten bei der Flächennutzung

Zwei grundlegenden Elementen für eine nachhaltige Landbewirtschaftung in Deutschland gebührt höchste Priorität und öffentliche Aufmerksamkeit: der Vermeidung besonders klimaschädlicher Landnutzung bzw. -nutzungsänderungen, weil der Schutz bestehender CO_2-Speicher zu den wichtigsten Klimaschutzmaßnahmen überhaupt zählt[823], und dem Erhalt bzw. der Vermehrung artenreicher Grünlandbiotoptypen. Für beides müssen angemessene Anreize und Ausgleichszahlungen bestehen, um wirtschaftliche Nachteile auszugleichen. Außerdem müssen Pflege- und Bewirtschaftungskonzepte weiterentwickelt und im Bedarfsfall klare rechtliche Regeln geschaffen werden.

Wegen der außerordentlichen Klimarelevanz[824, 825] und vor dem Hintergrund, dass Landwirtschaft möglichst bald klimaneutral agieren sollte[826], führt kein Weg an einem strikten Moorschutz vorbei. Moorschutz muss landwirtschaftlich bewirtschaftete Moorböden einschließen, weil der überwiegende Anteil der Moorflächen als Acker oder Grünland genutzt wird.[827] Es ist von globaler Bedeutung, klimaschädliche Moornutzungen so schnell wie möglich zu vermindern, das heißt vor allem, Grünland auf Moorböden extensiv zu bewirtschaften, es nicht zu Ackerflächen umzuwandeln und wo immer möglich die Wiedervernässung von Böden mit besonders hohen Anteilen organischer Bodensubstanz voranzutreiben.

Artenreiche Grünlandstandorte zu erhalten und zu vermehren orientiert sich zum einen an dem Ziel, den landwirtschaftlichen Beitrag zur biologischen Vielfalt zu optimieren und bereits entstandene Verluste auszugleichen. Zum anderen bedeutet der Erhalt von Dauergrünland, dessen CO_2-Speicherung aufrechtzuerhalten. Ein zusätzlicher günstiger Klimaeffekt entsteht bei der Rückumwandlung von Ackerflächen in Dauergrünland durch die zumindest vorübergehende Funktion als CO_2-Senke. Schätzungen zufolge hält dieser Effekt 30 bis 40 Jahre an.[828] Viele Leistungen von Grünland – wie der Erhalt der Biodiversität oder ästhetisch ansprechender Landschaften – können als öffentliche Güter eingestuft werden. Sie werden allerdings häufig nicht ausreichend honoriert. Deshalb empfiehlt auch der Wissenschaftliche Beirat für Biodiversität und Genetische Ressourcen beim Bundeslandwirtschaftsministerium, die Entlohnung dieser Leistungen gezielt zu organisieren und dafür auch öffentliche Mittel einzusetzen. Das betrifft sowohl die Grünlandnutzung allgemein wie auch die Förderung bestimmter Bewirtschaftungsformen und Techniken, die dem Erhalt des artenreichen Grünlands dienen.[829]

Als Resultat einer aus verschiedenen Gründen veränderten landwirtschaftlichen Tierhaltung in Deutschland würde der Druck, die vorhandenen Flächen für eine intensive Futtermittelgewinnung zu nutzen, nachlassen und Spielraum für Veränderungen der Flächennutzung zugunsten des Klimaschutzes und der biologischen Vielfalt eröffnen. Es existieren Berechnungen, wonach bei einem Konsum von Lebensmitteln tierischer Herkunft entsprechend den Empfehlungen der DGE der Flächenbedarf für die Tierhaltung um 15 bis 40 % zurückgehen würde.[830]

Konsequenz: den Tierbestand umbauen

Eine Empfehlung zum Umfang einer künftigen Tierhaltung, bei der alle bisher geschilderten Zielsetzungen gleichermaßen berücksichtig werden, ist schwierig. Es kommt hinzu, dass die Verwirklichung eines solchen Leitbilds ein vielstufiger Prozess mit diversen wirtschaftlichen, gesellschaftlichen und politischen Faktoren ist. Deshalb müssen immer wieder Zwischenergebnisse kritisch bewertet und im Bedarfsfall Korrekturen vorgenommen werden. Immerhin lassen sich Trends herausarbeiten.

Um eine wirkungsvolle Düngung mit den betriebseigenen organischen Düngemitteln zu erzielen und um Nährstoffüberschüsse zu vermeiden, wird empfohlen, nicht mehr als 1,6 GV pro Hektar zu halten.[831] Einzelbetrieblich müsste daraus in einigen Fällen eine Reduzierung der Tierzahlen resultieren. Im bundesweiten

Durchschnitt würde diese Grenzziehung allerdings keine Bestandsreduzierung bewirken, weil zurzeit knapp 0,8 GV pro Hektar landwirtschaftlich genutzter Fläche gehalten werden.

Tierzahlen in Deutschland[832]

Tierart	Tierzahl in Millionen	Tierbestand in Millionen GV
Rinder	12,4	8,9
Schweine	28,0	2,8
Geflügel	173,6	0,69
Schafe	1,9	0,15
Ziegen	0,1	0,01
Pferde	0,4	0,42
Insgesamt	–	13,0

So viele Tiere werden zu einem Zeitpunkt gehalten; die Gesamt-Tierzahl im Verlauf eines Jahres ist höher, weil mehrere Mastdurchgänge hintereinander stattfinden bzw. Tiere ersetzt werden.

Würde man den Umfang der Tierhaltung dagegen an die Ernährungsempfehlungen der DGE anpassen, dann ergäbe sich daraus je nach Wirtschaftsweise ein Tierbestand von insgesamt 7 bis 8,4 Millionen GV[833], was einer Reduzierung um 35 bis über 40 % entspräche. Der Tierbestand würde sich nach dieser Modellrechnung aus 5 bis 7 Millionen Rinder-GV, etwas über 1 Million Schweine-GV und 0,3 Millionen Geflügel-GV zusammensetzen.[834]

Eine stärkere Umverteilung bei den Tierarten ergibt sich, wenn man ausschließlich auf konkurrenzfreie Futtermittel setzt. Als Annäherung kann man die Ergebnisse eines globalen Modells auf hiesige Tierzahlen übertragen, ohne dabei die eigentlich notwendigen standortspezifischen Anpassungen vorzunehmen. Wenn man diesem sehr vereinfachenden Ansatz folgt und die Veränderungen aus der weltweiten Berechnung übernimmt, würde bei einer konkurrenzfreien Fütterung der Tierbestand an Rindern, Schafen und Ziegen um 4 % bzw. 22 % und 37 % zunehmen. Bei den Schweinen müsste dagegen eine Reduzierung um 90 % und bei den Hühnern ein Rückgang um 70 % erfolgen.[835]

Würde man den Rinderbestand daran orientieren, wie viele Rinder bei einer Besatzdichte von 1 bis 1,5 GV pro Hektar Dauergrünland gehalten werden könnten, dann käme man bei einem Tierbestand von 4,7 bis 7 Millionen Rinder-GV heraus.

Die letzten drei Szenarien unterstreichen die Bedeutung von Wiederkäuern in einer Tierhaltung, die sich an Multifunktionalität orientiert. Außerdem wäre mit einer mehr oder weniger stark ausgeprägten Tierbestandsreduzierung zu rechnen. Die skizzierten Verschiebungen zugunsten der Wiederkäuerhaltung lassen sich dabei gut mit den Zielsetzungen hinsichtlich der Bodenfruchtbarkeit durch Leguminosenanbau, dem Erhalt der CO_2-Speicherung durch Dauergrünland und der Förderung der Biodiversität durch eine mäßig intensive Grünlandbewirtschaftung vereinbaren. Die Verschiebungen würden sich letztlich – vor allem bei wegfallenden klimaschädlichen Landnutzungsänderungen – sogar als relativ klimafreundlich erweisen.[836]

Weitere Aspekte des Umbaus der Tierhaltung wie die Wahl der Rassen und die Festlegung von Zuchtzielen werden vor allem unter Tierschutzaspekten diskutiert (Seite 248).

Anreize schaffen: Motivieren durch Bonuspunkte für Multifunktionalität

Im Hinblick auf Wertschätzung, Preisfindung und Förderung wird man einen Weg finden müssen, die hier vorgestellten möglichen Maßnahmen und Zielsetzungen zu messen und zu gewichten.

In Anlehnung an bereits existierende Vorschläge[837, 838] bietet es sich an, ein Bonuspunktesystem einzuführen, in dem unterschiedliche Maßnahmen, verschiedene Grade der Umsetzung und der Umfang der einbezogenen Fläche bei der Beantragung der

Agrarförderung berücksichtigt werden könnten. Vorstellbar wäre, Punkte in mehreren Bereichen zu vergeben. So könnte es Festmist- und Kleegras- oder Leguminosenpunkte für bodenverbessernde Maßnahmen, Weide- und Grünlandextensivierungspunkte für Biodiversitätsmaßnahmen und Grundfutterpunkte für reduzierte Nahrungskonkurrenz bei der Fütterung geben. Hinzukommen könnten Umwelt- und Klimapunkte für die Rückumwandlung von Ackerflächen in Grünland, die Wiedervernässung von Moorböden, den Ersatz von synthetischem Stickstoffdünger durch Verfahren der organischen Düngung, den Verzicht auf Importfuttermittel und eine Begrenzung der Tierzahl pro Flächeneinheit. Je nach Bedeutung der Maßnahme und dem Grad ihrer Umsetzung ließen sich unterschiedlich viele Punkte vergeben. Diese Punkte könnten mit einem Flächenfaktor multipliziert werden, wenn es sich um flächenbezogene Maßnahmen handelt. Betrifft die Maßnahme den gesamten Betrieb, wie beispielsweise der Verzicht auf Soja aus Nicht-EU-Staaten, könnte dafür ebenfalls ein Multiplikator – ein Gesamtbetriebsfaktor – eingeführt werden. Für Förderzwecke würde jedem der Bonus-, also Multifunktions-Punkte ein Geldwert entsprechen, dessen Höhe von den verfügbaren Mitteln abhängig wäre.

Das Bonuspunktesystem muss dabei flexibel genug sein, um regionale Schwerpunktbildungen und betriebliche Entscheidungen zuzulassen. Es sollte in den Rahmen der Gemeinsamen Agrarpolitik der EU (GAP) eingepasst werden, zumal es sich um Bewirtschaftungselemente mit Auswirkungen für das Wohl der Allgemeinheit handelt (Seiten 211 und 212). Das Punktesystem könnte darüber hinaus die Grundlage für Vermarktungsmaßnahmen und eine Produktkennzeichnung bilden (Seite 262).

Veränderungen einfordern: Regeln und Abgaben

Nach jahrelangem Stillstand bei der Nitrat-Problematik sind Veränderungen überfällig. Sollten die 2017 überarbeiteten Regelungen und – dem hier vorgestellten Vorschlag folgend – neue positive Anreize nicht zu einer deutlichen Reduzierung der Stickstoffüberschüsse führen, dann werden Maßnahmen wie Stickstoffabgaben oder eine weitere Verschärfung auf ordnungsrechtlicher Seite vermutlich unvermeidbar sein.

Seit Jahren empfehlen Umweltexperten die Einführung einer Stichstoffüberschussabgabe.[839] Grundlage für die Erhebung einer solchen Abgabe könnten die Nährstoffvergleiche nach dem Düngerecht[840] sein. Eine Stickstoffabgabe ließe sich prinzipiell auf den gesamten ausgebrachten Stickstoff oder nur die Mengen oberhalb einer bestimmten Schwelle – beispielsweise dem bereits eingeführten, allerdings relativ hohen sogenannten Kontrollwert[841] – erheben. Andere EU-Mitgliedstaaten, zum Beispiel Dänemark, haben die Düngeplanung direkt zum Bestandteil des Antrags auf Förderung mit EU-Mitteln gemacht und geben Nährstoffobergrenzen für Kulturarten innerhalb des Systems und betriebsspezifische Quoten vor.[842]

Bei weiter anhaltenden generellen Stickstoffüberschüssen oder in Problemregionen müsste außerdem eine striktere Bindung der Tierzahlen an die verfügbaren Flächen und das betriebseigene Futteraufkommen erwogen werden. Eine Flächen- oder Futterbindung könnte zur generellen Fördervoraussetzung gemacht werden und nicht nur für bestimmte Programme gelten. Zu beobachten wäre darüber hinaus, wie sich die Einführung und der Handel von Phosphatrechten in den Niederlanden[843] auf die Gewässerqualität auswirken.

Ökologische Landwirtschaft weltweit?

Die Debatte, ob man mit ökologischer Landwirtschaft die wachsende Weltbevölkerung ernähren kann, hält seit vielen Jahren an. Besonders umstritten ist dabei die Frage nach dem Ertragsniveau und dem Flächenbedarf einer globalen ökologischen Landbewirtschaftung.

Einerseits wird argumentiert, dass die Ertragseinbußen durch ökologische Landwirtschaft zu groß sind, um Mitte des Jahrhunderts fast 10 Milliarden Menschen zu ernähren. Dem wird entgegengehalten, dass wegen der potenziellen Lebensmittelüberschüsse Ertragseinbußen verkraftbar wären, falls die ökologische Landwirtschaft im globalen Maßstab überhaupt zu größeren Rückgängen führen würde.[844] Diverse Projekte belegen, dass sogar Ertragssteigerungen stattfinden.[845] Andererseits wird immer wieder vorgerechnet, dass weltweiter Ökolandbau nahezu zwangsläufig zur Ausdehnung der Anbauflächen führen müsste, falls keine Veränderungen des Konsumverhaltens stattfinden.[846]

Letztlich handelt es sich aber um eine wenig zielführende Debatte. Alles Dargestellte müsste verdeutlicht haben, dass die Ernährung der Weltbevölkerung nur gelingen kann, wenn Landwirtschaft und Tierhaltung tatsächlich nachhaltig betrieben werden: so klima- und ressourcenschonend wie möglich, mit Blick auf Biodiversität und Bodenfruchtbarkeit einschließlich konkurrenzarmer Fütterung multifunktionaler Tiere.

Ob eine Wirtschaftsweise, die alle Maßnahmen ergreift, um diese Ziele zu erreichen, schließlich als ökologisch bezeichnet wird, ist nicht entscheidend. Ausschlaggebend ist, dass im Vergleich zur bisherigen Wirtschaftsweise negative Auswirkungen vermieden und mindestens stabile, vielfältige Erträge auch für kleinbäuerliche Betriebe ermöglicht werden. Häufig bietet die ökologische Wirtschaftsweise dafür geeignete Vorbilder.

Die Zugehörigkeit eines landwirtschaftlichen Betriebes zu einem der ökologischen Anbauverbände bietet oft Vorteile bei der Vermarktung und hilft, angemessene Preise zu erzielen und Märkte zu erschließen. Grund dafür ist, dass die Verbände eine Art Garantenstellung für die Nachhaltigkeit der Erzeugung einnehmen. Wichtiger als eine Verbandszugehörigkeit ist aber dennoch, dass Lebensmittel flächendeckend und auf nachvollziehbare Art und Weise tatsächlich nachhaltig erzeugt werden.

Zusammenfassend: auf Alleskönner setzen

Fasst man die verschiedenen Überlegungen zusammen, dann wird deutlich, dass eine künftige landwirtschaftliche Tierhaltung jeweils die multifunktionalen Kapazitäten der Tierarten und Bewirtschaftungsformen zusammenführen kann und sollte. Besonders deutlich wird dies bei der Beweidung von Dauergrünland – CO_2-Speicher, Futterquelle und schutzwürdiges Biotop – durch große und kleine Wiederkäuer mit ihren Fähigkeiten zur Milch- und Fleischerzeugung, also der Verwertung von konkurrenzfreiem Futter, zur Aufwertung von Gründüngung und zur Biotoppflege.

Auch bei Schweinen und Geflügel ließe sich die Multifunktionalität durch eine konsequente Veränderung der Fütterung erneuern. Futtermittel wie Grassilage, Körnerleguminosen-Getreide-Gemische und die Nebenprodukte aus der Lebensmittelverarbeitung kombiniert mit einem deutlichen Bestandsabbau könnten dabei eine Schlüsselrolle spielen. Auf diese Weise ließe sich die gute Futterverwertung dieser Tierarten nutzen.

Für alle Tierarten gilt, dass ihre Multifunktionalität dann besonders gut zum Tragen kommen kann, wenn die regionale Konzentration bestimmter Tierarten entzerrt würde und eine gleichmäßigere Verteilung entstünde. Die diskutierten Elemente einer multifunktionalen Tierhaltung müssten nicht zwingend alle auf demselben Betrieb stattfinden. Vorstellbar ist, durch stabile Betriebskooperationen mehr oder weniger virtuelle Gemischtbetriebe mit multifunktionaler Tierhaltung zu etablieren.

Vor dem Hintergrund der bestehenden globalen Herausforderungen ist die Debatte über den Umfang des Ökolandbaus im Sinne rechtlicher oder verbandlicher Vorgaben nicht entscheidend. Viel wichtiger ist, zügig zu einer ausschließlich nachhaltigen Landwirtschaft und Lebensmittelerzeugung zu gelangen.

Von entscheidender Bedeutung ist allerdings, dass die tatsächlich nachhaltig erzeugten Lebensmittel auf Abnehmer treffen, die bereit sind, ihre Konsumgewohnheiten an die veränderten Bedingungen des 21. Jahrhunderts anzupassen. Das verdeutlicht auch eine aktuelle Studie, die viele der geschilderten Sachverhalte und Maßnahmen berücksichtigt: Eine ökologisierte konventionelle Landwirtschaft kann demnach bei einem Selbstversorgungsgrad von rund 100 % die deutsche Bevölkerung auch im Jahr 2050 ernähren, wenn der Fleischverzehr und die Lebensmittelabfälle halbiert werden.[847] Die unverzichtbaren Veränderungen beim Konsumverhalten müssten außerdem die tragende Rolle der Wiederkäuer widerspiegeln und zu einer großen Wertschätzung von extensiv erzeugtem Wiederkäuerfleisch führen.

Leitgedanke 2: Fürsorglich und tiergerechter

Managementbedingte Eingriffe wie das Kürzen der Schwänze bei Schweinen oder das Schnabelkupieren bei Geflügel sind besonders deutlich Ausdruck dafür, dass Tiere an ihre Umgebung angepasst werden und nicht die Umgebung an ihre Bedürfnisse.

Die großen Lücken zwischen dem, was man über den Bedarf und die Bedürfnisse von landwirtschaftlich genutzten Tieren weiß, und dem, was legal praktiziert wird, machen Veränderungen in der landwirtschaftlichen Tierhaltung unumgänglich. Das schließt auch die Rechtsvorgaben ein. Hinzu kommt, dass weite Teile der Bevölkerung zumindest ein Unbehagen im Hinblick auf die aktuelle Situation in der landwirtschaftlichen Tierhaltung entwickelt haben (Seite 61). Das unerwartet große Interesse von Tierhaltern, an der Brancheninitiative Tierwohl teilzunehmen, verdeutlicht zudem die Bereitschaft der Landwirte, Verbesserungen herbeiführen zu wollen.[848]

Zur Behebung der geschilderten Defizite in der landwirtschaftlichen Tierhaltung werden sowohl baulich-technische Veränderungen notwendig als auch Veränderungen bei der Versorgung und Betreuung der Tiere. Um die Situation der landwirtschaftlich genutzten Tiere spürbar zu verbessern, sollten mehrere Entwicklungen und Veränderungen parallel eingeleitet oder verstärkt werden. Insgesamt werden die fachlichen Kenntnisse der Tierhalter und ihre Fähigkeit, die Situation der Tiere zutreffend einzuschätzen, immer wichtiger.

Alle Vorschläge orientieren sich am Konzept der Fünf Freiheiten und an der tierethischen Vorstellung der verflochtenen Empathie[849]. Deren Kernelement ist eine fürsorgliche, reflektierte und kenntnisreiche Beziehung der Menschen zu den Tieren (Seite 59).

Selbstkritisch: Eigenkontrolle verstärken, Bewertung einführen, Monitoring und Datenbank aufbauen

Vor allem wegen der Chance, mehr Tiergerechtheit in den Tierhaltungen zu erreichen, sollte die regelmäßige vorgeschriebene Tierschutz-Eigenkontrolle für jeden Tierhalter selbstverständlich sein. Ein wesentliches Ziel dabei ist, das eigene Handeln selbstkritisch zu hinterfragen und die nahezu unvermeidliche Gewöhnung des Tierhalters an die bestehenden Verhältnisse aufzubrechen, also Betriebsblindheit zu verringern. Die Eigenkontrolle zu stärken bedeutet auch, den Umgang mit tierbasierten und anderen Indikatoren (Seite 175) flächendeckend zu schulen und die Erhebung des Tierwohlstatus zum festen Bestandteil der Beratung und Förderung von tierhaltenden Betrieben zu machen. Besonderer Wert sollte darauf gelegt werden, dass alle Beteiligten Schmerzen und Leiden bei Tieren frühzeitig erkennen und dagegen vorgehen.

Diverse Studien belegen, dass sich regelmäßige Eigenkontrollen positiv für die Tiere und den Betrieb auswirken.[850] Dabei wird auch der Wert von Vergleichen zwischen Betrieben betont, weil sich auf diese Weise darstellen lässt, in welchen Bereichen eine Tierhaltung vom üblichen Niveau positiv wie negativ abweicht.[851]

Neben der flächendeckenden Durchführung von Tierschutz-Eigenkontrollen wäre es deshalb sinnvoll, ähnlich wie bei den Eigenkontrollen der Lebensmittelbranche, Warn- und Orientierungswerte für die Häufigkeit bestimmter Merkmale einzuführen, um damit tatsächlich zu einer Bewertung der Kontrollergebnisse zu gelangen. Entsprechende Werte beispielsweise für Tierverluste oder die Häufigkeit von Lahmheiten und von anderen Symptomen könnten verdeutlichen, wann der Tierhalter spätestens Gegenmaßnahmen einleiten sollte. Fachlich eingeführte Orientierungs- oder Zielwerte könnten zudem dafür genutzt werden, Fördermaßnahmen rückblickend im Hinblick auf ihre Wirksamkeit einzuschätzen[852] und die gesamtgesellschaftliche Akzeptanz entsprechender Investitionen zu erhöhen.

Sowohl der Kompetenzkreis Tierwohl als auch ein hochrangiger wissenschaftlicher Beirat beim zuständigen Bundesministerium empfehlen außerdem, ein nationales regelmäßiges Tierwohl-Monitoring zu etablieren und rechtlich zu verankern, um die tatsächliche Situation in der landwirtschaftlichen Tierhaltung erfassen und die weiteren Entwicklungen verfolgen zu können.[853, 854]

Mit einer Tierdatenbank, wie sie zum Beispiel die Bundestierärztekammer fordert[855], ließen sich Informationen aus mehreren Systemen mit den Ergebnissen der Eigenkontrollen verbinden. Herangezogen werden könnten Daten der Schlachttier- und Fleischuntersuchung, der Tierkörperbeseitigungsanstalten, des seit Jahren etablierten Herkunftssicherungs- und Informationssystems für Tiere (HI-Tier), der Milchleistungsprüfung und aus der arzneimittelrechtlichen Überwachung. Die erfassten Daten würden dem Tierhalter zur Verfügung gestellt und den Überwachungsbehörden ab bestimmten Schwellenwerten zugänglich gemacht werden, ähnlich wie derzeit bei der Überwachung des Antibiotikaeinsatzes[856] in der Tiermast. Die Daten müssten betriebsindividuell verknüpft sein und einen Vergleich mit ähnlichen Tierhaltungen zulassen. So kann zum einen der Tierhalter unterstützt werden, aus seinen Tierschutz-Eigenkontrollen und den zusätzlichen Daten Rückschlüsse für seine Tierhaltung zu ziehen und gezielt Maßnahmen einschließlich fachspezifischer Beratung einzuleiten. Zum anderen könnten die Behörden ihrer Verpflichtung zur risikoorientierten Überwachung von Tierhaltungen besser nachkommen.

Für eine solche Tierdatenbank müssten allerdings bestehende datenschutzrechtliche Hindernisse beseitigt werden.[857] Dazu ist eine Grundsatzentscheidung des Gesetzgebers notwendig, um im Sinne des Staatsziels Tierschutz durch gezielte Beratung und risikoorientierte amtliche Überwachung einen vorausschauenden Tierschutz zu ermöglichen, der auch Daten verwendet, die für andere Fragestellungen erhoben wurden.

Anpassung umkehren: Ställe tiergerechter gestalten

Die Vielzahl vorhandener Vorschläge und Studien zur baulich-technischen Aufwertung von Tierhaltungen bezieht vor allem drei Faktoren verstärkt ein: Bewegungsmöglichkeiten für die Tiere, das Sozialverhalten in der Gruppe oder Herde und die günstige Wirkung von Außenklimareizen, wie Sonnenlicht und Temperaturunterschiede.

Der erste unabdingbare Schritt ist, die andauernde Fixierung von Tieren wegen der erheblichen Bewegungs- und Verhaltenseinschränkungen zu beenden. Ein rasches Ende der länger dauernden, vor allem der ganzjährigen Anbindehaltung von Rindern ist zudem in aller Regel mit vertretbarem Aufwand möglich. Es existieren diverse Vorschläge für Umbaulösungen.[858, 859] Alle Erfahrungen unterstreichen, dass die lernfähigen Tiere auch rasch an die zumindest stundenweise Nutzung von Laufhöfen oder Laufpfaden gewöhnt werden können, um auf diese Weise Anbindehaltung zu unterbrechen. Für die saisonale Anbindehaltung in Kombination mit Sommerweide könnte in Anlehnung an bereits bestehende Regelungen für die Bio-Rinderhaltung[860] eine etwas längere Übergangsfrist diskutiert werden, falls die regelmäßige Nutzung eines Auslaufs im Winter sichergestellt wird.

Bei der Haltung weiblicher Zuchtschweine müssen die bisher üblichen Abferkelbuchten mit den Fixierungseinrichtungen so schnell wie möglich durch sogenannte Bewegungsbuchten abgelöst werden. Eine zeitweilige Fixierung von beispielsweise wehrhaften Sauen für Behandlungszwecke wäre dadurch nicht ausgeschlossen.

Für alle Sparten der Tiermast sollte eine deutlich stärkere Strukturierung der Haltungseinheiten stattfinden. Bei Mastschweinen empfiehlt es sich, mindestens verschiedene Funktionsbereiche für Ruhen, Futteraufnahme und den Kot- und Harnabsatz einzuplanen. Durch die Bodengestaltung, absenkbare Deckel über dem Liegebereich, die den Nestcharakter verstärken, Einstreu, den Lichteinfall und die Platzierung der Fütterungs- und Tränkeeinrichtungen lässt sich die Nutzung der Bereiche gut steuern. Bei Puten und Masthühnern sollte es zur Standardausstattung gehören, dass erhöhte Sitzflächen – zum Beispiel Strohballen und herunterklappbare Sitzbretter an den Wänden – als Strukturierungselemente eingesetzt werden. Damit kann die Bewegungsfähigkeit der Tiere stimuliert und das Ausweichen auf eine andere Ebene ermöglicht werden. Außerdem schlafen alle Hühnervögel einschließlich der ursprünglich besonders flugfähigen Puten gerne erhöht, weshalb diese Strukturierungselemente das artgemäße Ruheverhalten begünstigen.

Ein fester Planungsbestandteil für alle Ställe müsste außerdem sein, dass sich Tiere von unterschiedlichem Rang ausweichen können. Deshalb müssen insbesondere bei Rindern und Zuchtschweinen Engstellen und Sackgassen vermieden werden und raumaufteilende Elemente wie halbhohe Zwischenwände eingebaut werden, damit rangniedrige Tiere dem Dominanzverhalten der ranghöheren ausweichen können.

Vermehrte Anstrengungen finden derzeit auch hinsichtlich baulicher Lösungen für den Zugang der Tiere zum Außenklima statt. Die Bemühungen richten sich insbesondere auf Laufhöfe für Rinder, falls kein Weidegang möglich ist, und Auslaufbereiche für Schweine und Geflügel. Außerdem ermöglichen sogenannte Wintergärten und Kaltscharrräume, Puten und Hühner der verschiedenen Nutzungsrichtungen gesundheitsförderlichen Außenklimareizen auszusetzen.[861] Viele Vorschläge vor allem im Bereich der Rinderhaltung planen inzwischen ein, Funktionsbereiche wie Fütterung und Ruhen auf mehrere weitgehend offene Gebäudeteile zu verteilen. Die Funktionsbereiche sind durch Laufhöfe getrennt, wodurch die Tiere stimuliert werden, sich zu bewegen, und gleichzeitig mit der Witterung konfrontiert sind.

Beim Zugang von Tieren zum Außenbereich werden immer wieder Zielkonflikte hinsichtlich der Emissionsminderungen und der Interessen von Anwohnern thematisiert.[862] Dieses Konfliktpotenzial lässt sich allerdings inzwischen häufig durch technische Lösungen wie beispielsweise die Kot-Harn-Trennung entschärfen.

Darüber hinaus könnten Aspekte der Umweltverträglichkeit und der Anwohnerfreundlichkeit in die Prüf- und Zulassungsverfahren für Tierhaltungsverfahren nach Schweizer Vorbild (Seite 196) einbezogen werden, die seit Langem von der Tierschutzseite gefordert, rechtlich bereits angelegt[863] und politisch zugesagt sind. Solche Verfahren würden zudem die Planungssicherheit für bauwillige Tierhalter erhöhen.[864]

Ausstieg aus der Kupierpraxis

Um die Entstehung der weit verbreiteten Verhaltensstörungen Federpicken, Schwanzbeißen und Kannibalismus einzudämmen, werden weitere Anstrengungen nötig sein, damit Schweine und Hühner ihr angeborenes Erkundungs- und Futtersuchverhalten ausleben können, ohne dabei Artgenossen zu schädigen.

Da es sich um Phänomene handelt, die durch mehrere Faktoren verursacht werden, ist für jede Tierhaltung ein Maßnahmenpaket erforderlich. Das Ziel der Bemühungen darf nicht lediglich die Abschaffung der routinemäßig durchgeführten Eingriffe an Schnäbeln oder Schwänzen sein. Der Fokus der fachlichen und agrarpolitischen Anstrengungen muss vielmehr darauf liegen, die gesamten Lebensbedingungen der Tiere so zu verbessern, dass sich die Eingriffe innerhalb eines überschaubaren und klar definierten Zeitraums erübrigen.

Mit der freiwilligen Vereinbarung zum Ausstieg aus dem Schnabelkupieren von Legehühnern in Deutschland[865] wurde ein riskanter Weg beschritten, weil viele, insbesondere weniger spezialisierte Tierhaltungen im Vorfeld wenig Erfahrung mit der Haltung unkupierter Hennen gesammelt hatten. Ein Scheitern der Tierhalter an dieser Herausforderung hätte gravierende Folgen insbesondere für die Tiere haben können.

Bei anderen Tierarten, allen voran Schweinen und Puten, sollte deshalb der Ausstieg aus der Kupierpraxis zwar umgehend eingeleitet, aber als stufenweiser Prozess mit verpflichtender Teilnahme der Tierhaltungen gestaltet werden. Ein Vorbild dafür könnte die Vorgehensweise in Österreich sein, die dort bereits 2005[866] zum fast vollständigen Verzicht auf die Haltung schnabelkupierter Hühner geführt hat: Eine Vereinbarung zwischen den Wirtschaftsbeteiligten, die Nutzung von zwei Markenprogrammen und engagierte wissenschaftliche Begleitung stellten die Grundlage für den dortigen mehrjährigen Prozess dar. Kernelement des österreichischen Vorgehens war, dass von Haltern kupierter Tiere eine Abgabe erhoben wurde. Aus diesen Mitteln erhielten die Halter von unkupierten Tieren beim Auftreten von Kannibalismus einen Risikoausgleich für ihre zusätzlichen Maßnahmen, Futtermitteluntersuchungen oder Beratungszwecke. Eine solche brancheninterne Lösung wäre ein denkbarer Weg für die Schweine- und Putenhaltung, falls umfassendere Vorschläge nicht realisiert werden.

Nutzungsdauer und Tierverluste

Mit weniger als drei Laktationen[867] vor der Schlachtung wird bei Milchkühen derzeit häufig weder die Phase ihrer maximalen Leistungsfähigkeit nach der Geburt des dritten bis fünften Kalbes ausgeschöpft noch ihre ökonomisch optimale Nutzungsdauer in der siebten Laktation erreicht.[868] Fast die Hälfte der weiblichen Zuchtschweine verlässt aus den verschiedensten Gründen im Verlauf eines Jahres den Bestand und wird ersetzt.[869] Bei Legehühnern gehen selbst die Zuchtunternehmen in ihren Werbematerialien von 8 bis 10 % Tierverlusten innerhalb einer Legeperiode aus.[870] Das sind in Deutschland über 4 Millionen Hühner im Jahr.

Diese Feststellungen beinhalten, dass zahllose Tiere lange vor dem Erreichen ihrer biologisch möglichen und ökonomisch angestrebten Lebensspanne sterben oder getötet werden, weil sie krank und nicht ausreichend produktiv sind. Das lässt nur den Schluss zu, dass keine ausreichende Bedarfsdeckung und Schadensvermeidung (Seite 172) stattgefunden hat, was weder ethisch noch ökologisch oder ökonomisch zufriedenstellen kann.

Info

Tierart/Nutzungsrich-tung	Verluste	Spanne der Verluste	Zeitraum
Kälber bis zum Absetzen[871]	5 %	2–20 %	90 Tage
Saugferkel[872]	13,9 %	12–20 %	21–28 Tage
Ferkelaufzucht (bis 28 kg Tiergewicht)[873]	4 %	2–7 %	40 Tage
Mastschweine (bis 119 kg Tiergewicht)[874]	2,3 %	2–5 %	16 Wochen
Legehühner[875]	10 %	5–20 %	56 Wochen
Masthühner (Schwermast)[876]	4 %	2,4–7,0 %	41 Tage
Putenhähne[877]	10,9 %	3,5–12 %	21 Wochen
Putenhennen[878]	4,2 %	3,5–12 %	16 Wochen

Deshalb: Zuchtziele weiterentwickeln

Um Erkrankungshäufigkeiten zu verringern, die hohen Tierverluste zu vermeiden und die durchschnittliche Nutzungsdauer
zu verlängern, muss es Veränderungen in der Tierhaltung geben,
die durch die geschulte Aufmerksamkeit der Tierhalter flankiert
werden. Da jedoch auch nach internationaler Einschätzung die
Ursache vieler Missstände die züchterische Auswahl ist[879], sind
Korrekturen und Ergänzungen bei den Zuchtzielen[880] und der
Zusammensetzung des Gesamtzuchtwertes[881] unumgänglich. Der
Gesamtzuchtwert setzt sich aus mehreren Merkmalen zusam-
men und stellt eine Einschätzung dafür dar, welcher züchterische
Fortschritt durch ein Zuchttier zu erwarten ist. Merkmale, die die
Gesundheit, das Verhalten und insgesamt das Wohlbefinden der
Tiere positiv beeinflussen, müssen auch nach Ansicht von Exper-
ten, die dies im Auftrag der Bundesregierung formuliert haben, in

den Zuchtprogrammen wesentlich stärker berücksichtigt werden.[882] Beachtet werden müsste außerdem, was sich aus dem ersten Leitgedanken hinsichtlich der Nutzung, der Futtergrundlage und der Umweltwirkungen ableiten lässt.

Bei Rindern und Milchkühen, die dem ersten Leitgedanken gemäß die tragende Rolle bei der Erzeugung von tierischem Protein zu Nahrungszwecken spielen, müssen mehrere Ziele züchterisch stärker berücksichtigt werden: die Aufnahmekapazität von Grundfutter und die Grundfutterausnutzung, Weidefähigkeit einschließlich guter Klauen, Beingesundheit und leichter Geburten, Stoffwechselstabilität aufgrund gleichmäßiger Milchleistung mit mäßiger Einsatzleistung, lange Nutzungsdauer und gute Lebensleistung anstelle der maximalen Milchleistung in einzelnen Laktationen. Tierzuchtexperten kamen schon vor mehreren Jahren zu dem Ergebnis, dass bei Milchkühen ein Missverhältnis zwischen dem hohen Leistungs- und dem begrenzten Futteraufnahmevermögen besteht, das die Leistungsfähigkeit der Kühe einschränkt. Deshalb müsse man bei der Zuchtwertschätzung, das heißt bei der Feststellung des Zuchtwertes, nicht nur die Milchproduktion, sondern auch Produktionsausfälle infolge von Erkrankungen und insbesondere die Lebensleistung einbeziehen.[883]

Dass es möglich ist, Gesamtzuchtwerte mit unterschiedlicher Gewichtung von Merkmalen zu etablieren, zeigt beispielsweise die Holstein-Zucht. Dort stehen für Züchter zwei Gesamtzuchtwerte mit unterschiedlicher Merkmalsgewichtung zur Auswahl von Besamungsbullen zur Verfügung: Während im Gesamtzuchtwert RZG die Milchleistungskomponente mit 45 % und die Komponenten Funktionalität, Fruchtbarkeit, Tiergesundheit und Langlebigkeit mit 55 % einbezogen werden, ist im sogenannten RZFit die Gewichtung der Leistungskomponente auf 10 % zugunsten der anderen Komponenten reduziert. In diesem alternativ angebotenen Gesamtzuchtwert findet praktisch ausschließlich eine Selektion auf Funktionalität, Fruchtbarkeit, Langlebigkeit und Gesundheit statt.[884] Vorstellbar wären deshalb auch eigene Gesamtzuchtwerte für eine betont weide- oder eine grundfutterorientierte Rinderhaltung, die zum größten Teil aus vorhandenen Daten mit neuer Gewichtung der Merkmale erstellt werden könnten.[885]

Für die Schweinezucht wären ebenfalls langlebigere Zuchtsauen attraktiv, die tendenziell weniger, aber gleichmäßig große und nicht unter 1 kg schwere Ferkel gebären, die sich durch gute Vitalität auszeichnen. So entstünden voraussichtlich geringe Einbußen bei der Zahl abgesetzter Ferkel – trotz verringerter Wurfgrößen und veränderter Haltungsbedingungen in den Bewegungsbuchten während der Säugezeit. Auch für andere Tierarten, Alters- und Nutzungsgruppen wäre eine mäßig reduzierte Mast- oder Legeleistung zugunsten geringerer Tierverluste ethisch, ökonomisch und im Hinblick auf eine zufriedenstellende Ressourcennutzung erstrebenswert.

Lebensleistung und Klimaschutz

Die ungünstige Nutzung der Ressourcen wird vor allem im Zusammenhang mit der Klimarelevanz und Nahrungskonkurrenz der landwirtschaftlichen Tierhaltung zu einem bedeutenden Thema. Immer wenn eine lange Aufzucht und eine kurze Nutzungsdauer zusammentreffen oder wenn es zu hohen Tierverlusten kommt, dann bedeutet dies, dass die zuvor eingesetzten Ressourcen wie Futtermittel, Futterflächen oder Heizenergie, aber auch die Arbeitszeit, wenig lohnend oder vergeblich aufgewendet wurden.

Besonders deutlich wird dies bei der Milchrinderhaltung. Die Aufzucht einer Milchkuh bis zur Geburt ihres ersten Kalbes dauert ungefähr 28 Monate. Das sind mehr als 40 % ihrer üblichen Lebensdauer.[886] Insbesondere bei Milchkühen können deshalb die Treibhausgasmengen, die pro Kilogramm Milch oder Fleisch entstehen, reduziert werden, indem die Lebensleistung der Tiere erhöht wird.[887, 888] Ungeachtet des genetisch hohen Leistungspotenzials liegt die durchschnittliche Lebensleistung einer Milchkuh zur Zeit bei deutlich unter 30.000 kg Milch[889], obwohl Lebensleistungen bei Milchkühen von über 100.000 kg möglich sind[890]. Bei Rindern lassen sich hinsichtlich der Gesamt-Treibhausgasemissionen außerdem Vorteile von Zweinutzungsrindern nachweisen.[891] Darüber hinaus wird in der Erhöhung der Lebensproduktivität der Tiere der erfolgversprechendste sowie ökonomisch beste Weg der Methanreduktion gesehen. Ähnliches gilt für die ausgeschiedenen Stickstoffmengen bei allen Tierarten, wenn Tierverluste und frühzeitiges Ausscheiden aus dem Bestand vermieden werden.[892]

Insgesamt sollte im Hinblick auf den ersten wie den zweiten Leitgedanken gelten, dass temporäre, also zeitlich begrenzte Spitzenleistungen zugunsten einer geringeren Störungsanfälligkeit der Tiere und einer gleichmäßigen, anhaltenden Leistungsfähigkeit aufgegeben werden sollten. Die angestrebten Leistungen müssten grundfutterbasiert und auch unter nicht vollständig optimierten Fütterungsbedingungen erreicht werden können. Auf diese Weise würden wirklich moderne Tiere mit verringerter Gesundheitsgefährdung die ihnen zugedachte Multifunktionalität in der landwirtschaftlichen Tierhaltung erfüllen können.

Neue Chance für Zweinutzungshühner

Im Zuge des Umbaus der Tierhaltung nach dem ersten Leitgedanken und in Verbindung mit dem zusätzlichen Wertschöpfungspotenzial, das sich aus dem dritten Leitgedanken entwickeln dürfte, sollte die Konkurrenzfähigkeit von Zweinutzungshühnern – den Bruderhähnen der Legehybriden wie den echten Zweinutzungsrassen oder -linien – erneut geprüft werden. Vorstellbar ist, dass die Aufzucht der Hähne in Verbindung mit der konsequenten Fütterung von Speiseabfällen und anderen Resten der Lebensmittelerzeugung eine bedeutendere Marktnische besetzen könnte, als es derzeit stattfindet.

Wann die bereits wiederholt angekündigte Geschlechtsbestimmung von Hühnern in einem frühen embryonalen Stadium tatsächlich praxisreif sein wird, ist nach wie vor schwer absehbar. Bis dahin ließe sich die Tötung von Hahnenküken durch eine verlängerte Nutzung der Legehühner und einen späteren Ersatz durch Jungtiere verringern, wenn auch nicht aufheben.[893] Eine solche zwischenzeitliche Lösung erfordert jedoch, dass die Tiere eine stabile Körperkondition und Gesundheit haben.

Notwendige Veränderungen bei den rechtlichen Vorgaben

Neben der konsequenten Umsetzung bestehender Rechtsvorgaben ist eine gründliche Überarbeitung und vor allem Ergänzung der Tierschutz-Nutztierhaltungsverordnung überfällig. Vorrangig ist dabei, das Ende der Anbindehaltung von Rindern bzw. der routinemäßigen Fixierung und Einzelhaltung weiblicher Zuchtschweine verbindlich festzulegen. Vorstellbar wäre, ähnlich wie in Österreich ein klares Verbot solcher Haltungsvarianten vorzugeben, aber gleichzeitig angemessene Übergangsfristen einzuplanen, um den Strukturwandel im Bereich der Tierhaltung nicht weiter anzuheizen. Für die Übergangsfrist müssten Zwischenlösungen vorgesehen werden, die die Einschränkungen für die Tiere deutlich abmildern und einen existenzgefährdenden Investitionsdruck bei den Betrieben abfedern würden. Gemeint sind damit Unterbrechungen länger anhaltender Anbindephasen durch die regelmäßige Nutzung von Ausläufen und die zeitliche Begrenzung der Einzelhaltung auf wenige Tage nach dem Abferkeln bzw. dem Decken.

Außerdem benötigen vier Sparten besonders dringend klare und verbindliche Regeln, nicht nur zugunsten des Wohlbefindens der Tiere, sondern auch wegen der Akzeptanz durch die Verbraucher und um der Planungssicherheit willen: die Junghühneraufzucht, die Putenhaltung, die Haltung von Milchkühen und die Rindermast.

Der dringende Regelungsbedarf für die Bedingungen bei der Aufzucht von Junghühnern besteht vor allem, um durch eine qualifizierte Aufzucht die Verhaltensstörungen Federpicken und Kannibalismus einzudämmen.

Die Aufzucht von Junghennen optimieren

Alle Junghennen-Aufzüchter sollten verbindlich dazu verpflichtet werden, die Entwicklungsphase von Hennen bis zur Legereife in Abstimmung mit dem späteren Tierhalter möglichst vielfältig zu gestalten und bestimmte Besatzdichten bzw. Gruppengrößen nicht zu überschreiten.[894] Ganz besonders wichtig ist eine bedarfsgerechte Fütterung der Küken und Junghennen, um eine gute Entwicklung des Magen-Darm-Traktes und ausreichende Beschäftigung der Tiere, also ein Ausleben des Futtersuch- und Futteraufnahmeverhaltens, zu gewährleisten. Deshalb ist Mehlfütterung oder Fütterung mit gekrümeltem Futter der Fütterung mit Pellets vorzuziehen. Das Futter sollte möglichst lange auch auf Futterplatten bzw. Papier angeboten werden, um die Küken zu beschäftigen und dem Federpicken vorzubeugen. Ungefähr ab der 10. Lebenswoche sollte regelmäßig Raufutter, zum Beispiel Luzerneheu, angeboten werden. Neben der Nutzung als Beschäftigungsmaterial bietet das Raufutter einen höheren Anteil an Struktur, der sich positiv auf die Verdauung auswirkt. Der Rohfaseranteil im Junghennenfutter sollte zwischen 5 und 6 % liegen. Außerdem sollte unlöslicher Grit zur Unterstützung der Verdauung angeboten werden.[895]

Ein weiterer bislang nicht rechtsverbindlich geregelter Bereich ist die Putenhaltung. Aufbauend auf der freiwilligen Vereinbarung, die als Eckwerte für die Putenhaltung bezeichnet wird, und mithilfe der Ergebnisse eines Tierwohl-Monitorings bei Puten sollten Standards für die Putenhaltung verbindlich geregelt werden. Für die Rinderhaltung jenseits des Kälberalters existieren bislang außer Europaratsempfehlungen keinerlei Mindeststandards, weshalb die Durchsetzung tiergerechterer Haltungsbedingungen sich bei Mastrindern häufig als mindestens so schwierig erweist wie bei Milchkühen.

Bei weiteren Tierarten, für die es mit den Tierhaltern abgestimmte Regeln für die Haltung wie die niedersächsischen Empfehlungen zur Moschusenten- oder Pekingentenhaltung gibt, könnte nach einer Erhebung des Tierwohlstatus in diesen Bereichen entschieden werden, ob rechtliche Vorgaben erforderlich sind. Dasselbe gilt auch für den bislang völlig ungeregelten Bereich der Elterntierhaltungen bei Mastgeflügel.

Eine Tierwohl-Umlage zur Finanzierung einführen?

Wenn man die landwirtschaftliche Tierhaltung in Deutschland so umgestalten würde, dass sie heutigen gesellschaftlichen Vorstellungen entspräche, würde das laut Gutachtenlage aus dem Jahr 2015 jährliche Kosten von 3 bis 5 Milliarden Euro insbesondere für Tierwohlmaßnahmen verursachen.[896] Um sich die Größenordnung des Finanzierungsbedarfs besser vorstellen zu können, kann man diese Summe auf die erzeugten Mengen an Fleisch und Milch umlegen. Bei der folgenden Überlegung wird dabei von 5 Milliarden Euro jährlichem Bedarf hauptsächlich für die Inhalte des hier vorgestellten zweiten Leitgedankens ausgegangen.

In Deutschland wurden im Jahr 2017 insgesamt 8,11 Millionen t Fleisch erzeugt.[897] Außerdem wurden im Jahr davor 32,7 Millionen t Milch[898] und 12 Milliarden Eier[899] produziert. Auf diese Produktmengen ließen sich die Kosten von 5 Milliarden Euro zum Beispiel so verteilen, dass beispielsweise 2 Milliarden Euro auf die erzeugte Milch- und 3 Milliarden auf die Fleischmenge entfallen würden. Pro Kilogramm Milch wäre das ein Mehrbetrag von 6,1 Cent, beim Fleisch kämen 37 Cent pro Kilogramm zustande. Würde man die erwarteten Mehrkosten alleine auf die erzeugte Fleischmenge umlegen, dann entspräche das 61,7 Cent pro Kilogramm Fleisch.

In Anbetracht dieser Größenordnungen wäre zu erwägen, ob nicht die Einführung einer Tierwohl-Umlage in ungefähr der hier berechneten Höhe vorstellbar wäre, die zunächst branchenintern bei verarbeitenden Betrieben oder dem Handel erhoben würde. Diese Umlage müsste letztlich im Wesentlichen von den Konsumenten getragen und außerdem vollständig an die Erzeuger mit höheren Tierwohlstandards weitergereicht werden.

Als methodische Vorlage für die Erhebung einer solchen Umlage könnte die Initiative Tierwohl der Lebensmittelbranche dienen. Weitere Aspekte und mögliche Auswirkungen dieses Finanzierungsansatzes werden im abschließenden Kapitel (Seite 275) angesprochen.

Neben diesem Vorschlag kann und muss auch erörtert werden, inwieweit sich die klassischen agrarpolitischen Instrumente insbesondere der Förderpolitik noch gezielter zur Finanzierung einer zukunftsfähigen landwirtschaftlichen Tierhaltung in Deutschland nutzen lassen. Weitere Möglichkeiten dafür bzw. zur Finanzierung des gesamten Leitbilds werden in den folgenden beiden Kapiteln thematisiert.

Zusammenfassend: selbstkritisch und solidarisch _____

Die Realisierung des zweiten Leitgedankens einer fürsorglichen, tiergerechteren Haltung landwirtschaftlich genutzter Tiere erfordert vor allem drei Entwicklungen: eine geschulte selbstreflektierende Wahrnehmung der Situation durch die Tierhalter, die flächendeckende Umsetzung fachlicher Erkenntnisse bei Haltung und Management und Veränderungen bei der Zuchtwertschätzung.

Der Mittelbedarf von jährlich 5 Milliarden Euro ließe sich auf verschiedene Arten decken. Modelle wie die Vorgehensweise beim Ausstieg aus dem Schnabelkupieren in Österreich oder die Brancheninitiative Tierwohl in Deutschland könnten an neue Fragestellungen angepasst und erweitert werden. Solche Strategien setzen aber den Willen voraus, die gesamte Lebensmittelkette und die Verbraucher zu beteiligen. Auch bei den Finanzierungsmöglichkeiten im Rahmen der Gemeinsamen Agrarpolitik der EU (GAP) und bei den nationalen Förderinstrumenten bestünden Möglichkeiten, sie noch stärker an Tierwohlbelangen auszurichten.

Insgesamt sollen durch den zweiten Leitgedanken fürsorgeethische Positionen mit den Erkenntnissen aus der Physiologie und Ethologie verbunden werden.

Leitgedanke 3: Transparenz und Wertschätzung

Die Verarbeitung von Milch und Fleisch und der Handel mit Lebensmitteln tierischen Ursprungs konzentrieren sich immer mehr in der Hand weniger Unternehmen. Deren Wettbewerbsstrategie war lange hauptsächlich daran orientiert, ihre Position am Markt über günstige Preise und nur zu einem geringeren Teil über Marken und Wiedererkennbarkeit zu sichern.

Für die Konsumenten spielen allerdings neben geschmacklichen Vorlieben und dem Preis[900] zunehmend weitere Aspekte eine Rolle bei ihrer Kaufentscheidung. Das betrifft nicht nur die Qualität des Produkts selbst, sondern auch seine Entstehungsweise, was häufig als Prozessqualität bezeichnet wird. Dieses gewachsene Verbraucherinteresse[901] zeigt sich beispielsweise im stetigen Wachstum der Biobranche oder des Fairen Handels. Bei vielen Einkäufen haben die Verbraucher jedoch kaum Möglichkeiten herauszufinden, wie die Produkte entstanden sind. Sie treffen zwar auf ein vielfältiges Sortiment an Waren, was deren Zusammensetzung und geschmackliche Varianten angeht. Informationen zur Entstehungsweise des jeweiligen Produkts und insbesondere zur Qualität der Tierhaltung, aus der das Produkt stammt, fehlen aber nach wie vor bei der Mehrzahl der angebotenen Artikel.

Die aktuelle Situation ist außerdem dadurch gekennzeichnet, dass die Erwartungen der Bevölkerung hoch sind, was die Rolle der Landwirtschaft für Tierwohl und Naturschutz angeht.[902] Das öffentliche Ansehen von Landwirten ist zwar grundsätzlich gut, gleichzeitig werden aber gerade im Hinblick auf den Umgang mit Tieren und den Umweltschutz die Erwartungen der Bürger bei Weitem nicht erfüllt.[903]

Was können und sollen Label leisten?

Die wichtigsten Erwartungen, die sich mit einer veränderten Kennzeichnung von Lebensmitteln tierischen Ursprungs verbinden, beruhen auf den unterschiedlichen Qualitäten bei der Erzeugung. Diese Unterschiede könnten, wenn sie nachvollziehbar und erkennbar gemacht werden, zur Differenzierung, das heißt einer stärkeren Aufgliederung und Segmentierung, eines zuvor einheitlichen Marktes führen. So lassen sich beispielsweise Tiere, die unter besonderen oder überdurchschnittlichen Bedingungen gehalten wurden, zu einem anderen Preis verkaufen als Tiere, deren Haltung dem Standard entspricht. Aus dieser Marktdifferenzierung können durch eine geeignete Kennzeichnung zusätzliche Auswahlmöglichkeiten für die Konsumenten und eine höhere Wertschöpfung entlang der Lebensmittelkette einschließlich höherer Erlöse für die Erzeuger entstehen. Beispiele dafür sind die höheren Preise für ökologisch erzeugte Produkte oder die höheren Erlöse für Schlachtschweine in Dänemark (Seite 209), bei denen die dortige staatliche Tierhaltungskennzeichnung genutzt wird.

Zurzeit wird vor allem angestrebt, Produkte im Hinblick auf Prozessqualität und Preisniveau zwischen der Standardware und den Produkten aus der ökologischen Landwirtschaft zu platzieren. Damit könnte den unterschiedlichen Graden der Erwartung und der Zahlungsbereitschaft bei den Kunden entsprochen werden.

Eine wichtige Bedingung, um durch Auslobungen, die die Lebensbedingungen der Tiere wiedergeben, dauerhaft Wertschöpfungspotenziale zu nutzen und das Ansehen der Tierhalter zu verbessern, ist die Glaubwürdigkeit und Zuverlässigkeit des jeweiligen Kennzeichnungssystems. Damit Label zu einer informierten Konsumentscheidung beitragen, müssen sie außerdem einfach verständlich sein, auf fachlich begründeten, nachgeprüften Kriterien beruhen und den Konsumenten bekannt sein.[904] Laut aktuellem Ernährungsreport der Bundesregierung (Seite 203) wünschen sich knapp 80 % der Befragten – vermutlich aus diesen Gründen – inzwischen ein staatliches Tierwohllabel, wobei dieser Bericht nicht darstellt, ob eine freiwillige oder eine verpflichtende Nutzung eines solchen Labels bevorzugt würde.

Zu beachten ist allerdings, dass Label unter Umständen nur geringe Anreizwirkungen auf die teilnehmenden Erzeuger entfalten. Ein Grund dafür kann sein, dass der Aufpreis, den die Erzeuger durch die Teilnahme an einem Label-Programm erlösen, gering ist und keine weiteren Entwicklungsschritte zulässt. Wenn ein Label außerdem auf einem niedrigen Standard basiert, kann es auch dazu führen, dass das Niveau der Erzeugung nach unten korrigiert wird. Manche Label sind zu undifferenziert oder zu statisch; Anpassungen der Standards an den Fortschritt von Wissenschaft und Technik erfolgen zu selten. Solche Label entfalten keine Anreize für eine kontinuierliche Verbesserung, sie können sogar innovationshemmend wirken.[905]

Kennzeichnung: Unternehmen oder Staat, Pflicht oder Kür?

Vor dem Hintergrund der allgemeinen Tierwohldebatte haben inzwischen viele Unternehmen der Lebensmittelbranche Markenprogramme bei Lebensmitteln tierischen Ursprungs eingeführt, die eine tiergerechtere Erzeugung gewährleisten sollen. Markenprogramme oder auch die Auslobung bestimmter Merkmale wie beispielsweise bei Weide- oder Heumilch können den Verbrauchern zusätzliche Informationen darüber liefern, wie die Produkte entstanden sind. Allerdings ist die Vielfalt solcher Programme und Kennzeichnungen inzwischen so groß, dass es für die Konsumenten immer schwieriger wird festzustellen, welche Bedingungen bei der Erzeugung maßgeblich waren und ihren Erwartungen entsprechen.

Während beispielsweise in anderen Ländern, etwa den Niederlanden, glaubwürdige Kennzeichnungen für Weidemilch etabliert wurden, fehlt in Deutschland nach Ansicht des Beirats für Biodiversität und Genetische Ressourcen beim Bundesministerium für Ernährung und Landwirtschaft (BMEL) ein allgemein anerkanntes Label. Die Überwindung der damit verbundenen Informations- und Koordinationsprobleme stelle durchaus eine staatliche Aufgabe dar.[906] Politischen Handlungsbedarf zugunsten der Übersicht hatten zwei weitere Beiräte beim zuständigen Bundesministerium schon vor mehreren Jahren festgestellt. Sie hatten bereits 2011 für ein mehrstufiges, mehrere Themengebiete umfassendes sogenanntes Dachlabel einschließlich gesetzlich definierter und geschützter Begriffe plädiert.[907]

Die „Mutter" aller Label: Eierkennzeichnung

Bei Eiern wurde bereits 2004 EU-weit eine Pflichtkennzeichnung für die Haltungsform der Tiere eingeführt.[908] Mit den Ziffern 0 bis 3 wird auf Eiern, die in unverarbeitetem Zustand verkauft werden, kenntlich gemacht, ob die Eier aus ökologischer Haltung, Bodenhaltung, Freilandhaltung oder Käfighaltung stammen.[909]

Vor dem Hintergrund anhaltender Debatten hat sich die Bundesregierung schließlich entschlossen, ein staatliches Tierwohllabel einzuführen, dessen Nutzung allerdings freiwillig bleiben soll. Die große Mehrheit der Bevölkerung wünscht sich jedoch offenbar eine verpflichtende Tierhaltungskennzeichnung, ähnlich wie sie bei den Eiern EU-weit bereits existiert.[910] Bei der freiwilligen Nutzung eines staatlich konzipierten Labels steht zu befürchten, dass es wie bei vielen anderen freiwilligen Siegeln nicht zu einer flächendeckenden Nutzung kommen wird und deshalb auch keine weiterreichenden Entwicklungsprozesse ausgelöst werden.

Chancen einer Pflichtkennzeichnung für Verbraucher und Erzeuger

Um das bestehende Missverhältnis zwischen den verfügbaren Informationen und den Konsummotiven, die über die Grundanforderungen an die Produkte hinausgehen, aufzulösen, werden verlässliche, leicht verständliche Angaben auf den Produkten benötigt. Motivierte und informierte Verbraucher können dann durch ihre Kaufentscheidung Impulse zur Verringerung negativer Effekte der Agrar- und Ernährungswirtschaft wie beispielsweise beim Klima-, Umwelt- oder Tierschutz liefern.[911] Erstrebenswert ist deshalb eine möglichst weit verbreitete Anwendung solcher Informationssysteme. Es besteht kein Zweifel daran, dass eine einfache, verständliche Kennzeichnung dazu beitragen kann, dass Kunden eine bewusste Wahl treffen und damit den benötigten Wettbewerb durch Qualität statt Quantität ankurbeln.[912]

Nach internationaler Einschätzung wird die Macht der Verbraucher, die Produktionsverfahren mitzubestimmen, auch weltweit immer größer.[913] Wenn die Verbraucher ihre Nachfragemacht selbst nutzen und nicht nur den Handelsketten überlassen, könnte das bewirken, dass die Erzeuger ihre Rolle als sogenannte Preisnehmer gegenüber den direkten Abnehmern ihrer Erzeugnisse, also gegenüber den Schlachtunternehmen, den Molkereien, anderen verarbeitenden Unternehmen und insbesondere dem Handel, leichter durchbrechen können. Durch eine stärkere Marktdifferenzierung ließe sich auch das Strategiemuster der Preisführerschaft in der Lebensmittelbranche aufbrechen.

Sowohl wissenschaftliche Studien und neuere Umfragen unter Verbrauchern als auch die Nutztierhaltungsstrategie der Bundesregierung verdeutlichen, dass es in der Fleischwirtschaft in Deutschland noch Potenzial im Bereich der Produkt- und damit Preisdifferenzierung gibt. In der Milchwirtschaft sind laut BMEL Anfangstendenzen einer solchen Differenzierung erkennbar.[914]

Label können grundsätzlich dazu beitragen, die Lücke zwischen positiven Tierschutzeinstellungen und einer bisher begrenzten Umsetzung dieser Einstellungen im Kaufverhalten der Verbraucher zu schließen.[915] Durch den Diskussionsprozess, der mit der schrittweisen Einführung der hier vorgeschlagenen Pflichtkennzeichnung verbunden wäre, könnte es darüber hinaus zu einer Entschärfung des Konflikts zwischen Teilen der Gesellschaft und der landwirtschaftlichen Tierhaltung bzw. der Lebensmittelbranche beitragen, wenn auf diese Weise Prozesse gegenseitigen Lernens verstärkt und die Sensibilität der Branche für den gesellschaftlichen Wandel erhöht wird.[916]

Was sollte eine wirkungsvolle Kennzeichnung enthalten?

Eine wirkungsvolle Fleisch- und Milchkennzeichnung sollte mehrere Kriterien und Aufgaben erfüllen. Sie muss einfach zu verstehen sein und Kaufentscheidungen wirksam, das heißt schnell, unterstützen. Neben Angaben zur Tierhaltung sollte die Kennzeichnung die tatsächliche geografische Herkunft eines Ausgangsprodukts erkennbar machen. Vor dem Hintergrund offener Märkte kommt diesem Teil der Kennzeichnung eine große Bedeutung zu, damit bei Kaufentscheidungen auch berücksichtigt werden kann, welche grundsätzlichen Standards und Rahmenbedingungen in der Herkunftsregion gelten.

Bei der Kennzeichnung von Eiern wird eine solche geografische Herkunftskennzeichnung ebenfalls bereits praktiziert. Bei vielen anderen, insbesondere stärker verarbeiteten Produkten ist dagegen für die geografische Herkunftsbezeichnung bisher auschlaggebend, wo bestimmte Verarbeitungsschritte stattgefunden haben. Informationen über den geografischen Ursprung der verarbeiteten Milch, der Eier oder des Fleischs gehen auf diese Weise für den Verbraucher verloren.

Um sowohl den ersten wie den zweiten Leitgedanken des vorgestellten Leitbilds bei Kaufentscheidungen berücksichtigen zu können, wird vorgeschlagen, eine verpflichtende Tierhaltungskennzeichnung nach dem Vorbild der Eierkennzeichnung immer mit einer aussagekräftigen geografischen Herkunftsbezeichnung für die Ausgangsprodukte tierischer Herkunft zu kombinieren. Die Kennzeichnung „0" stünde dann auch bei Fleisch und Milch für die Bedingungen der ökologischen Landwirtschaft. Die „3" würde den gesetzlichen Standard kennzeichnen. Eine „2" könnte vergeben werden, wenn den Tieren zusätzlicher Platz, Strukturierung des

Haltungsumfelds und mehr Beschäftigungsmöglichkeiten angeboten werden; die „1" könnte den ergänzenden, regelmäßigen Zugang zum Außenbereich – Ausläufe, Laufhöfe oder Weidegang – widerspiegeln. Anstelle der Ziffern könnten auch Begriffe wie „öko", „draußen", „Platz und Beschäftigung" und „Standard" verwendet werden. Für die Darstellung der geografischen Herkunft ließen sich die Buchstaben-Ländercodes verwenden, die bereits für die Lebensmittelkennzeichnung verwendet werden und auch von Fahrzeugkennzeichen bekannt sind. Erstrebenswert wäre zudem ein drittes Kennzeichnungselement, das im Falle eines bestimmten Maßes an Multifunktionalität der Herkunftstierhaltung ergänzend genutzt werden könnte.

Zusammengefasst bestünde die vorgeschlagene Kennzeichnung also aus einer Ziffer für die Art der Tierhaltung, einem Buchstabencode für den Herkunftsstaat der Rohware tierischen Ursprungs und einem Symbol, wenn Milch, Fleisch und Eier aus einer Tierhaltung stammen, die den ersten Leitgedanken in einem vorher festgelegten Umfang umsetzt. Die Bewertung einer Tierhaltung im Hinblick auf dieses dritte Kennzeichnungselement könnte sich das vorgeschlagene Punktesystem für Multifunktionalität (Seite 235) zunutze machen.

An dieser Art der Tierhaltungskennzeichnung, die sich weitgehend an der Kennzeichnung von Eiern orientiert, wird immer wieder kritisiert, dass die Einteilung zu grob sei und wichtige Merkmale wie managementbedingte Eingriffe, Transport oder Schlachtung ausklammere. Diese Kritik ist berechtigt, sollte aber in Kauf genommen werden, um den vergleichsweise hohen Bekanntheitsgrad der Eierkennzeichnung bei der Einführung einer Pflichtkennzeichnung für Milch und Fleisch nutzen zu können und die Verbraucher nicht zu verunsichern.

Ähnlich dem ersten Leitgedanken müsste die Einführung einer solchen Kennzeichnung ein mehrstufiger Prozess sein. Den Anfang sollte die Pflichtkennzeichnung von verpacktem Schweine- und Geflügelfrischfleisch und von Trinkmilch machen. Die eieranaloge Tierhaltungskennzeichnung würde dabei Angaben zum Ursprungsland oder Herkunftsort[917] ergänzen, die nach der Lebensmittel-informationsverordnung bei verpacktem Frischfleisch inzwischen vorgeschrieben sind. Die Ausweitung auf verarbeitete Produkte wäre bei Eiern einfach, politisch mehrheitsfähig[918] und von den Erzeugern seit Langem erwünscht[919]. Sie wurde von manchen Verarbeitern bereits freiwillig eingeführt. Die Kennzeichnung anderer verarbeiteter Erzeugnisse und die Einführung des dritten Kennzeichnungselementes könnten zu einem späteren Zeitpunkt erfolgen.

Das vorgeschlagene Kennzeichnungssystem bedeutet nicht, dass die existierenden Label abgeschafft werden müssten. In der Regel lassen sie sich den vorgeschlagenen vier Kategorien der obligatorischen Tierhaltungskennzeichnung zuordnen und könnten zusätzliche Merkmale wie beispielsweise gentechnikfreie Fütterung ergänzend fortführen.

Rechtliche Zulässigkeit einer Pflichtkennzeichnung

Vor der Etablierung einer Pflichtkennzeichnung für weitere Lebensmittel tierischen Ursprungs muss geklärt werden, ob die Kennzeichnung EU-weit eingeführt oder national geregelt werden soll. Kennzeichnungsvorschriften für Lebensmittel werden grundsätzlich durch die EU rechtlich geregelt. Nationale Lösungen sind allerdings möglich, soweit das EU-Recht Ausnahmen dafür vorsieht. Die nationale Umsetzung einer verpflichtenden Tierhaltungskennzeichnung ist nach derzeitiger Rechtslage nicht ausgeschlossen, setzt aber voraus, dass die EU-Kommission zustimmt.[920, 921]

Als Begründung im Falle einer nationalen Regelung könnte herangezogen werden, dass der Tierschutz als Aspekt des Verbraucherschutzes, der Schutz der berechtigten Interessen der Erzeuger und die Förderung der Erzeugung qualitativ guter Erzeugnisse zu den Zielsetzungen des Lebensmittelinformationsrechtes gehören.[922] Allerdings muss sichergestellt werden, dass innerhalb der EU der freie Verkehr von rechtmäßig erzeugten Lebensmitteln nicht behindert wird. Deshalb könnte man einführen, dass die obligatorische Kennzeichnung für Produkte gilt, die im Inland hergestellt wurden, während für Waren aus anderen Ländern die Möglichkeit eingeräumt wird, freiwillig am Kennzeichnungssystem teilzunehmen. Verkehrsfähige Ware, die nicht aus Deutschland stammt und nicht freiwillig gekennzeichnet würde, könnte ohne Einschränkung vertrieben und mit einer „3" gekennzeichnet werden. Auf diese Weise ließe sich eine Behinderung des freien Warenverkehrs vermeiden.[923]

Eine EU-rechtliche Regelung zur verpflichtenden Tierhaltungskennzeichnung wäre ebenfalls denkbar, erfordert jedoch einen langwierigen Abstimmungsprozess zwischen den Mitgliedstaaten.

Weitere Fragestellungen bei Einführung einer Pflichtkennzeichnung

Damit eine Kennzeichnung Auswirkungen auf das Einkaufsverhalten und damit auf den Markt entwickelt, muss sie Glaubwürdigkeit erlangen und behalten. Das erfordert eine Überprüfung der Voraussetzungen für die Nutzung der jeweiligen Kennzeichnungsstufe. Beim hier vorgeschlagenen Modell könnten die Kontrollen für die Kennzeichnung „0" den Stellen übertragen werden, die bereits jetzt für die Überprüfung der Einhaltung der Öko-Vorgaben zuständig sind. Ein ähnliches, hauptsächlich privatwirtschaftlich getragenes Kontrollsystem, das staatlich beaufsichtigt würde, ist auch für die Kategorien „1" und „2" vorstellbar und könnte bereits existierende Zertifizierungseinrichtungen einbeziehen. Da die vorgeschlagene Stufe „3" den gesetzlichen Standard darstellt und weder einen Preisvorteil noch einen Imagegewinn ermöglicht, wären keine kennzeichnungsspezifischen Kontrollen notwendig. Vorschläge zur sonstigen Überprüfung des Tierhaltungsniveaus wurden bereits im vorigen Kapitel vorgestellt (Seite 243).

Ungelöst bleibt allerdings, wie sich höhere Erlöse der Erzeuger aus den Ausgaben der Verbraucher absichern ließen, die aufgrund der vorgeschlagenen Pflichtkennzeichnung entstünden. Im Falle der Einführung einer Tierwohl-Umlage (Seiten 254 und 275) könnte und müsste durch die rechtlichen Rahmenbedingungen klargestellt werden, dass die Umlage in vollem Umfang dem geplanten Zweck zukommt. Für eine zusätzliche Wertschöpfung, also höhere Einnahmen des Handels aufgrund der Kennzeichnung besteht bislang keine Verpflichtung.

Transparenz, Wertschätzung und Kultur

Neben den ökonomischen und rechtlichen Aspekten bietet die vorgeschlagene Pflichtkennzeichnung weitere Ansatzpunkte, die für die Entwicklung einer zukunftsfähigen landwirtschaftlichen Tierhaltung genutzt werden könnten.

Transparenz bei der Haltung landwirtschaftlich genutzter Tiere, also bei der Prozessqualität, kann nicht nur dazu beitragen, die Wertschöpfung zu steigern. Sowohl die vorgeschlagene obligatorische Tierhaltungskennzeichnung als auch die skizzierte Kennzeichnung von Produkten im Hinblick auf die Multifunktionalität der Herkunftstierhaltung könnten Elemente sein, mit denen – neben anderen Instrumenten (Seite 271) – politisch steuernd auf das Konsumverhalten eingewirkt werden kann, ohne restriktiv, also über Verbote und Einschränkungen, vorzugehen. Im Bereich der gesundheitsbezogenen Ernährungspolitik gibt es seit Jahren Bemühungen, auf das Konsumverhalten der Bürger einzuwirken. Eine Konsumpolitik, die wesentlich zum Klimaschutz beiträgt, ist dagegen in Deutschland wie weltweit noch nicht entwickelt[924], sollte aber nach Ansicht von zwei wissenschaftlichen Beiräten des BMEL etabliert werden.

Letztendlich geht es aber um mehr als Ökonomie und Konsumpolitik. Es geht um die Wertschätzung der ökologischen und kulturellen Leistungen der Landwirtschaft, sofern sie bereit ist, sich diesen Fragestellungen stärker zu öffnen. Es gibt inzwischen regelrechte Aufrufe, einen kulturellen Begriff von Landwirtschaft zu entwickeln, um zu verhindern, dass die Besonderheiten dieser Branche aus dem kollektiven Gedächtnis einer urban lebenden Bevölkerung verschwinden.[925]

Zusammenfassend: Kennzeichnen zeigt Werte

Eine leicht verständliche Pflichtkennzeichnung von Lebensmitteln tierischen Ursprungs, die erkennbar macht, wie die Tiere gehalten werden, entspricht nicht nur den Wünschen einer Mehrzahl der Verbraucher. Sie bietet darüber hinaus die Möglichkeit zur Marktdifferenzierung. Dadurch können bei geeigneter Ausgestaltung des Kennzeichnungssystems höhere Erzeugerpreise erzielt werden, wirtschaftliche Spielräume für Veränderungen in der landwirtschaftlichen Tierhaltung entstehen und Entwicklungsprozesse bei allen Beteiligten und Betroffenen angestoßen werden.

Bemerkenswert ist, dass eines der führenden Unternehmen des Lebensmitteleinzelhandels im Frühjahr 2018 auf freiwilliger Basis ein System zur Tierhaltungskennzeichnung eingeführt hat[926], das weitgehend dem hier vorgestellten, ab 2014 für die baden-württembergische Landesregierung erarbeiteten Vorschlag entspricht.[927, 928, 929] Auch der Deutsche Bauernverband scheint allmählich die Vorzüge einer einheitlichen und leicht verständlichen Tierhaltungskennzeichnung zu erkennen.[930]

Wegen der Globalisierung der Märkte ist neben der Tierhaltungskennzeichnung eine aussagekräftige geografische Herkunftskennzeichnung bei allen Produkten tierischen Ursprungs unerlässlich, damit die Konsumenten in ihre Kauf- und Konsumentscheidungen einbeziehen können, welche grundsätzliche Ausrichtung und welche Standards der Landwirtschaft sie befürworten. Mittelfristig sollte ein zusätzliches Kennzeichnungselement ermöglichen, Produkte aus multifunktionalen Tierhaltungen, also nicht nur tiergerechterer, sondern darüber hinaus umwelt-, ressourcen- und klimaschonender Erzeugung zu identifizieren.

Entwicklungsschritte und Vorschläge zur Finanzierung

Zur Umsetzung der drei Leitgedanken wird es eine Vielzahl von Entwicklungsschritten und politischen Entscheidungen geben müssen. Es müssen gemeinsame Ziele formuliert und finanzieller Spielraum geschaffen werden. Der notwendige Strategiemix muss positive Anreize und verbindliche Regeln klug kombinieren.

Um Nachhaltigkeit vom Acker bis zum Teller und mehr Tierwohl zu erreichen, werden sich Politik, Wirtschaftsbeteiligte und Verbraucher engagieren müssen. Sie alle sind Adressaten der vorgelegten Vorschläge. Diese Auffassung geht über ein Umfrageergebnis der Europäischen Kommission hinaus. Demnach besteht in Deutschland mehrheitlich die Ansicht, dass der Schutz landwirtschaftlich genutzter Tiere alle Bürger angehe und deshalb von den Behörden geregelt werden sollte.[931] Anderen Umfragen zufolge verteilt sich die Verpflichtung dafür, wer in Deutschland für mehr Tierschutz sorgen sollte, gleichmäßiger auf Staat, Tierhalter, Verbraucher und Lebensmittelbranche.[932]

Politische Handlungsfelder

Aufgrund der zeitlichen Vorgaben durch die EU muss als Erstes im Rahmen der gemeinsamen Agrarpolitik der EU zusätzlicher Spielraum zur Förderung einer multifunktionalen Tierhaltung geschaffen werden. Außerdem gilt es sicherzustellen, dass ausreichend Mittel für Programme zur Förderung des Tierwohls zur Verfügung gestellt werden. Diese Mittel könnten dann für Investitionen wie beim Agrarinvestitionsförderprogramm, aber auch für managementorientierte Maßnahmen wie die Weideprämie und andere bereits entwickelte Fördermaßnahmen im Rahmen der länderspezifischen Entwicklungsprogramme eingesetzt werden.

Als nächstes sollten sich die politischen Akteure den Aufgaben zuwenden, die sie zum Teil bereits selbst angekündigt haben. Dazu zählt die Entwicklung einer nationalen Grünlandstrategie[933], die auch in der Nutztierhaltungsstrategie der Bundesregierung erwähnt wird.[934] Die logische Ergänzung dazu ist eine konsequente Moorschutzstrategie[935] bzw. die Bund-Länder-Vereinbarung zum Moorschutz[936], die im Klimaschutzplan 2015 genannt wird. Weitere Handlungsfelder stellen die konsequente Umsetzung der bereits erarbeiteten Konzepte wie der Eiweißpflanzenstrategie und die Fortsetzung der offenbar erfolgreichen Initiative[937] zur Reduzierung von Lebensmittelabfällen dar.

Neu hinzukommen sollte eine Humusinitiative (Seite 226), in deren Rahmen die Bedeutung der Humusbildung für den Erhalt der natürlichen Ressource Boden unterstrichen, ihre weiteren günstigen Nebeneffekte verdeutlicht und die Humusvermehrung gezielt gefördert werden könnten. Da insbesondere die Düngung mit Stallmist und der Anbau von Leguminosen-Gras-Gemischen humusförderlich sind, sollte landwirtschaftliche Tierhaltung, die Stallmist liefert und den Aufwuchs der Gründüngung nutzt, von einer solchen Humusinitiative profitieren.

Zur Umsetzung des zweiten Leitgedankens werden die beiden vorrangigen Aufgaben der Politik darin bestehen, die inhaltlichen bzw. gesetzlichen Rahmenbedingungen für die Tierwohl-Umlage (Seite 254) abzustecken und die rechtlichen Vorgaben für die Haltung landwirtschaftlich genutzter Tiere zu modernisieren. Darüber hinaus ist es die Aufgabe von Politik und Staat, die Regeln für die vorgeschlagene Pflicht-Tierhaltungskennzeichnung einschließlich der ergänzenden Kennzeichnungselemente (Seite 236) zu etablieren und das vorgeschlagene Tierwohl-Monitoring (Seite 243) einzuführen.

Handlungsfelder anderer Akteure

Die Möglichkeit, durch eine veränderte landwirtschaftliche Tierhaltung und einen daran angepassten Konsum mehrere Problemstellungen von der lokalen bis zur globalen Ebene günstig beeinflussen zu können, muss viel stärker in die öffentliche Debatte,
aber auch in die Ernährungspolitik und die Ernährungsberatung
einbezogen werden. Es geht dabei nicht nur um eine gesundheits-
förderliche – gewissermaßen individuell nachhaltige – Ernährungsweise, sondern um Nachhaltigkeit entlang der gesamten Lebensmittelkette. Besonders vordringlich sind in diesem Bereich
weitere Anstrengungen zur Abfallvermeidung und eine breite Debatte der positiven wie negativen Auswirkungen der unterschiedlichen Konsumgewohnheiten und -stile.

Das Schlüsselelement zur Umsetzung des zweiten Leitgedankens wäre eine deutliche Ausweitung der bestehenden Brancheninitiative Tierwohl zu einer allgemeinen, verbindlichen Tierwohl-
Umlage. Die hauptsächlichen Akteure dabei wären der Lebensmitteleinzelhandel, die verarbeitenden Unternehmen einschließlich der handwerklichen Betriebe und die Tierhalter. Sie sollten
eine stufenübergreifende anerkannte Branchenorganisation bilden, um im Einklang mit den EU-Rechtsvorgaben[938] allgemeinver-
bindliche Beschlüsse wie beispielsweise zur Höhe der Umlage und
deren Verteilung fassen zu können.

Umbau der Gemeinsamen Agrarpolitik der EU

Für die GAP beginnt 2021 eine neue siebenjährige Förderperiode,
die sich am mehrjährigen Finanzrahmen der EU orientiert. Wegen
der verschiedenen Problemstellungen, mit denen sich die Landwirtschaft konfrontiert sieht, sollte die künftige GAP nach Ansicht
der EU-Kommission den Weg zu einer nachhaltigeren Landwirtschaft ebnen.[939] Laut Kommission soll eine modernisierte GAP die
Landwirtschaft unter anderem stärker mit den Umwelt- und Kli-

mazielen der EU verbinden. Die GAP sollte ihren Nutzen für die EU vergrößern, indem sie bei Umwelt- und Klimaschutz ehrgeiziger vorgeht und den Anliegen der Bürger im Hinblick auf eine nachhaltige landwirtschaftliche Erzeugung Rechnung trägt.[940] Die Kommission beabsichtigt ansonsten, die Ausrichtung der GAP auf den Markt und die Unterstützung des landwirtschaftlichen Familienbetriebs beizubehalten.[941] Sie macht deshalb deutlich, dass sie an Direktzahlungen zur Absicherung des Lebensunterhalts von Landwirten festhalten will.[942] Die Landwirte sollen allerdings nur dann eine Einkommensstützung erhalten, wenn sie umwelt- und klimafreundliche Verfahren anwenden, die dann als Referenzszenario für ehrgeizigere freiwillige Verfahren herangezogen werden.[943] Außerdem strebt die Kommission an, den Regelungs- und Verwaltungsaufwand der GAP zu reduzieren.[944]

Im künftigen Fördermodell will die EU-Kommission vor allem die Ziele, grobe Maßnahmenkategorien und grundlegende Anforderungen festlegen, sich ansonsten aber auf Evaluierung, Kontrolle und Monitoring der GAP-Ziele konzentrieren. Die Mitgliedstaaten sollen dagegen mehr Verantwortung übernehmen, um die auf EU-Ebene beschlossenen Maßnahmen zu verwirklichen. Zu diesem Zweck sollen die Mitgliedstaaten spezifische Ziele auf nationaler, regionaler und lokaler Ebene festlegen und umsetzen. So könnte auch den Bedingungen und dem Bedarf vor Ort besser Rechnung getragen werden. Die künftige Umsetzung sollte dabei stärker an den Ergebnissen ausgerichtet sein. Die Mitgliedstaaten sollen durch die Kommission aufgefordert werden, nationale strategische Pläne für die Landwirtschaftspolitik und die Gestaltung der Lebensmittelkette vorzulegen, die die EU-Kommission auf ihre Vereinbarkeit mit den EU-Zielen und den internationalen Verpflichtungen prüft.[945, 946]

Bei der Ausgestaltung eines solchen nationalen Planes könnten die bisherigen zwei Säulen der Förderpolitik im Prinzip beibehalten werden. Dabei ließen sich die vorgeschlagenen Bonuspunkte für multifunktionale Tierhaltung (Seite 235) in die Architektur der Förderung einbeziehen. Vorstellbar wäre, das Bonuspunktesystem zu einem zentralen Element einer künftigen ersten Säule zu machen und dadurch das bisherige Greening abzulösen bzw. zu erweitern. Über abgestufte Multiplikatoren für die vorgeschlagenen Bonuspunkte wäre es möglich, die Größe der Betriebe bei der Prämienberechnung zu gewichten und kleinere Betriebe zu begünstigen. Außerdem könnte eine Art Sockelprämie zur Basisabsicherung der landwirtschaftlichen Betriebe eingeplant werden. Das neue Element der Bonuspunkte ließe sich mit wenigen zusätzlichen Angaben zur Wirtschaftsweise des jeweiligen landwirtschaftlichen Betriebes in die bisherige elektronische Antragstellung für die Fördermittel integrieren und automatisiert für die Prämienberechnung verwenden.

Eine auf diese Weise erneuerte erste Säule behielte Merkmale der bisherigen Flächenprämie bei, würde allerdings deutlich modifiziert. Die Art der Flächenbewirtschaftung erhielte ein höheres Gewicht, weil sie nicht nur auf einen kleinen Flächenanteil oder begrenzte Zeiträume wie beim jetzigen Greening beschränkt bliebe. Damit ließen sich die Zielsetzungen der EU erfüllen und der Erhalt von Flächenprämien vor dem Hintergrund des Gemeinwohlprinzips rechtfertigen.

Für andere betriebliche Entwicklungsschritte wie zum Beispiel den Bau tiergerechter Ställe oder energetisch optimierter Heutrocknungsanlagen, den Einsatz bestimmter Rassen oder den Aufbau oder die Weiterentwicklung bestimmter Betriebszweige ließe sich die bisherige zweite Säule fortführen. Die zweite Säule könnte damit weiterhin den Rahmen für die unterschiedlichen Entwicklungsprogramme mit ihren länderspezifischen Ausgestaltungen bilden.

Steuern durch Steuern

Steuern sind keineswegs nur eine Einnahmequelle des Staates, sondern können auch dazu eingesetzt werden, bestimmte Verhaltensweisen wie Konsumentscheidungen durch höhere oder niedri-

gere Kosten in Form von Steuern zu beeinflussen. Wegen des sogenannten Gesamtdeckungsprinzips werden Steuern zwar nicht mit
dem Ziel erhoben, direkt bestimmte Aufgaben und Maßnahmen
zu finanzieren. Eine feste Bindung von bestimmten Steuereinnahmen an bestimmte Zwecke ist haushaltsrechtlich nicht vorgesehen. Dennoch können die Einnahmen, die durch eine Steuer entstehen, bei der Planung öffentlicher Haushalte den Ausgaben für
bestimmte Zwecke zugeordnet werden.

Bisher spiegelt sich die Tatsache, dass die Produktion bestimmter Lebensmittel mehr Treibhausgasemissionen und andere Umweltauswirkungen verursacht als andere Produkte, nicht im Markt-
preis dieser Lebensmittel wider. Deshalb muss jetzt eine Debatte
über die derzeitigen Regeln bei der Besteuerung von Lebensmitteln möglich sein.

Die wissenschaftlichen Beiräte des BMEL und andere Expertengremien empfehlen vor diesem Hintergrund ausdrücklich, für tierische Produkte bei der Mehrwertbesteuerung den Regelsteuersatz
von 19 % und nicht den reduzierten Satz von 7 % anzuwenden. Für
die Verbraucher würde dies eine entsprechende Preiserhöhung bedeuten. Bei durchschnittlichen Ausgaben privater Haushalte für
Produkte tierischen Ursprungs in Höhe von ungefähr 100 Euro pro
Monat (Seite 202) ergäben sich bei unverändertem Konsumverhalten Mehrkosten je Haushalt von 11 Euro im Monat.[947, 948]

Bei einer Angleichung der Mehrwertsteuer für tierische Produkte würden Nachfragerückgänge von 2 bis 10 % für diese Lebensmittel erwartet. Insofern könnte eine spürbare Lenkungs-
wirkung entstehen. Außerdem würden sich die Steuereinnahmen
in Deutschland um 5 bis 6 Milliarden Euro erhöhen.[949]

Die Beiräte empfehlen ergänzend, deutlich zu machen, dass es
sich nicht um eine zusätzliche Steuer, sondern um die Aufhebung
einer bisherigen Steuervergünstigung handeln würde. Erklärt werden müsste auch, welche gesamtgesellschaftlichen Zielsetzungen
mit dieser Angleichung verfolgt werden, um die Akzeptanz der
Veränderung zu erhöhen.[950] Darüber hinaus wäre ein Ausgleich für
die veränderten Lebensmittelpreise im Rahmen sozialer Transfer-

leistungen oder bei der sonstigen Besteuerung unterer Einkommensgruppen vorstellbar und möglich.

Die Einnahmen einer solchen Mehrwertsteuerangleichung könnte man insbesondere für die Finanzierung des Moorschutzes als besonders klimarelevanter Maßnahme und Bestandteil des ersten Leitgedankens einsetzen. Dränierte, das heißt entwässerte Moore sind in Deutschland die größte Einzelquelle für Treibhausgase außerhalb des Energiesektors; mehr als zwei Drittel der Moorflächen werden als Ackerflächen oder Grünland genutzt.[951]

Die Kosten für Moorschutz sind hoch, weil Ertragsausfälle dauerhaft ausgeglichen werden müssen. Im Grunde müssten Moorflächen aus der Nutzung herausgekauft werden, wenn man ihr Klimaschutzpotenzial wirkungsvoll nutzen will. Hinzu kommen Kosten für die notwendige Pflege der Moorflächen. Derzeit werden in Deutschland ca. 1,2 Millionen ha Moorfläche – vor allem Moorböden, aber auch Anmoore und Auenböden – landwirtschaftlich genutzt.[952] Orientiert man sich an bereits vorliegenden Szenarien und Berechnungen, dann müssten im Verlauf von 20 bis 30 Jahren bis zu 300.000 ha Moorbodenstandorte wiedervernässt und bis zu 600.000 ha in ihrer Nutzung extensiviert werden.[953] Das sind zusammengenommen rund 5 % der Fläche, die zurzeit landwirtschaftlich genutzt wird. Mit Extensivierung ist in diesem Zusammenhang die Rückumwandlung von Ackerflächen zu Dauergrünland und die extensive Nutzung von Grünland auf Moorböden gemeint. Diese extensive Nutzung kann durch Tierhaltung sinnvoll ergänzt und unterstützt werden (Seite 142). Wenn man für die dauerhafte Herausnahme von Moorstandorten aus der Nutzung bzw. ihre extensive Nutzung und Pflege Kosten von mehreren Tausend Euro pro Hektar annimmt, dann werden im Verlauf des gesamten, länger dauernden Rückumwandlungs- und Extensivierungsprozesses mehrere Milliarden Euro benötigt. Eine genauere Abschätzung müsste erhebliche lokale Kostenunterschiede berücksichtigen und sollte auf der Grundlage aktualisierter Moorkartierungen vorgenommen werden. Den hohen Kosten steht allerdings ein beachtliches Minderungspotenzial bei den Treibhausgasemissionen gegenüber: Als Folge der geschilderten Rückumwandlungen und Extensivierungen kämen Emissionsminderungen von 7 bis 15 Millionen t CO_{2e} pro Jahr zustande.[954] Nach anderen Berechnungen könnten sogar jährlich 35 Millionen t CO_{2e} durch den konsequenten Schutz von Moorböden eingespart werden.[955] Dieses zuletzt genannte Minderungspotenzial entspräche über einem Viertel aller Treibhausgasemissionen, die in Deutschland der Landwirtschaft zugeordnet werden (Seite 92).

Als weiteres Lenkungsinstrument käme eine Steuer auf synthetische Stickstoffdüngemittel, andere stickstoffhaltige Dünger oder eine Abgabe auf einzelbetriebliche Stickstoffüberschüsse in Betracht (Seite 237). Diese Maßnahmen könnten vor allem dann an Bedeutung gewinnen, wenn die jetzigen Stickstoffüberschüsse weiter bestehen bleiben sollten.

Falls die Verschärfung des Düngerechts bis 2020 keine für den Klima- und Grundwasserschutz ausreichende Verringerung der Stickstoffüberschüsse bewirkt, empfehlen zwei wissenschaftliche Beiräte der Bundesregierung, eine nationale Mineralstickstoffabgabe einzuführen. Die Kombination mit einer Abgabe auf organischen Stickstoff tierischer Herkunft und Biogasgärreste pflanzlicher Herkunft wäre dann ebenfalls zu erwägen.[956] Trotz der geringeren Zielgenauigkeit sprechen sich die Beiräte wegen der geringeren Verwaltungskosten für eine einheitliche Abgabe auf synthetisch hergestellte Stickstoffdünger aus. Eine solche Abgabe könnte bei der Düngemittelindustrie und den -importeuren erhoben werden. Aufwand und Kosten für die Erfassung von betriebsspezifischen Stickstoffüberschüssen wären deutlich höher.[957] Die Einnahmen einer Stickstoff- oder Stickstoffüberschussabgabe sollten für Agrarumweltmaßnahmen eingesetzt und so an die landwirtschaftlichen Betriebe zurückgeführt werden, die umwelt- und klimaschonend wirtschaften.

Einführung und Folgen einer Tierwohl-Umlage

Völlig unabhängig von der GAP sollte geprüft werden, wie sich eine Tierwohl-Umlage in Deutschland etablieren ließe. Als methodische Vorbilder könnten sowohl die Finanzierung des Ausstiegs aus dem Schnabelkupieren von Legehennen in Österreich als auch die Brancheninitiative Tierwohl (Seite 207) herangezogen werden. Die Größenordnung einer Tierwohl-Umlage wurde bereits dargestellt (Seite 254): je nach Aufteilung der erwarteten Gesamtkosten müssten ungefähr 6 Cent pro Kilogramm erzeugter Milch und zwischen 37 und 62 Cent pro Kilogramm erzeugtem Fleisch als Umlage erhoben werden. Wenn dieser Betrag direkt an die Verbraucher weitergegeben würde, entstünden bei einem jährlichen Verbrauch – nicht dem geringeren Verzehr (Seite 201) – von 85 kg Fleisch und rund 400 kg Milch pro Person Kosten in Höhe von knapp 25 Euro für die vorgeschlagene Milch-Umlage und 31 Euro für den Fleischanteil in einem Jahr. Bei einer Umlage, die lediglich Fleisch einbezieht, kämen ebenfalls jährliche Mehrkosten für Tierwohlzwecke von etwas über 50 Euro auf den einzelnen Konsumenten zu.

Durch einen zusätzlichen Tierwohl-Cent pro erzeugtem Ei aus Deutschland könnten weitere 120 Millionen Euro aufgebracht werden, die höhere Verbraucherkosten von weniger als 2,50 Euro pro Konsument im Jahr nach sich ziehen würden. Beides würde das Gesamtbild allerdings wenig beeinflussen, da von 3 bis 5 Milliarden Euro jährlichem Bedarf[958] für Veränderungen zur Verbesserung des Tierwohls ausgegangen wird (Seite 254).

Über Maßnahmen, durch die sich eine Tierwohl-Umlage sozial abfedern ließe, muss wie bei der empfohlenen Mehrwertsteuerangleichung diskutiert werden. Weitere Prüfschritte sollten mögliche kartell- oder abgaberechtliche Bedenken und eventuelle beihilferechtliche Einwände der EU einbeziehen.

Pro und contra Tierwohl-Umlage

Üblicherweise werden mehrere ernst zu nehmende Kritikpunkte an einer solchen Umlage vorgebracht, die bei einer Realisierung dieses Ansatzes angemessen berücksichtigt werden müssten. So wird beispielsweise angeführt, dass ein einheitlicher Umlagebetrag pro Kilogramm Milch und Fleisch zwar als Grundlage für die Erhebung bei den verarbeitenden Unternehmen und Handwerksbetrieben oder beim Handel geeignet sein könne. Für die Weitergabe der Kosten müsste allerdings eine stärkere Differenzierung nach dem Wert der Produkte stattfinden. Dies würde dazu führen, dass beispielweise wertvolle Teilstücke von Rind, Schwein und Geflügel einen höheren Anteil der Umlage „tragen" müssten, als schwierig zu vermarktende Produkte. Dieses Problem unterscheidet sich allerdings nicht von jeder anderen Preiskalkulation, bei der Kosten für Personal, Logistik, Gebäude oder Technik auf unterschiedliche Waren verteilt werden müssen. In Anbetracht der geschilderten hohen Zahlungsbereitschaft der Konsumenten für Tierwohlzwecke (Seite 203) sollte dieses Argument der weiteren Erörterung einer Tierwohl-Umlage nicht von vornherein im Wege stehen.

Ein weiteres Gegenargument ist, dass eine solche Umlage ausschließlich die Kosten für Lebensmittel tierischer Herkunft erhöht, die in Deutschland erzeugt wurden. Damit würden der Konkurrenz von außerhalb Vorteile auf dem deutschen Markt verschafft. Dieses Argument unterstreicht einerseits die Wichtigkeit einer klaren Herkunfts- und Tierhaltungskennzeichnung, deren Bedeutung noch intensiver als bisher zum Inhalt von Marketingbemühungen gemacht werden muss. In diesem Zusammenhang könnte sich das bereits bestehende große Interesse der Konsumenten an der regionalen Herkunft ihrer Lebensmittel (Seite 203) als hilfreich erweisen. Andererseits sollten Möglichkeiten geprüft werden, wie sich importierte Ware in die Umlage einbeziehen ließe. Eine Erhebung entsprechender Beträge bei Importeuren und Verbringern aus anderen EU-Mitgliedstaaten ist grundsätzlich vorstellbar. Geklärt werden müsste wie bei der Pflicht-Tierhaltungskennzeichnung, ob eine solche Umlage gegen EU-Rechtsvorgaben verstoßen würde.

Für die vorgeschlagene Tierwohl-Umlage spricht, dass es sich um einen verständlichen Lösungsansatz handelt, bei dem die entstehenden Mehrbelastungen streng an einen bestimmten Zweck gebunden wären. Außerdem handelt es sich um überschaubare Beträge für die Konsumenten, die sich zudem durch das individuelle Konsumverhalten beeinflussen lassen. Würde vor dem Hintergrund des ersten Leitgedankens tatsächlich ein umfassender Umbau der landwirtschaftlichen Tierhaltung und ein Wandel des Konsumverhaltens stattfinden, dann gingen voraussichtlich sowohl der Bedarf für eine solche Umlage wie auch die daraus entstehenden Kosten zurück.

Ein großer Tierhalterverband hat mittlerweile den Gedanken einer Tierwohl-Umlage oder -Abgabe, der seit einiger Zeit hauptsächlich informell im politischen Raum diskutiert wird, aufgegriffen.[959] Begründet wird die Aufforderung zur Einführung einer solchen Abgabe mit dem Staatsziel Tierschutz, der gesamtgesellschaftlichen Verantwortung für den Tierschutz und einer Analogie zur Umlage bei den erneuerbaren Energien. Das Positionspapier des Branchenverbandes nennt allerdings keinerlei Zahlen oder Zeiträume.[960]

Weitere Folgen für die Ausrichtung der landwirtschaftlichen Tierhaltung

Die konsequente Umsetzung der drei Leitgedanken sollte über die Marktdifferenzierung, die modernisierte Fortsetzung bekannter Förderinstrumente und die zusätzlichen Finanzierungsquellen dazu führen, dass die Einkommenschancen für Landwirte gesichert sind und sich verbessern. Alleine die Mehrwertsteuerangleichung und die Tierwohl-Umlage könnten jährlich 10 Milliarden Euro mobilisieren, die im Wesentlichen für den Umbau der Landwirtschaft zu einer nachhaltigen Flächenbewirtschaftung mit tiergerechter, multifunktionaler Tierhaltung genutzt werden sollten.

Parallel dazu käme es zu einer deutlichen Verringerung des hohen Selbstversorgungsgrades bei Fleisch und Milch (Seite 200). Die derzeitige Exportorientierung mancher Bereiche der landwirtschaftlichen Tierhaltung müsste mangels Volumen aufgegeben werden. Hochumstrittene Themen wie der Export von Agrarprodukten in Entwicklungsländer oder die internationalen Langstreckentransporte von Schlachttieren würden sich auf diese Weise ohne Einkommensverluste für die Landwirte erübrigen.

Offensive für Konsumveränderungen und Gesamtkosten für die Verbraucher

Da Klima-, Umwelt- und Tierschutz die gesamte Bevölkerung in Deutschland betreffen, sollte es neue, möglichst sachliche Anläufe geben, um die Zusammenhänge von Tierhaltung, Klima- und Umweltschutz mit dem Konsumverhalten zu erläutern. Die Einführung einer Pflicht-Tierhaltungskennzeichnung und damit zusammenhängende Diskussionen wären ein guter Anlass dafür. Eine solche Offensive für Konsumveränderungen im Zusammenhang mit dem Umbau der landwirtschaftlichen Tierhaltung könnte Themen wie Abfallvermeidung und eine angemessene Reduzierung des Konsums von Lebensmitteln, die vom Tier stammen, ebenso thematisieren wie die Wertschätzung für scheinbar weniger wertvolle Lebensmittel wie die Suppenhühner.

Würden sowohl die vorgeschlagene Tierwohl-Umlage wie auch die Mehrwehrsteuerangleichung in die Realität umgesetzt, entstünden für einen privaten Haushalt mit vier Personen bei unverändertem Konsumverhalten jährliche Mehrkosten von ungefähr 350 Euro. Diese Mehrkosten stellen nur einen Teil der Einsparungen von ca. 800 bis 1000 Euro[961] dar, die offenbar allein durch die Vermeidung von Lebensmittelabfällen in den Haushalten möglich sind.

Zusammenfassung

Nach dem Bemühen, alle Vorschläge ausführlich zu begründen, soll zum Abschluss einmalig eine Auflistung als Zusammenfassung stehen:

Erforderliche politische und gesellschaftliche Maßnahmen für eine zukunftsfähige multifunktionale, tiergerechtere und transparente Tierhaltung im landwirtschaftlichen Bereich sind insbesondere:

– Umbau der GAP bzw. Ausgestaltung des nationalen GAP-Planes zugunsten einer multifunktionalen Tierhaltung
– Sicherstellung ausreichender Finanzmittel für Tierwohl-Programme innerhalb der GAP
– Entwicklung einer nationalen Grünlandstrategie
– Etablierung eines nationalen Moorschutzkonzepts
– Fortführung der Eiweißpflanzenstrategie
– Einführung einer Humusinitiative
– Überarbeitung der Rechtsvorgaben für die Haltung landwirtschaftlich genutzter Tiere
– Etablierung eines nationalen Tierwohl-Monitorings
– Einführung einer einfach zu verstehenden Pflicht-Tierhaltungskennzeichnung
– Offensive zur Anpassung des Konsumverhaltens an die Veränderungen in der Tierhaltung

Zur Finanzierung dieser Maßnahmen und des Umbaus der Tierhaltung sollten vor allem folgende Möglichkeiten ausgeschöpft und miteinander kombiniert werden:

– Mittel der veränderten GAP
– Angleichung der Mehrwertsteuer für Lebensmittel tierischen Ursprungs an sonstige Konsumgüter
– Einführung einer Tierwohl-Umlage, die durch die Branche selbst erhoben und eingesetzt wird
– Einführung einer Abgabe auf stickstoffhaltige Düngemittel bzw. Überschussmengen im Falle fortgesetzter Stickstoffüberschüsse bei der Düngung

_____ **Service**

Im Buch verwendete Abkürzungen

AG	Arbeitsgemeinschaft
Art.	Artikel
BGB	Bürgerliches Gesetzbuch
BMEL	Bundesministerium für Ernährung und Landwirtschaft
BMELV	Bundesministeriums für Ernährung, Landwirtschaft und Verbraucherschutz; inzwischen: BMEL
BMUB	Bundesministerium für Umwelt, Naturschutz, Bau und Reaktorsicherheit
BR-Drs.	Bundesratsdrucksache
BT-Drs.	Bundestagsdrucksache
C	Kohlenstoff
cm^2	Quadratzentimeter
CO_2	Kohlenstoffdioxid oder Kohlendioxid
CO_{2e}	CO_2-Äquivalente, nach dem englischen „equivalents"
DBV	Deutscher Bauernverband e. V.
DGE	Deutsche Gesellschaft für Ernährung e. V.
DLG	Deutsche Landwirtschafts-Gesellschaft e. V.
EU	Europäische Union
FAO	Food and Agriculture Organization der Vereinten Nationen (Lebensmittel- und Landwirtschaftsorganisation der Vereinten Nationen, Welternährungsorganisation)
g	Gramm
GAP	Gemeinsame Agrarpolitik der EU
Gt	Gigatonne
GV	Großvieheinheit
ha	Hektar
K	Kalium
kcal	Kilokalorien
kg	Kilogramm
KTBL	Kuratorium für Technik und Bauwesen in der Landwirtschaft e. V.
l	Liter
i. V.	in Verbindung
IAASTD	International Assessment of Agricultural Knowledge, Science and Technology for Development / Weltagrarbericht des Weltagrarrates
LAV	Länderarbeitsgemeinschaft Verbraucherschutz
m^3	Kubikmeter
mg	Milligramm
N	Stickstoff
OIE	Weltorganisation für Tiergesundheit (Office International des Epizooties)
§	Paragraf
P	Phosphor
Rn.	Randnummer
t	Tonne
UN	United Nations / Vereinte Nationen
n. Chr.	nach Christus / innerhalb unserer Zeitrechnung
v. Chr.	vor Christus / vor unserer Zeitrechnung
ZDG	Zentralverband der Deutschen Geflügelwirtschaft e. V.

Ergänzende Begriffserklärungen

Absetzen: Entwöhnen eines Jungtiers von der Muttermilch bzw. dem Milchersatz

Allmende: gemeinschaftliches Eigentum eines Dorfes wie Weiden und Wald

Anthropomorphismus: vermenschlichende Betrachtungsweise, Vermenschlichung

Anthropozentrischer Tierschutz: an den Interessen der Menschen ausgerichteter Tierschutz

Besömmerung: Nutzung von Brachflächen während des Sommers

Biotoptypen: Synonym zu Lebensraumtypen; Varianten von Lebensräumen, die aufgrund bestimmter Merkmale zu Gruppen zusammengefasst werden

Brache: ungenutzte bzw. unbearbeitete Ackerfläche

CO_2-Fußabdruck: CO_2-Bilanz eines Produkts oder einer Dienstleistung

Cross Compliance: Verknüpfung von Prämienzahlungen an landwirtschaftliche Betriebe mit der Einhaltung von EU-Standards; Grundlage für Sanktionsmaßnahmen der EU; bei Verstößen eines Landwirts gegen EU-Recht werden Fördermittel, die ein landwirtschaftlicher Betrieb erhält, je nach Schwere und Art des Rechtsbruchs einbehalten

Ferkelschutzkorb: gatterartige Metallkonstruktion, die eine Muttersau nach dem Werfen an ihrem Platz fixiert, um das Erdrücken von Ferkeln durch das Muttertier zu reduzieren

Gesamtzuchtwert: aus mehreren Relativzuchtwerten für verschiedene Merkmale zusammengesetzter Schätzwert, der widerspiegelt, in welchem Maße ein Zuchttier zum Erreichen von Zuchtzielen beitragen kann

Gemenge: Gemisch aus Pflanzen

Grassilage: durch milchsaure Vergärung konserviertes Gras bzw. Leguminosen-Gras-Gemisch

Greening: Maßnahmen zum Arten- und Umweltschutz, die landwirtschaftliche Betriebe mit wenigen Ausnahmen erfüllen müssen, wenn sie bei der Flächenprämie den vollen Fördersatz aus EU-Mitteln erhalten wollen

Güllebörse: Organisation, die Gülle von Anbietern an interessierte Abnehmer vermittelt

Herkunftssicherungs- und Informationssystem für Tiere (HI-Tier): Datenbank zur Rückverfolgbarkeit von Tierbewegungen und Tierbestandsveränderungen, an die Tierhalter, Viehhändler und Schlachthöfe melden müssen

Kastenstand: Form der Stallhaltung von Muttersauen in den Zeitabschnitten, in denen Einzelhaltung zulässig ist; das Tier kann die Gitterkonstruktion nicht selbstständig verlassen, Kastenstände werden üblicherweise in Reihen nebeneinander angelegt

Kleegrasgemenge: Gemisch aus Kleesorten und Grasarten; wird in der Regel als Tierfutter genutzt; eine weit verbreitete Variante, Leguminosen und Gras gemeinsam anzubauen

Klimagas-Senke: natürliche Landschaftselemente und Stoffwechselvorgänge, durch die klimarelevante Gase gebunden werden und die damit zu einer Verringerung der Klimagase in der Luft beitragen

Kupieren: Kürzen, teilweises Amputieren eines Körperteiles wie Schwanz oder Schnabelspitze

Lachgas: Stickstoff-Verbindung, N_2O

Laktation: bei Säugetieren Phase nach der Geburt von Jungtieren, in der das Muttertier Milch gibt; wurde bei manchen Rinder-, Ziegen- und Schafrassen züchterisch stark beeinflusst, sodass wesentlich mehr Milch gebildet wird, als für die Aufzucht der Jungtiere benötigt wird

Legehühnerhybriden: Tiere aus der Kreuzungszucht im Rahmen eines Hybridzuchtprogramms für Legehühner; Zuchtziel an Legeleistung ausgerichtet

Lebensraumtypen: Synonym zu Biotoptypen; Varianten von Biotopen, die anhand von Pflanzen, Bodenbeschaffenheit und anderen Standortmerkmalen charakterisiert und zu Gruppen zusammengefasst werden

Masthühnerhybriden: Tiere aus der Kreuzungszucht im Rahmen eines Hybridzuchtprogramms für Masthühner; Zuchtziel an Mastleistung ausgerichtet

Mineralisierung: Abbau von organischen Materialien wie beispielsweise Pflanzenresten, Mist oder Humus und dadurch Freisetzung von Substanzen, die als Pflanzennährstoffe dienen können oder aus dem Boden ausgewaschen bzw. in die Luft abgegeben werden

Pathozentrischer Tierschutz: an der Leidensfähigkeit von Tieren orientierter Tierschutz

Saugferkel: Jungtier vom Schwein, das üblicherweise drei bis vier Wochen lang im Anschluss an die Geburt vom Muttertier gesäugt wird

Spaltenboden: Stallboden, meistens aus Beton oder Hartholz, mit Spalten, die zum Abfluss des Harns und zum Durchtreten des Kots in die darunterliegenden Kanäle oder Auffangbecken dienen

Stockmaß: Größe eines Tieres bis zum Widerrist, die mit einem senkrecht aufgestellten Stab gemessen wird

Subsistenzwirtschaft: Landwirtschaft zur Selbstversorgung

Wertschöpfung: Steigerung des Werts eines Produktes, die sich im Preis niederschlägt

Wirtschaftsdünger: aus dem landwirtschaftlichen Betrieb, insbesondere aus der Tierhaltung, stammender Dünger wie beispielsweise Mist, Gülle, Jauche oder Gärreste aus Biogasanlagen

Zuchtwert: Schätzwert für die züchterische Eignung eines Tieres

Endnoten

1   Lohmann Tierzucht GmbH, 2017, abgerufen am 03.04.2017
2   Deutscher Bauernverband, 2017a, S.17
3   Meyn, 2005, S.479
4   Statistisches Bundesamt, 2017a, S.9
5   Harrison, 1964
6   Europäische Kommission, 2016a
7   Börnecke, 2014, S.30
8   Foer, 2010
9   Sezgin, 2014
10   Schwinn, 2017
11   Wissenschaftlicher Beirat Agrarpolitik, 2015
12   Deutsche Landwirtschafts-Gesellschaft, 2017
13   Grupe et al., 2012, S.50 u. S.54
14   Grupe et al., 2012, S.12ff.
15   Grupe et al., 2012, S.22
16   Aiello u. Wheeler, 1995, S.199ff.
17   Allen u. Kay, 2012, S.715ff.
18   Sol, 2009, S.130ff.
19   Grupe et al., 2012, S.63
20   Grupe et al., 2012, S.71
21   Elmadfa u. Leitzmann, 2015, S.22
22   Abel, 1981, S.5
23   Montanari, 1993, S.186
24   Abel, 1981, S.73
25   Brinkmann nach Abel, 1981, S.69
26   Elmadfa u. Leitzmann, 2015, S.145ff.
27   WHO, 2015, S.2
28   FAO, 2001, S.35ff.
29   WHO, 2015, S.1 u. S.3
30   Elmadfa u. Leitzmann, 2015, S.181
31   Elmadfa u. Leitzmann, 2015, S.217
32   Elmadfa u. Leitzmann, 2015, S.226f.
33   WHO, 2007, S.24
34   Elmadfa u. Leitzmann, 2015, S.236
35   USDA, 2016, abgerufen am 27.01.2018
36   Elmadfa u. Leitzmann, 2015, S.236 u. S.227
37   USDA, 2016, abgerufen am 31.03.2018
38   Elmadfa u. Leitzmann, 2015, S.650
39   Eder u. Roth, 2014, S.586
40   Deutsche Gesellschaft für Ernährung, 2017, abgerufen am 27.11.2017
41   Deutscher Bauernverband, 2017b, abgerufen am 27.11.2017
42   Bundesverband der Deutschen Fleischwarenindustrie, 2018a, abgerufen am 19.02.2018
43   Statista, 2017a, abgerufen am 27.11.2017

44 Elmadfa u. Leitzmann, 2015, S. 690
45 Bundesinstitut für Risikobewertung, 2009, S. 8f.
46 Elmadfa u. Leitzmann, 2015, S. 690ff.
47 Elmadfa u. Leitzmann, 2015, S. 744 f.
48 Möhrke, 2014, S. 306
49 Elmadfa u. Leitzmann, 2015, S. 475 u. S. 745
50 Amit, 2010, S. 303ff.
51 Craig u. Mangels, 2009, S. 1277
52 Richter et al., 2016, S. 92ff.
53 Ernährungskommission der Deutschen Gesellschaft für Kinder- und Jugendmedizin, 2014, S. 536
54 Montanari, 1993, S. 32f.
55 Montanari, 1993, S. 35f.
56 Montanari, 1993, S. 59
57 Abel, 1981, S. 29f.
58 Abel, 1981, S. 50 u. S. 63f.
59 Montanari, 1993, S. 53
60 Leopold, 2017, abgerufen am 15.11.2017
61 Institut der deutschen Wirtschaft Köln, 2017, S. 64
62 Statista, 2017b, abgerufen am 19.11.2017
63 Deutscher Bauernverband, 2017a, S. 85
64 Statistisches Bundesamt, 2017b, abgerufen am 19.11.2017
65 Geflügel-Charta, 2016, abgerufen am 19.11.2017
66 Marktinfo Eier und Geflügel, 2014, abgerufen am 19.11.2017
67 Bundesverband der Deutschen Fleischwarenindustrie e. V., 2018a, abgerufen
   am 19.02.2018
68 Statistisches Bundesamt, 2017c, abgerufen am 19.11.2017
69 Institut der deutschen Wirtschaft Köln, 2017, S. 64
70 Caterwings, 2017, abgerufen am 15.11.2017
71 Deutscher Bauernverband, 2017a, S. 19
72 Trummer, 2015, S. 65ff.
73 Benecke, 1994, S. 11
74 Benecke, 1994, S. 36f.
75 Benecke, 1994, S. 77ff.
76 Benecke, 1994, S. 103
77 Benecke, 1994, S. 122f. u. S. 131
78 Benecke, 1994, S. 143f.
79 Benecke, 1994, S. 162ff.
80 Kreuz, 2012, S. 36f.
81 Sirocko, 2012, S. 187
82 Deschler-Erb u. Schibler, 2012, S. 38ff.
83 Benecke, 1994, S. 188
84 Benecke, 1994, S. 180 u. S. 189
85 Benecke, 1994, S. 123 u. S. 190
86 Benecke, 1994, S. 171ff.
87 Abel, 1978, S. 16
88 Krzymowski, 1951, S. 160f.

89   Henning, 1994, S. 85 ff.
90   Benecke, 2003, S. 176
91   Abel, 1978, S. 26
92   Henning, 1994, S. 103 u. S. 235
93   Doll, 2003, S. 71
94   Abel, 1978, S. 93 ff.
95   Lamb, 1989, S. 198
96   Sprandel, 1987, S. 26
97   Kießling u. Troßbach, 2016, S. 9
98   Henning, 1994, S. 74
99   Kießling u. Troßbach, 2016, S. 11
100 Sirocko, 2012, S. 188
101 Lamb, 1989, S. 215
102 Lamb, 1989, S. 218
103 Konersmann u. Troßbach, 2016a, S. 26 f.
104 Konersmann et al., 2016, S. 15
105 Abel, 1978, S. 124 f.
106 Konersmann u. Troßbach, 2016b, S. 42
107 Konersmann u. Troßbach, 2016c, S. 49
108 Troßbach, 2016a, S. 81
109 Troßbach, 2016b, S. 100 f.
110 Troßbach, 2016b, S. 102 ff.
111 Kießling, 2016, S. 152
112 Abel, 1978, S. 272 ff.
113 Prass, 2016, S. 25
114 Brakensiek, 2016, S. 7
115 Abel, 1978, S. 241
116 Abel, 1978, S. 256
117 Abel, 1978, S. 250
118 Ebd.
119 Prass, 2016, S. 26
120 Prass, 2016, S. 77 f.
121 Prass, 2016, S. 82
122 Abel, 1978, S. 245
123 Prass, 2016, S. 84 f.
124 Abel, 1978, S. 248
125 Prass, 2016, S. 174
126 Dix, 2006, S. 11
127 Mahlerwein, 2016, S. 84 ff.
128 Mahlerwein, 2016, S. 153 ff.
129 Mahlerwein, 2016, S. 85 ff.
130 Mahlerwein, 2016, S. 87 u. S. 150 ff.
131 Mahlerwein, 2016, S. 140
132 Mahlerwein, 2016, S. 121 u. S. 127
133 Deutscher Bauernverband, 2017a, S. 7 u. S. 10
134 Krausmann, 2006, S. 18 u. S. 29
135 Uekötter, 2006, S. 115

136 Krausmann, 2006, S. 36
137 Deutscher Bauernverband, 2017a, S. 100f.
138 Deutscher Bauernverband, 2017a, S. 78 u. S. 87
139 Precht, 2016, S. 170
140 Schmitz, 2015, S. 32
141 Ingensiep u. Baranzke, 2008, S. 14 u. S. 76
142 Schmitz, 2015, S. 32
143 Ingensiep u. Baranzke, 2008, S. 87 ff.
144 Ingensiep u. Baranzke, 2008, S. 92 f.
145 Ingensiep u. Baranzke, 2008, S. 89
146 Schmitz, 2015, S. 34
147 Ingensiep u. Baranzke, 2008, S. 104
148 Ingensiep u. Baranzke, 2008, S. 104 ff.
149 Wolf, 2008a, S. 18
150 Ingensiep u. Baranzke, 2008, S. 77
151 Grimm u. Wild, 2016, S. 147
152 Schmitz, 2015, S. 42
153 Grimm u. Wild, 2016, S. 41
154 Precht, 2016, S. 233
155 Schweitzer, 1963, S. 25ff., S. 30 u. S. 56f.
156 Sambraus, 1997a, S. 8
157 Wild, 2015, S. 121ff.
158 Fischer, 2015, S. 199f.
159 Singer, 2008a, S. 29ff.
160 Ingensiep u. Baranzke, 2008, S. 117f.
161 Ingensiep u. Baranzke, 2008, S. 80
162 Grimm u. Wild, 2016, S. 57ff.
163 Grimm u. Wild, 2016, S. 62
164 Singer, 2008b, S. 234f.
165 Grimm u. Wild, 2016, S. 78
166 Wolf, 2008a, S. 13
167 Regan, 2008, S. 35
168 Donovan, 2008, S. 106
169 Donovan, 2008, S. 116
170 Diamond, 2008, S. 326f.
171 Hursthouse, 2008, S. 125
172 Wolf, 2008b, S. 188
173 Petrus, 2015a, S. 365
174 Gruen, 2015a, S. 398ff.
175 Gruen, 2015b, S. 3
176 Grimm u. Wild, 2016, S. 150
177 Gruen, 2015a, S. 392f.
178 Ingensiep u. Baranzke, 2008, S. 130f.
179 Buchholtz, 1993, S. 95f.
180 Ingensiep u. Baranzke, 2008, S. 54ff.
181 Europäische Kommission, 2016a, S. 5f.
182 ProVeg, 2017, abgerufen am 12.10.2017

183 Zühlsdorf et al., 2016, S. 4
184 Spiegel online, 2017, abgerufen am 12.10.2017
185 Planet-Wissen, 2017, abgerufen am 12.10.2017
186 Grimm u. Wild, 2016, S. 27
187 Benecke, 1994, S. 175ff.
188 Wissenschaftlicher Beirat Agrarpolitik, 2015, S. 20ff. u. S. 53
189 Meyn, 2005, S. 488
190 KTBL, 2006, S. 16ff.
191 Winckler, 2009, S. 83ff.
192 KTBL, 2006, S. 213f., S. 217f. u. S. 221f.
193 Richter und Karrer, 2006, S. 88ff.
194 KTBL, 2006, S. 213f., S. 217f. u. S. 221f.
195 BR-Drs. 548/15, S. 1
196 Bundesrat, 2016, S. 160
197 Landesverband Baden-Württemberg für Leistungs- u. Qualitätsprüfungen in der Tierzucht, 2017, S. 83
198 Landeskuratorium der Erzeugerringe für tierische Veredelung in Bayern, 2017, S. 46
199 Deutscher Bauernverband, 2017c, S. 3
200 BMEL, 2018a, abgerufen am 09.02.2018
201 KTBL, 2006, S. 19ff.
202 Hoy, 2009, S. 105
203 Bruhn u. Wollenteit, 2017, S. 10
204 Tierschutz-Nutztierhaltungsverordnung, § 13a
205 Tierschutz-Nutztierhaltungsverordnung, § 45 Abs. 4 i. V. mit § 13b in der bis 31.03.2012 gültigen Fassung
206 KTBL, 2006, S. 482f.
207 Tierschutz-Nutztierhaltungsverordnung, § 24 Abs. 4
208 KTBL, 2016, S. 621
209 KTBL, 2006, S. 481ff.
210 Jais et al., 2016, S. 676
211 Dayen u. Petermann, 2012, S. 72
212 BMEL u. ZDG, 2015, S. 9
213 Sambraus, 1997b, S. 59
214 Wechsler, 1993, S. 61f.
215 Hoy, 2009, S. 136
216 Richter und Karrer, 2006, S. 53
217 Richter und Karrer, 2006, S. 49
218 Borell, 2009, S. 37
219 Niedersächsisches Ministerium für Ernährung, Landwirtschaft und Verbraucherschutz, 2017, S. 1
220 Ebd., S. 24ff.
221 Ebd., S. 45ff.
222 KTBL, 2016, S. 509
223 Wagner, 2015, abgerufen am 13.02.2018
224 Oberverwaltungsgericht Nordrhein-Westfalen, 2016, Leitsatz, Ziffern 101 u. 148

225 Damme, 2016a, S. 8 u. S. 11ff.
226 Arbeitsgemeinschaft Deutscher Rinderzüchter, 2017, S. 53
227 KTBL, 2016, S. 507
228 Arbeitsgemeinschaft Deutscher Rinderzüchter, 2017, S. 55
229 Martens, 2015, S. 497
230 Deutsche Gesellschaft für Züchtungskunde-Projektgruppe „Ökonomie und Tiergesundheit", 2013, S. 8
231 Top Agrar, 2013, S. S6
232 Mäurer, 2011, S. 120ff.
233 Damme, 2016b, S. 792
234 Wissenschaftlicher Beirat Agrarpolitik, 2015, S. 6ff.
235 Aviagen, 2014, S. 3
236 Damme, 2016b, S. 795
237 KTBL, 2016, S. 686
238 Aviagen, 2014, S. 3
239 Aviagen Turkeys, 2017, ohne Seitenangabe
240 Jais et al., 2016, S. 697
241 Landesverband Baden-Württemberg für Leistungs- u. Qualitätsprüfungen in der Tierzucht, 2017, S. 61ff.
242 Damme, 2016b, S. 797
243 Aviagen Turkeys, 2017, ohne Seitenangabe
244 Krautwald-Junghanns u. Fehlhaber, 2009, S. 145f.
245 Krautwald-Junghanns u. Fehlhaber, 2009, S. 85f.
246 KTBL, 2016, S. 702
247 Busch, 2006, S. 114f.
248 Huber, 2017, S. 149ff.
249 Niedersächsisches Ministerium für Ernährung, Landwirtschaft und Verbraucherschutz, 2017, S. 6
250 Martens, 2015, S. 498ff.
251 Deutsche Gesellschaft für Züchtungskunde-Projektgruppe „Ökonomie und Tiergesundheit", 2013, S. 7
252 Richtlinie 2008/120/EG, Anhang I, Kapitel I – Allgemeine Bedingungen Nr. 8
253 Landesbeauftragte für Tierschutz in Baden-Württemberg, 2015, ohne Seitenangabe
254 Deutsche Gesellschaft für Züchtungskunde-Projektgruppe „Ökonomie und Tiergesundheit", 2013, S. 5
255 Deutsche Gesellschaft für Züchtungskunde-Projektgruppe „Ökonomie und Tiergesundheit", 2013, S. 4
256 IPCC, 2013/14, A-5f.
257 Wikipedia, 2018a, abgerufen am 25.02.2018
258 Wissenschaftlicher Beirat Agrarpolitik, Ernährung und gesundheitlicher Verbraucherschutz u. Wissenschaftlicher Beirat Waldpolitik, 2016, S. 12
259 IPCC, 2014, S. 2
260 IPCC, 2014, S. 4 u. S. 44
261 IPCC, 2014, S. 10 u. S. 22
262 Zeebe et al., 2016, S. 325

263 IPCC, 2014, S. 8
264 BMUB, 2016, S. 12
265 IPCC, 2014, vii
266 Sachverständigenrat für Umweltfragen, 2008, S. 1
267 Sachverständigenrat für Umweltfragen, 2008, S. 9
268 BMUB, 2016, S. 6f.
269 Wissenschaftlicher Beirat Agrarpolitik, 2015, S. 130
270 BMUB, 2016, S. 8 u. S. 33
271 Wissenschaftlicher Beirat Agrarpolitik, 2015, S. 129f.
272 Schubert, 2018, S. 98
273 Schubert, 2018, S. 99f.
274 IPCC, 2014, S. 5 u. S. 45f.
275 Umweltbundesamt, 2009, S. 5
276 Schubert, 2018, S. 117ff.
277 Umweltbundesamt, 2009, S. 5
278 Umweltbundesamt, 2009, S. 6f.
279 Umweltbundesamt, 2009, S. 21
280 Wissenschaftlicher Beirat Agrarpolitik, 2015, S. 129
281 Umweltbundesamt, 2009, S. 21
282 Gilbert, 2012, abgerufen am 06.12.2017
283 Gerber et al., 2013, S. xii
284 BMUB, 2016, S. 62
285 BMUB, 2016, S. 62
286 Wissenschaftlicher Beirat Agrarpolitik, 2015, S. 129f.
287 Wissenschaftlicher Beirat Agrarpolitik, 2015, S. 128f.
288 Lünenbürger et al., 2013, S. 4
289 Wissenschaftlicher Beirat Agrarpolitik, Ernährung und gesundheitlicher Ver-
    braucherschutz u. Wissenschaftlicher Beirat Waldpolitik, 2016, S. 144
290 Wissenschaftlicher Beirat Agrarpolitik, 2015, S. 130
291 Gerber et al., 2013, S. 14ff.
292 Gerber et al., 2013, S. 21
293 Gerber et al., 2013, S. 16f.
294 Gerber et al., 2013, S. 21f. u. S. 25
295 Gerber et al., 2013, S. 23 u. S. 33
296 Gerber et al., 2013, S. 36 u. S. 38
297 Gerber et al., 2013, S. 42f.
298 Institut für Energie und Umweltforschung Heidelberg, 2017, abgerufen am
    16.12.2017
299 Gerber et al., 2013, S. 37
300 Institut für Energie und Umweltforschung Heidelberg, 2017, abgerufen am
    23.12.2017
301 USDA Food Composition Databases, 2016, abgerufen am 23.12.2017
302 Wissenschaftlicher Beirat Agrarpolitik, 2015, S. 131
303 Schlatzer, 2011, S. 111
304 Wissenschaftlicher Beirat Agrarpolitik, Ernährung und gesundheitlicher
    Verbraucherschutz u. Wissenschaftlicher Beirat Waldpolitik, 2016, S. V u.
    S. 206ff.

305 Wissenschaftlicher Beirat Agrarpolitik, 2015, S. 129
306 Idel, 2016, S. 31
307 Hülsbergen u. Küstermann, 2007, ohne Seitenangabe
308 Rogasik et al., 2008, S. 146
309 Wissenschaftlicher Beirat Agrarpolitik, 2015, S. 129
310 Hülsbergen u. Küstermann, 2007, ohne Seitenangabe
311 Rogasik et al., 2008, S. 148
312 Garnett al., 2017, S. 32
313 Ussiri u. Lal, 2017, S. 378
314 Hülsbergen, 2011, S. 3
315 Garnett et al., 2017, S. 32
316 Hülsbergen, 2011, S. 3
317 Rogasik et al., 2008, S. 148
318 Gerber et al., 2013, S. 53
319 Garnett et al., 2017, S. 45f.
320 Hüttl et al., 2008, S. 13
321 Soussana et al., 2007, S. 129 u. S. 133
322 Gerber et al., 2013, S. 45
323 Gerber et al., 2013, S. xiii u. S. 45ff.
324 Gerber et al., 2013, S. xiv u. S. 44
325 BMUB, 2016, S. 63
326 BMUB, 2016, S. 9
327 Umweltbundesamt, 2009, S. 67
328 Richtlinie (EU) 2016/2284, Anhang III, Teil 2
329 Wissenschaftlicher Beirat Agrarpolitik, 2015, S. 128
330 Umweltbundesamt, 2009, S. 37
331 Wissenschaftlicher Beirat Agrarpolitik, 2015, S. 129
332 Sachverständigenrat für Umweltfragen, 2008, S. 4
333 BMUB, 2016, S. 70f.
334 Richtlinie (EU) 2016/2284 bzw. Richtlinie 2001/81/EG
335 Richtlinie (EU) 2016/2284, Erwägungsgrund Nr. 11 u. 12
336 Richtlinie (EU) 2016/2284, Art. 4 u. Art. 6
337 Wissenschaftlicher Beirat Agrarpolitik, 2015, S. 129
338 Richtlinie 2000/60/EG, Erwägungsgrund Nr. 1
339 WHO, 2017, ohne Seitenangabe
340 FAO u. WWC, 2015, S. vii f. u. S. 8
341 Beschluss Nr. 1386/2013/EU, Anhang, Nr. 8
342 FAO, 2011, S. 26
343 Beschluss Nr. 1386/2013/EU, Anhang, Nr. 41
344 Lanz, 2017, S. 10f.
345 BMUB u. BMEL, 2017, S. 40
346 BMUB u. BMEL, 2017, S. 45f.
347 BMUB u. BMEL, 2017, S. 6 u. S. 14
348 BMUB u. BMEL, 2017, S. 11 u. S. 16
349 Beschluss Nr. 1386/2013/EU, Anhang, Nr. 26
350 Umweltbundesamt, 2009, S. 7
351 Industrieverband Agrar, 2016, S. 38

352 Umweltbundesamt, 2009, S. 8

353 Statistisches Bundesamt, 2017d, abgerufen am 23.12.2017

354 Industrieverband Agrar, 2016, S. 18f.

355 Schubert, 2018, S. 195

356 Wissenschaftlicher Beirat Agrarpolitik, 2015, S. 121

357 Sachverständigenrat für Umweltfragen, 2015, S. 180

358 Sachverständigenrat für Umweltfragen, 2015, S. 87f.

359 KTBL, 2016, S. 524, S. 661, S. 679

360 KTBL, 2016, S. 679

361 Düngeverordnung, Anlage 1, Kapitel 1

362 Stangl, 2014, S. 159f.

363 Wissenschaftlicher Beirat Agrarpolitik, 2015, S. 120f.

364 Schubert, 2018, S. 196

365 Wissenschaftlicher Beirat Agrarpolitik, 2015, S. 121

366 BMUB u. BMEL, 2017, S. 18

367 Sachverständigenrat für Umweltfragen, 2015, S. 131

368 Sachverständigenrat für Umweltfragen, 2015, S. 132

369 Sachverständigenrat für Umweltfragen, 2015, S. 134f.

370 BMUB u. BMEL, 2017, S. 26

371 BMUB u. BMEL, 2017, S. 34f.

372 Sachverständigenrat für Umweltfragen, 2015, S. 136f.

373 Sachverständigenrat für Umweltfragen, 2015, S. 131

374 Trinkwasserverordnung, § 6 mit Anlage 2

375 Richtlinie 91/676/EWG, Art. 3 mit Anhang I

376 Sachverständigenrat für Umweltfragen, 2015, S. 111ff.

377 Richtlinie 2000/60/EG, Art. 1

378 Richtlinie 2000/60/EG, Erwägungsgrund Nr. 27

379 Richtlinie 91/676/EWG, Art. 1 u. Art. 4

380 Europäische Kommission, 2016b, Pressemitteilung vom 28. April 2016

381 Düngeverordnung, §§ 3 bis 6

382 Düngegesetz, § 11a

383 Stoffstrombilanzverordnung, § 1

384 Düngeverordnung § 9

385 BMUB u. BMEL, 2017, S. 68

386 BMUB u. BMEL, 2017, S. 62f. u. S. 70

387 Top Agrar-Ratgeber, 2017, S. 20ff.

388 Sachverständigenrat für Umweltfragen, 2008, S. 7

389 Wissenschaftlicher Beirat Agrarpolitik, 2015, S. 121

390 Schubert, 2018, S. 19

391 Schubert, 2018, S. 70ff.

392 Schubert, 2018, S. 73ff.

393 Fiedler, 2001, S. 393

394 Hüttl et al., 2008, S. 12

395 Wessolek et al., 2008, S. 1

396 Beschluss Nr. 1386/2013/EU, Anhang, Nr. 28 vi

397 Rogasik et al., 2008, S. 146

398 Düwel et al., 2007, S. 19

399 Stahr et al., 2016, S. 74
400 Sächsisches Landesamt für Umwelt, Landwirtschaft und Geologie, 2016, S. 10
401 Stahr et al., 2016, S. 65 ff.
402 Fiedler, 2001, S. 164 ff.
403 Fiedler, 2001, S. 166
404 Stahr et al., 2016, S. 76
405 Prechtel u. Bens, 2008, S. 20
406 Stahr et al., 2016, S. 66
407 Stahr et al., 2016, S. 68
408 Stahr et al. 2016, S. 277
409 Sachverständigenrat für Umweltfragen, 2015, S. 116
410 Koblet, 1965, S. 51 f.
411 Stahr et al., 2016, S. 74
412 Wessolek et al., 2008, S. 73
413 Fiedler, 2001, S. 398
414 Schubert, 2018, S. 167
415 Schubert, 2018, S. 198
416 Schubert, 2018, S. 199 f.
417 Wessolek et al., 2008, S. 70
418 Beste, 2016, S. 75
419 Fiedler, 2001, S. 417
420 Schubert, 2018, S. 134
421 Drangmeister, 2011, S. 14
422 Leithold, 2008, S. 153 ff.
423 Schmidt, 2003, S. 173 f. u. S. 177
424 Grieb et al., 2015, S. 34 u. S. 36
425 Schmidt, 2003, S. 173
426 Ebd.
427 Schmidt, 2003, S. 17 f.
428 Leithold, 2008, S. 155
429 Brock u. Leithold, 2013, S. 32
430 Schneider et al., 2013, S. 57
431 Grieb et al., 2015, S. 34 ff.
432 Industrieverband Agrar, 2016, S. 18
433 Schubert, 2018, S. 209
434 Schubert, 2018, S. 195
435 Wissenschaftlicher Beirat Agrarpolitik, 2015, S. 121
436 Schubert, 2018, S. 196
437 Wissenschaftlicher Beirat Agrarpolitik, 2015, S. 135
438 Umweltbundesamt, 2009, S. 20
439 Düngeverordnung, § 9
440 Düwel et al., 2007, S. 16 ff.
441 Bundes-Bodenschutzgesetz, § 17 Abs. 2
442 Hüttl et al., 2008, S. 14
443 Wessolek et al., 2008, S. 7
444 Wessolek et al., 2008, S. 68 f.
445 Wessolek et al., 2008, S. 86 f.

446 Wessolek et al., 2008, S. 36
447 Hülsbergen u. Küstermann, 2007, ohne Seitenangabe
448 Hülsbergen, 2011, S. 3
449 Brock u. Leithold, 2013, S. 30 u. S. 32
450 Fraunhofer-Institut für Grenzflächen- und Bioverfahrenstechnik, 2016, abge-
     rufen am 23.12.2017
451 Willerding, 2003, S. 5
452 Benecke, 1994, S. 166
453 Bundesamt für Naturschutz, 2017, S. 4
454 Weltbank, 2007, S. 191
455 Bundesamt für Naturschutz, 2017, S. 3
456 Deutscher Bauernverband, 2017a, S. 53
457 BMUB, 2007/2015, S. 16
458 WWF Deutschland, 2016, S. 1f.
459 Hallmann et al., 2017, S. 10
460 Bundesamt für Naturschutz, 2017, S. 13ff.
461 Bundesamt für Naturschutz, 2017, S. 16
462 UN, 2018, abgerufen am 16.01.2018
463 Wissenschaftlicher Beirat Agrarpolitik, 2015, S. 37
464 Bund deutscher Rassegeflügelzüchter, 2018, abgerufen am 31.03.2018
465 Gesellschaft zur Erhaltung alter und gefährdeter Haustierrassen, 2018, abge-
     rufen am 31.03.2018
466 Gura, 2015, S. 227
467 BMUB, 2007/2015, S. 6 u. S. 10
468 BMUB, 2007/2015, S. 13
469 Deutscher Tourismusverband, 2017, S. 4
470 UN, 1992, Präambel
471 BMUB, 2018, abgerufen am 16.01.2018
472 BMUB, 2007/2015, S. 6
473 Sekretariat der Convention on Biological Diversity, 2018, abgerufen am
     19.01.2018
474 Beschluss Nr. 1386/2013/EU, Anhang, Nr. 17 u. 18
475 BMUB, 2007/2015, S. 7
476 BMUB, 2007/2015, S. 9
477 BMUB, 2007/2015, S. 28 und S. 41
478 Statistisches Bundesamt, 2018a, abgerufen am 19.01.2018
479 Wissenschaftlicher Beirat Biodiversität und Genetische Ressourcen, 2013, S. 5
480 Statistisches Bundesamt, 2018b, abgerufen am 19.01.2018
481 Bundesamt für Naturschutz, 2014, S. 8
482 Bundesamt für Naturschutz, 2017, S. 19
483 Bundesamt für Naturschutz, 2014, S. 5
484 Ebd.
485 Bundesamt für Naturschutz, 2017, S. 21f.
486 IPCC, 2014, S. 13
487 Neely et al, 2009, S. 9f.
488 Wissenschaftlicher Beirat Biodiversität und Genetische Ressourcen, 2015,
     S. 3 u. S. 5

489 Sachverständigenrat für Umweltfragen, 2015, S. 114ff.
490 Sachverständigenrat für Umweltfragen, 2015, S. 120
491 Sachverständigenrat für Umweltfragen, 2015, S. 115
492 Sachverständigenrat für Umweltfragen, 2015, S. 127f.
493 Bundesamt für Naturschutz, 2017, S. 7ff.
494 Sachverständigenrat für Umweltfragen, 2015, S. 120
495 Bundesamt für Naturschutz, 2014, S. 4
496 Socher et al., 2013, S. 130
497 Wissenschaftlicher Beirat Biodiversität und Genetische Ressourcen, 2013, S. 5
498 Socher et al., 2013, S. 127 und S. 131f.
499 BMUB, 2007/2015, S. 17
500 DAFA, 2015, S. 4
501 Idel, 2014, S. 153f.
502 Wissenschaftlicher Beirat Biodiversität und Genetische Ressourcen, 2013, S. 16
503 Wissenschaftlicher Beirat Biodiversität und Genetische Ressourcen, 2013, S. 4f.
504 Bundesamt für Naturschutz, 2017, S. 23
505 Metzner et al., 2010, S. 359
506 Stöckmann, 2014, S. 165ff.
507 Metzner et al., 2010, S. 357
508 Feldmann, 2014, S. 177f., S. 181ff., S. 186
509 Bundesamt für Naturschutz, 2017, S. 30
510 Hirschfelder u. Wittmann, 2015, S. 7
511 Traoré et al., 2012, S. 2
512 FAO, 2009, S. 14
513 UN, 2017, S. 1f.
514 Ziegler, 2012, S. 15
515 Herren, 2016, S. 12
516 Wahnbaeck et al., 2017, S. 3
517 FAO et al., 2017, S. ii u. S. 1
518 Grebmer et al., 2017, S. 12
519 Weingärtner u. Trentmann, 2011, S. 22f.
520 Bundesregierung, 2016, S. 60
521 Herrero u. Thornton, 2013, S. 20878f.
522 UN, 1948, Art. 25
523 Wikipedia, 2017, abgerufen am 29.12.2017
524 UN, 2015, S. 8
525 Bundesregierung, 2016, S. 60ff.
526 FAO, 2009, S. 3
527 FAO, 2009, S. 2
528 Alexandratos u. Bruinsma, 2012, S. 2f.
529 Schlatzer, 2011, S. 20 u. S. 41
530 FAO, 2009, S. 5ff.
531 Alexandratos u. Bruinsma, 2012, S. 7
532 FAO, 2009, S. 8
533 FAO, 2009, S. 2 u. S. 11

534 FAO, 2009, S. 11
535 FAO, 2009, S. 10
536 Weltbank, 2007, S. xiii, S. 2 u. S. 15f.
537 FAO, 2009, S. 4
538 FAO et al., 2017, S. 2 u. S. 5f.
539 FAO et al., 2017, S. 7f.
540 FAO et al., 2017, S. 30ff.
541 Ziegler, 2012, S. 34 u. S. 36
542 Weingärtner u. Trentmann, 2011, S. 48ff.
543 Schmidtner u. Dabbert, 2009, S. 9
544 FAO, 2006, S. 1
545 Weingärtner u. Trentmann, 2011, S. 35
546 IAASTD, 2009, S. 13
547 IAASTD, 2009, S. 52f.
548 IAASTD, 2009, S. 53f.
549 Herren, 2016, S. 36
550 Weingärtner u. Trentmann, 2011, S. 53f. u. S. 98ff.
551 IAASTD, 2009, S. 54
552 Weltbank, 2007, S. 2f., S. 8 u. S. 10ff.
553 IAASTD, 2009, S. 11
554 Weltbank, 2007, S. 19
555 Weltbank, 2007, S. 12
556 IAASTD, 2009, S. 15
557 Schmidtner u. Dabbert, 2009, S. 9
558 Traoré et al., 2012, S. 10f.
559 Weltbank, 2007, S. 12
560 Traoré et al., 2012, S. 3, S. 11 u. S. 17
561 Herren, 2016, S. 18
562 Weingärtner u. Trentmann, 2011, S. 75
563 Anthes u. Verheyen, 2016, S. 3
564 Löwenstein, 2015, S. 19
565 Weingärtner u. Trentmann, 2011, S. 75
566 Weingärtner u. Trentmann, 2011, S. 105
567 Weltbank, 2007, S. 16
568 Schmidtner u. Dabbert, 2009, S. 16, S. 18ff. u. S. 28
569 Weltbank, 2007, S. 180ff.
570 Gorsboth, 2017, S. 15f.
571 Weltbank, 2007, S. 188
572 Zukunftsstiftung Landwirtschaft, 2013, S. 4
573 Motett et al., 2017, S. 4
574 Motett et al., 2017, S. 1
575 Jais et al., 2016, S. 710
576 DLG-Ausschuss für Geflügelproduktion u. Berk, 2014, S. 6f.
577 Flachowsky, 2001, S. 6
578 Motett et al., 2017, S. 5
579 Motett et al., 2017, S. 4
580 Flachowsky, 2001, S. 2

581 Flachowsky, 2001, S. 2ff.
582 Mottet et al., 2017, S. 4
583 Ebd.
584 Mottet et al., 2017, S. 7
585 Mottet et al., 2017, S. 2
586 Brendel, 2012, S. 3
587 Brendel, 2012, S. 5f.
588 Jais et al., 2016, S. 707
589 Mottet et al., 2017, S. 7
590 Schader et al., 2015, S. 2
591 Deutscher Bauernverband, 2017a, S. 200f.
592 Wissenschaftlicher Beirat Agrarpolitik, 2015, S. 15
593 Statistisches Bundesamt, 2017e, S. 8
594 FAO, 2009, S. 9
595 OECD u. FAO, 2016, S. 37
596 OECD u. FAO, 2016, S. 37f.
597 Alexandratos u. Bruinsma, 2012, S. 10
598 Mottet et al., 2017, S. 5
599 Alexandratos u. Bruinsma, 2012, S. 11
600 Thornton, 2010, S. 2856
601 Gerber et al., 2013, S. 1
602 Schader et al., 2015, S. 5
603 Gerber et al., 2013, S. 13
604 Mottet et al., 2017, S. 5f.
605 Mathias, 2015, S. 40
606 Weltbank, 2007, S. 194
607 Herrero u. Thornton, 2013, S. 20879
608 Neely et al., 2009, S. 1
609 Schlatzer, 2011, S. 81
610 Thornton, 2010, S. 2859
611 Neely et al., 2009, S. 9
612 Neely et al., 2009, S. 13
613 Neely et al., 2009, S. 19f.
614 Machmuller et al., 2015, S. 2f.
615 Ziegler, 2012, S. 36
616 Gustavsson et al., 2011, S. v
617 Gustavsson et al., 2011, S. 2f.
618 Gustavsson et al., 2011, S. 5
619 Kranert et al., 2012, S. 10 u. S. 17f.
620 Gustavsson et al., 2011, S. 8
621 Schader et al., 2015, S. 2
622 Schader et al., 2015, S. 5
623 Schader et al., 2015, S. 6
624 Schader et al., 2015, S. 5 u. S. 9f.
625 Röös et al., 2017, S. 5f.
626 Röös et al., 2017, S. 6ff.
627 Ebd.

628 Zanten et al., 2016, S. 548
629 Traoré et al., 2012, S. 14
630 Deutsches Tierschutzgesetz, § 2
631 Lorz u. Metzger, 2008, S. 75, Rn. 9
632 BT-Drs. VI/2559, 1971, S. 9
633 Jäger, 2015, S. 18
634 Office International des Epizooties, 2007/8, ohne Seitenangabe
635 Broom, 2017, S. 15
636 BT-Drs. VI/2559, 1971, S. 11
637 Bammert et al., 1993, S. 270
638 Bammert et al., 1993, S. 271
639 Buchholtz, 1993, S. 97ff.
640 Buchholtz, 1993, S. 95f.
641 Brambell et al., 1965
642 Zapf et al., 2015, S. 7
643 Mondon et al., 2017, S. 369
644 Haiger et al., 1988, S. 158f.
645 KTBL, 2006, S. 141ff.
646 Jones u. Manteca, 2009, S. 3ff.
647 Brinkmann et al., 2016, S. 28
648 Deutsches Tierschutzgesetz, § 11 Abs. 8
649 Zapf et al., 2015, S. 9f. u. S. 56
650 Bioland Landesverband NRW, 2013, S. 3
651 Benz u. Jäger, 2016, S. 13
652 Trillo et al., 2017, S. 6ff.
653 Gleerup, 2017, S. 234f.
654 Di Giminiani et al., 2017, S. 71f.
655 Gleerup, 2017, S. 235ff.
656 Di Giminiani et al., 2016, S. 4ff.
657 Welfare Quality®, 2009, S. 38f. u. S. 91f.
658 Mondon et al., 2017, S. 373
659 Jones u. Manteca, 2009, S. 19
660 Descovich et al., 2017, S. 416f.
661 Sambraus, 1997a, S. 1
662 Sprüche 12, Vers 10
663 Ruh, 1997, S. 21
664 Sambraus, 1997a, S. 4
665 Sambraus, 1997a, S. 5
666 Strafgesetzbuch für das Deutsche Reich, § 360, Nr. 13
667 Gall, 2016, S. 49
668 Sambraus, 1997a, S. 9
669 Gall, 2016, S. 54f.
670 Bürgerliches Gesetzbuch, § 90a
671 Grundgesetz, Art. 20a
672 BT-Drs. 14/8860, 2002, S. 1 u. S. 3
673 BT-Drs. 14/8860, 2002, S. 3
674 Hirt et al., 2016, S. 75, Rn. 10

675 zu BT-Drs. VI/3556, 1972, S. 1
676 BT-Drs. VI/2559, 1971, Vorblatt
677 BT-Drs. VI/2559, 1971, S. 9
678 zu BT-Drs. VI/3556, 1972, S. 1
679 Binder, 2010, S. 201
680 Bammert et al., 1993, S. 269f.
681 Gall, 2016, S. 115 u. S. 131
682 Binder, 2010, S. 24
683 BT-Drs. VI/2559, 1971, S. 9
684 Bundesverfassungsgericht, 1999, Rn. 139
685 Jäger, 2015, S. 20f.
686 Bundesverfassungsgericht, 1999, Rn. 140ff.
687 Tierschutz-Nutztierhaltungsverordnung, § 45 Abs. 4
688 Deutsches Tierschutzgesetz, § 3
689 Deutsches Tierschutzgesetz, § 16a
690 Deutsches Tierschutzgesetz, § 17
691 Jäger, 2015, S. 96
692 Regierungspräsidium Tübingen, 2012, S. 1
693 Agrarministerkonferenz, 2015a, TOP 23
694 Oberverwaltungsgericht Sachsen-Anhalt, 2015, Leitsätze
695 AG Tierschutz der LAV, 2012, S. 5
696 Oberverwaltungsgericht Sachsen-Anhalt, 2015, Rn. 39
697 BT-Drs. 17/10021, 2012, S. 5ff.
698 Richtlinie 2008/119/EG, Anhang I Nr. 10
699 Richtlinie 2008/120/EG, Anhang I, Kapitel I – Allgemeine Bedingungen Nr. 4
700 Deutscher Raiffeisenverband, 2014, ohne Seitenangabe
701 Österreichisches Tierschutzgesetz, §§ 18 u. 18a
702 Schweizer Tierschutzgesetz, Art. 7
703 Österreichisches Tierschutzgesetz, § 16 Abs. 3 u. 4
704 Österreichische 1. Tierhaltungsverordnung, Anlage 5
705 Tierschutzverordnung der Schweiz, Art. 18
706 Niebuhr et al., 2006, S. 14f.
707 Schweizer Tierschutzgesetz, Art. 1
708 Petrus, 2015b, S. 424ff.
709 BMEL, 2015, ohne Seitenangabe
710 Verband der Putenerzeuger, 2013
711 BMEL u. ZDG, 2015
712 Beschluss Nr. 1386/2013/EU, Anhang, Nr. 90
713 BMEL, 2018c, S. 6
714 Wissenschaftlicher Beirat Agrarpolitik, 2015, S. 11
715 Deutscher Bauernverband, 2017a, S. 25
716 BMEL, 2018b, abgerufen am 21.02.2018
717 Wissenschaftlicher Beirat Agrarpolitik, 2015, S. 16
718 Deutscher Bauernverband, 2017a, S. 18
719 Bundesverband der Deutschen Fleischwarenindustrie e. V., 2018a, abgerufen am 19.02.2018

720 Bundesverband der Deutschen Fleischwarenindustrie e. V., 2018b, abgerufen am 19.02.2018
721 BMEL, 2017a, S. 48
722 Bundesverband der Deutschen Fleischwarenindustrie e. V., 2018a, abgerufen am 19.02.2018
723 BMEL, 2018c, S. 6
724 Wissenschaftlicher Beirat Agrarpolitik, 2015, S. 281
725 Institut der deutschen Wirtschaft Köln, 2015, S. 12
726 Wissenschaftlicher Beirat Agrarpolitik, 2015, S. 21
727 Statista, 2018a, abgerufen am 20.02.2018
728 Institut der deutschen Wirtschaft Köln, 2015, S. 12
729 BMEL, 2018c, S. 8
730 Zühlsdorf et al., 2016, S. 2
731 Statistisches Bundesamt, 2017f, S. 7 u. S. 14
732 Statistisches Bundesamt, 2017f, S. 28
733 Deutscher Bauernverband e. V., 2017a, S. 22
734 Wissenschaftlicher Beirat Agrarpolitik, Ernährung und gesundheitlicher Verbraucherschutz u. Wissenschaftlicher Beirat Waldpolitik, 2016, S. 99
735 Janssen et al., 2016, S. 8 u. S. 18
736 Europäische Kommission, 2016a, S. 5f.
737 Europäische Kommission, 2016a, S. 9
738 BMEL, 2016b, S. 31
739 BMEL, 2018c, S. 24f.
740 BMEL, 2018c, S. 10
741 BMEL, 2018c, S. 22f.
742 Zühlsdorf et al., 2016, S. 10f.
743 BMEL, 2018c, S. 10
744 BMEL, 2018c, S. 12
745 Wissenschaftlicher Beirat Agrarpolitik, 2015, S. 191
746 Wissenschaftlicher Beirat Agrarpolitik, 2015, S. 190
747 Wissenschaftlicher Beirat Agrarpolitik, 2015, S. 191
748 Ebd.
749 Forum Fairer Handel e. V. et al., 2014, S. 4 u. S. 14
750 Forum Fairer Handel e. V. et al., 2014, S. 13
751 Bundeskartellamt, 2014, S. 397
752 Bundeskartellamt, 2014, S. 155
753 Wissenschaftlicher Beirat Agrarpolitik, 2015, S. 191
754 Bundeskartellamt, 2014, S. 2
755 Deutscher Bauernverband e. V., 2017a, S. 22
756 Ministère de l'agriculture, de l'agroalimentaire et de la forêt, 2018, abgerufen am 24.02.2018
757 Vion Food Group, 2018, abgerufen am 21.02.2018
758 Deutscher Tierschutzbund e. V., 2018, abgerufen am 22.02.2018
759 Albert-Schweitzer-Stiftung für unsere Mitwelt e. V., 2017, S. 1
760 Ebd.
761 Honerlagen, 2017, S. 34
762 Wissenschaftlicher Beirat Biodiversität und Genetische Ressourcen, 2013, S. 13f.

763 Top Agrar Südplus, 2017, S. 8
764 Dorsch, 2017a, S. 44
765 Dorsch, 2017b, S. 32
766 Gesellschaft zur Förderung des Tierwohls in der Nutztierhaltung mbH, 2018a, abgerufen am 23.02.2018
767 Heise et al., 2017, S. 11
768 Heise et al., 2017, S. 30
769 Gesellschaft zur Förderung des Tierwohls in der Nutztierhaltung mbH, 2018b, abgerufen am 23.02.2018
770 Heise et al., 2017, S. 1
771 Deutscher Bauernverband, 2017a, S. 79 u. S. 85 i. V. mit
772 Gesellschaft zur Förderung des Tierwohls in der Nutztierhaltung mbH, 2018c, abgerufen am 23.02.2018
773 BMEL, 2017b, abgerufen am 23.02.2018
774 Wissenschaftlicher Beirat Agrarpolitik, 2015, S. 311
775 Platz, 2017, ohne Seitenangabe
776 Forsa, 2017, S. 3f.
777 Sachverständigenrat für Umweltfragen, 2015, S. 190f.
778 Wikipedia, 2018b, abgerufen am 25.02.2018
779 Deutscher Bauernverband e. V., 2017a, S. 103
780 BMEL, 2018d, abgerufen am 20.02.2018
781 Bundesamt für Naturschutz, 2017, S. 1
782 Sachverständigenrat für Umweltfragen u. Wissenschaftlicher Beirat Waldpolitik, 2017, ohne Seitenangabe
783 Karl u. Noleppa, 2017, S. xi, S. 30 u. S. 42f.
784 topagrar online, 2018, abgerufen am 24.02.2018
785 Hofreiter, 2017, S. 224
786 Jasper, 2018, S. 38f.
787 BMEL, 2017c, S, 7f.
788 BMEL, 2017a, S. 56ff.
789 Zanten et al., 2016, S. 547
790 IAASTD, 2009, S. 49
791 Beschluss Nr. 1386/2013/EU, Anhang, Nr. 1
792 Deutscher Bauernverband, 2017a, S. 7, S. 10 u. S. 16
793 Statistisches Bundesamt, 2017a, S. 5ff.
794 Deutscher Bauernverband, 2017a, S. 18
795 Statista, 2018b, abgerufen am 19.02.2018
796 Deutscher Bauernverband, 2017a, S. 85
797 Trummer, 2015, S. 76
798 Hofreiter, 2017, S. 217
799 Statistisches Bundesamt, 2017d, abgerufen am 17.01.2018
800 Wissenschaftlicher Beirat Agrarpolitik, 2015, S. 129
801 Top Agrar-Ratgeber, 2017, S. 130ff.
802 Grieb et al., 2015, S. 35
803 Beste, 2016, S. 76
804 Statistisches Bundesamt, 2017d, abgerufen am 24.01.2018
805 BMEL, 2016c, S. 7

806 BMEL, 2018e, abgerufen am 26.01.2018
807 Zanten et al., 2016, S. 548
808 Wissenschaftlicher Beirat Agrarpolitik, 2015, S. 132
809 Motett et al., 2017, S. 5 f.
810 FAO, 2017, S. 6
811 Deutscher Bauernverband, 2017a, S. 172
812 Ebd.
813 Bundesverband der Deutschen Fleischwarenindustrie e. V., 2018a, abgerufen am 19.02.2018
814 FAO, 2017, S. 7.
815 Deutscher Bauernverband, 2017a, S. 25
816 Smil, 2014, S. 3
817 BMEL, 2012, S. 5
818 Wissenschaftlicher Beirat Agrarpolitik, Ernährung und gesundheitlicher Verbraucherschutz u. Wissenschaftlicher Beirat Waldpolitik, 2016, S. 223
819 Kranert et al., 2012, S. 19
820 Eberhardinger, 2016, S. 142 ff.
821 Maurer, 2018, S. 18 f.
822 KTBL, 2016, S. 670
823 Ussiri u. Lal, 2017, S. 379
824 Wissenschaftlicher Beirat Agrarpolitik, Ernährung und gesundheitlicher Verbraucherschutz u. Wissenschaftlicher Beirat Waldpolitik, 2016, S. x u. S. 144
825 Wissenschaftlicher Beirat Agrarpolitik, 2015, S. 130
826 BMUB, 2016, S. 6 f.
827 Drösler et al., 2011, S. 2
828 Taube, 2009, S. 9
829 Wissenschaftlicher Beirat Biodiversität und Genetische Ressourcen, 2013, S. 12 f.
830 Woitowitz, 2007, S. 206
831 Wissenschaftlicher Beirat Agrarpolitik, 2015, S. 120
832 Deutscher Bauernverband, 2017a, S. 18
833 Woitowitz, 2007, S. 1
834 Woitowitz, 2007, S. 41, S. 43 u. S. 47
835 Schader et al., 2015, S. 5
836 Ebd.
837 Deutscher Verband für Landschaftspflege, ohne Jahresangabe, S. 4 f.
838 Arbeitsgemeinschaft bäuerliche Landwirtschaft, 2018, S. 4 ff.
839 Sachverständigenrat für Umweltfragen, 2008, S. 7
840 Düngeverordnung, § 8
841 Düngeverordnung, § 9
842 Sachverständigenrat für Umweltfragen, 2015, S. 238
843 topagrar online, 2017a, abgerufen am 15.12.2017
844 Löwenstein, 2015, S. 85 f.
845 Parrott u. Marsden, 2002, S. 62
846 Erb et al., 2016, S. 3 u. S. 6
847 Wirz et al., 2017, S. 10 u. S. 93
848 Hofreiter, 2017, S. 224

849 Gruen, 2015b, S. 3
850 Pandolfi et al., 2017, S. 1816 u. S. 1821
851 Trillo et al., 2017, S. 1 u. S. 12
852 BMEL, 2016a, S. 11
853 BMEL, 2016a, S. 14
854 Wissenschaftlicher Beirat Agrarpolitik, 2015, S. 118 u. S. 307
855 Bundestierärztekammer, 2017, S. 3 f.
856 Arzneimittelgesetz, §§ 58a bis 58d
857 Bundestierärztekammer, 2017, S. 4
858 Reichel u. Wandel, 2008, S. 13 ff. u. S. 40 ff.
859 Landwirtschaftliches Technologiezentrum Augustenberg, 2010, S. 8 ff.
860 Landwirtschaftliches Technologiezentrum Augustenberg, 2010, S. 4 f.
861 Krause u. Huesmann, 2016, S. 8
862 Wissenschaftlicher Beirat Agrarpolitik 2015, S. 189
863 Deutsches Tierschutzgesetz, § 13a
864 Bundestierärztekammer, 2017, S. 3
865 BMEL u. ZDG, 2015
866 Niebuhr et al., 2006, S. 15
867 KTBL, 2016, S. 507
868 Martens, 2015, S. 497
869 KTBL, 2016, S. 621
870 Lohmann Tierzucht GmbH, 2017, abgerufen am 12.02.2018
871 KTBL, 2016, S. 507
872 KTBL, 2016, S. 621
873 KTBL, 2016, S. 640
874 KTBL, 2016, S. 652
875 KTBL, 2016, S. 667 f.
876 KTBL, 2016, S. 686
877 KTBL, 2016, S. 702
878 Ebd.
879 Broom, 2017, S. 10
880 BMEL, 2016b, S. 33
881 Agrar- und Veterinärakademie, 2016, S. 3
882 BMEL, 2016a, S. 8
883 Deutsche Gesellschaft für Züchtungskunde-Projektgruppe „Ökonomie und Tiergesundheit", 2013, S. 8
884 Deutschen Gesellschaft für Züchtungskunde, 2013, S. 4
885 Brade, 2016, S. 463 ff.
886 KTBL, 2016, S. 507
887 Wissenschaftlicher Beirat Agrarpolitik, Ernährung und gesundheitlicher Verbraucherschutz u. Wissenschaftlicher Beirat Waldpolitik, 2016, S. 185
888 Osterburg et al., 2013, S. 79
889 Arbeitsgemeinschaft Deutscher Rinderzüchter e. V., 2017, S. 53
890 Landesverband Baden-Württemberg für Leistungs- u. Qualitätsprüfungen in der Tierzucht e. V., 2017, S. 71 ff.
891 Wissenschaftlicher Beirat Agrarpolitik, Ernährung und gesundheitlicher Verbraucherschutz u. Wissenschaftlicher Beirat Waldpolitik, 2016, S. 185

892 Wissenschaftlicher Beirat Agrarpolitik, Ernährung und gesundheitlicher Verbraucherschutz u. Wissenschaftlicher Beirat Waldpolitik, 2016, S. 185f.

893 Greve, 2018, S. 27

894 Niedersächsisches Ministerium für Ernährung, Landwirtschaft und Verbraucherschutz, 2017, S. 3ff.

895 Niedersächsisches Ministerium für Ernährung, Landwirtschaft und Verbraucherschutz, 2017, S. 6f.

896 Wissenschaftlicher Beirat Agrarpolitik 2015, S. ii u. S. 293

897 Statistisches Bundesamt, 2018c, abgerufen am 17.02.2018

898 Lindena et al., 2017, S. 2

899 Statistisches Bundesamt, 2017b, abgerufen am 19.11.2017

900 BMEL, 2018c, S. 10

901 Wissenschaftlicher Beirat Verbraucher- und Ernährungspolitik u. Wissenschaftlicher Beirat Agrarpolitik, 2011, S. 1

902 Bundesamt für Naturschutz, 2017, S. 42

903 Deutscher Bauernverband, 2017a, S. 14f.

904 Wissenschaftlicher Beirat Verbraucher- und Ernährungspolitik u. Wissenschaftlicher Beirat Agrarpolitik, 2011, S. I

905 Wissenschaftlicher Beirat Verbraucher- und Ernährungspolitik u. Wissenschaftlicher Beirat Agrarpolitik, 2011, S. 12

906 Wissenschaftlicher Beirat Biodiversität und Genetische Ressourcen, 2015, S. 4

907 Wissenschaftlicher Beirat Verbraucher- und Ernährungspolitik u. Wissenschaftlicher Beirat Agrarpolitik, 2011, S. If., S. 14 u. S. 16ff.

908 KAT, 2018, abgerufen am 10.03.2018

909 Richtlinie 2002/4/EG i. V. mit Verordnung (EG) Nr. 589/2008

910 Forsa, 2017, S. 3f.

911 Wissenschaftlicher Beirat Verbraucher- und Ernährungspolitik u. Wissenschaftlicher Beirat Agrarpolitik, 2011, S. 2

912 Hofreiter, 2017, S. 137

913 Broom, 2017, S. 11 u. S. 19

914 BMEL, 2017a, S. 8

915 Wissenschaftlicher Beirat Agrarpolitik, 2015, S. 311

916 Wissenschaftlicher Beirat Agrarpolitik, 2015, S. 194

917 Verordnung (EU) Nr. 1169/2011, Art. 26

918 Awater-Esper, 2017, ohne Seitenangabe

919 Zentralverband der Geflügelwirtschaft, 2013, ohne Seitenangabe

920 Agraministerkonferenz, 2015b, S. 1

921 Gundel, 2016, S. 15

922 Agraministerkonferenz, 2015b, S. 4

923 Agraministerkonferenz, 2015b, S. 2

924 Wissenschaftlicher Beirat Agrarpolitik, Ernährung und gesundheitlicher Verbraucherschutz u. Wissenschaftlicher Beirat Waldpolitik, 2016, S. 202

925 Grossarth, 2017, S. 1

926 Lidl, 2018, abgerufen am 27.02.2018

927 Ministerium für Ländlichen Raum und Verbraucherschutz Baden-Württemberg, 2014, abgerufen am 27.02.2018

928 Badische Zeitung, 2014, abgerufen am 27.02.2018
929 Agrarministerkonferenz, 2014, TOP 27
930 Awater-Esper, 2018, ohne Seitenangabe
931 Europäische Kommission, 2016c, S. 46
932 Zühlsdorf et al., 2016, S. 7
933 Wissenschaftlicher Beirat Biodiversität und Genetische Ressourcen, 2013, S. 17
934 BMEL, 2017a, S. 58
935 Wissenschaftlicher Beirat Agrarpolitik, Ernährung und gesundheitlicher Verbraucherschutz u. Wissenschaftlicher Beirat Waldpolitik, 2016, S. 329
936 BMUB, 2016, S. 68 u. S. 71
937 BMEL, 2018c, S. 26
938 Verordnung (EU) Nr. 1308/2013, Art. 157, Art. 158, Art. 164, Art. 165
939 Europäische Kommission, 2017, S. 4
940 Europäische Kommission, 2017, S. 6, S. 8 u. S. 21
941 Europäische Kommission, 2017, S. 12
942 Europäische Kommission, 2017, S. 16
943 Europäische Kommission, 2017, S. 22
944 Europäische Kommission, 2017, S. 7 u. S. 10
945 Europäische Kommission, 2017, S. 11f. u. S. 23
946 topagrar online, 2017b, abgerufen am 08.02.2018
947 Wissenschaftlicher Beirat Agrarpolitik, Ernährung und gesundheitlicher Verbraucherschutz u. Wissenschaftlicher Beirat Waldpolitik, 2016, S. 346f.
948 Sachverständigenrat für Umweltfragen, 2015, S. 384
949 Wissenschaftlicher Beirat Agrarpolitik, Ernährung und gesundheitlicher Verbraucherschutz u. Wissenschaftlicher Beirat Waldpolitik, 2016, S. 100
950 Wissenschaftlicher Beirat Agrarpolitik, Ernährung und gesundheitlicher Verbraucherschutz u. Wissenschaftlicher Beirat Waldpolitik, 2016, S. 347
951 Drösler et al., 2011, S. 2f.
952 Osterburg et al., 2013, S. 103
953 Wissenschaftlicher Beirat Agrarpolitik, Ernährung und gesundheitlicher Verbraucherschutz u. Wissenschaftlicher Beirat Waldpolitik, 2016, S. 144ff. u. S. 333
954 Wissenschaftlicher Beirat Agrarpolitik, Ernährung und gesundheitlicher Verbraucherschutz u. Wissenschaftlicher Beirat Waldpolitik, 2016, S. 147
955 Drösler et al., 2011, S. 3
956 Wissenschaftlicher Beirat Agrarpolitik, Ernährung und gesundheitlicher Verbraucherschutz u. Wissenschaftlicher Beirat Waldpolitik, 2016, S. xiv u. S. 328
957 Wissenschaftlicher Beirat Agrarpolitik, Ernährung und gesundheitlicher Verbraucherschutz u. Wissenschaftlicher Beirat Waldpolitik, 2016, S. 94f.
958 Wissenschaftlicher Beirat Agrarpolitik 2015, S. ii u. S. 293
959 Jäger, 2017, S. 19f.
960 Zentralverband der Deutschen Geflügelwirtschaft, 2018, S. 1f.
961 Kranert et al., 2012, S. 19

Literatur- und Quellenverzeichnis

Abel, W., 1978: Geschichte der deutschen Landwirtschaft vom frühen Mittelalter bis zum 19. Jahrhundert, 3., neubearbeitete Auflage, Verlag Eugen Ulmer, Stuttgart

Abel, W., 1981: Stufen der Ernährung, Verlag Vandenhoeck und Ruprecht, Göttingen

Agrarministerkonferenz, 2014: Ergebnisprotokoll der Agrarministerkonferenz am 5. September 2014 in Potsdam, TOP 27

Agrarministerkonferenz, 2015a: Ergebnisprotokoll der Agrarministerkonferenz am 20. März 2015 in Bad Homburg, TOP 23

Agrarministerkonferenz, 2015b: Bericht der Länder-Arbeitsgruppe „Kennzeichnung der Haltungsform bei frischem Fleisch" für die Agrarministerkonferenz am 2. Oktober 2015 in Fulda

AG Tierschutz der LAV, 2012: Handbuch Tierschutzüberwachung in Nutztierhaltungen, H II Ausführungshinweise Schweine

Agrar- und Veterinärakademie (AVA), 2016: Göttinger Erklärung 2016 zur Milchproduktion, AVA Tagung Göttingen 2016: Priorität für Gesundheit der Milchkühe; https://www.ava1.de/img/cms/Goettinger-Erklaerung-2016.pdf

Aiello, L. C., Wheeler, P., 1995: The Expensive-Tissue Hypothesis: The Brain and the Digestive System in Human and Primate Evolution, Current Anthropology, 36 (2), S. 199–221

Albert-Schweitzer-Stiftung für unsere Mitwelt e.V., 2017: Vergleich: Einkaufsrichtlinien des LEH Deutschland; https://albert-schweitzer-stiftung.de/wp-content/uploads/Einkaufsrichtlinienvergleich-2017_Langfassung.pdf

Alexandratos, N., Bruinsma, J., 2012: World agriculture towards 2030/2050: the 2012 revision. ESA Working Paper No. 12-03, Rom, FAO

Allen, K. L., Kay, R. F., 2012: Dietary quality and encephalization in platyrrhine primates, Proceedings of the Royal Society B (2012) 279, S. 715–721; DOI: 10.1098/rspb.2011.1311

Amit, M., Canadian Paediatric Society, 2010: Vegetarian diets in children and adolescents, Paediatrics and Child Health, 15 (5), S. 303–314

Anthes, M., Verheyen, E., 2016: Milchschwemme aus Europa bedroht Bauern in Afrika, Mitteldeutscher Rundfunk, Magazin FAKT, Sendung vom 12. April 2016; https://www.mdr.de/investigativ/rueckblick/fakt/milchpreis-100.html und https://www.mdr.de/investigativ/rueckblick/fakt/fakt-milchexporte-burkina-faso-100.html

Arbeitsgemeinschaft bäuerliche Landwirtschaft e.V. (AbL), 2018: Vorschlag für eine gerechte EU-Agrarpolitik nach 2020, 2. Auflage; http://www.abl-ev.de/uploads/media/AbL_Punktesystem_-_Agrarpolitik_auf_Qualit%C3%A4t_ausrichten__Auflage_2_web-1.pdf

Arbeitsgemeinschaft Deutscher Rinderzüchter e.V. (ADR), 2017: Rinderproduktion in Deutschland 2016, Bundesverband Rind und Schwein e.V., Bonn

Aviagen, 2014: Ross 308 Broiler: Performance Objectives; http://eu.aviagen.com/assets/Tech_Center/Ross_Broiler/Ross-308-Broiler-PO-2014-EN.pdf

Aviagen Turkeys, 2017: B.U.T. 6 Mastleistungsziele; http://www.aviagenturkeys. com/uploads/2017/01/19/POCLLB6_V1_BUT%206_Commercial%20Live%20 Goals_GER.pdf

Awater-Esper, S., 2017: Verbraucherschutzminister fordern Kennzeichnung von verarbeiteten Eiern und Fleisch, topagrar online; https://www.topagrar.com/ news/Home-top-News-Verbraucherschutzminister-fordern-Kennzeichnung-von-verarbeiteten-Eiern-und-Fleisch-8167808.html

Awater-Esper, S., 2018: Bauernverband schlägt Haltungskennzeichnung für Fleisch vor; https://www.topagrar.com/news/Home-top-News-Bauernverband-schlaegt-Haltungskennzeichnung-fuer-Fleisch-vor-9096744.html

Badische Zeitung, 2014: Tierschutz soll beim Fleisch erkennbar sein; http:// www.badische-zeitung.de/suedwest-1/tierschutz-soll-beim-fleisch-erkennbar-sein--88483268.html

Bammert, J., Birmelin, I., Graf, B., Loeffler, K., Marx, D., Schnitzer, U., Tschanz, B., Zeeb, K., 1993: Bedarfsdeckung und Schadensvermeidung – Ein ethologisches Konzept und seine Anwendung für Tierschutzfragen, Tierärztl. Umschau, 48, S. 269–280

Benecke, N., 1994: Der Mensch und seine Haustiere – die Geschichte einer jahrtausendealten Beziehung, Konrad Theiss Verlag, Stuttgart

Benecke, N., 2003: Haustierhaltung, in: Benecke, N./Donat, P./Gringmuth-Dallmer, E./Willerding, U. (Hrsg.): Frühgeschichte der Landwirtschaft in Deutschland, Verlag Beier & Beran, Langenweissbach, S. 173–191

Beste, A., 2016: Der Boden, von dem wir leben – Zum Zustand der Böden in Europas Landwirtschaft, in: Kritischer Agrarbericht 2016, AbL-Bauernblatt Verlag, Hamm, S. 74–79

Benz, B., Jäger, C., 2016: Eigenkontrolle nach TierSchG §11 (8) bei Milchkühen; https://mlr.baden-wuerttemberg.de/fileadmin/redaktion/m-mlr/intern/dateien/PDFs/SLT/Vorschlag_zur_Bewertung_tierbasierter_Indikatoren_bei_Rindern.pdf

Binder, R., 2010: Beiträge zu aktuellen Fragen des Tierschutz- und Tierversuchsrechts, Nomos-Verlagsgesellschaft, Baden-Baden

Bioland Nordrhein-Westfalen e.V. (Hrsg.), 2013: Leitfaden Tierwohl; https:// www.oekolandbau.nrw.de/fileadmin/redaktion/PDFs/Fachinfo/Tierhaltung/ Allgemeine_Themen/LFTierwohl_Neu.pdf

BMEL, 2012: Ermittlung der Mengen weggeworfener Lebensmittel und Hauptursachen für die Entstehung von Lebensmittelabfällen in Deutschland, Zusammenfassung einer Studie der Universität Stuttgart (März 2012); https://www. bmel.de/SharedDocs/Downloads/Ernaehrung/WvL/Studie_Lebensmittelabfaelle_Faktenblatt.pdf?__blob=publicationFile

BMEL, 2015: Durch freiwillige Verbindlichkeit zu mehr Tierwohl, Pressemitteilung Nr. 159 vom 09. Juli 2015; https://www.bmel.de/SharedDocs/Pressemitteilungen/2015/159-SC-Schnabelkuerzen.html

BMEL, 2016a: Abschlussbericht des Kompetenzkreises Tierwohl: Eine Frage der Haltung – neue Wege zu mehr Tierwohl; http://www.bmel.de/SharedDocs/ Downloads/Tier/Tierwohl/KompetenzkreisAbschlussbericht.pdf;jsessionid=B1 14BC76ED0A0CD36E7BD2ABE0734A21.2_cid288?__blob=publicationFile

BMEL, 2016b: Grünbuch Ernährung, Landwirtschaft, Ländliche Räume – Gute Ernährung, starke Landwirtschaft, lebendige Regionen; https://www.bmel.de/ SharedDocs/Downloads/Broschueren/Gruenbuch.pdf?__blob=publicationFile

BMEL, 2016c: Ackerbohne, Erbse & Co. Die Eiweißpflanzenstrategie des Bundesministeriums für Ernährung und Landwirtschaft zur Förderung des Leguminosenanbaus in Deutschland; http://www.bmel.de/SharedDocs/Downloads/Broschueren/EiweisspflanzenstrategieBMEL.pdf?__blob=publicationFile

BMEL, 2017a: Nutztierhaltungsstrategie – Zukunftsfähige Tierhaltung in Deutschland; https://www.bmel.de/DE/Tier/_texte/Nutztierhaltungsstrategie.html

BMEL, 2017b: https://www.bmel.de/DE/Tier/Tierwohl/_texte/Tierwohllabel-Fragen-und-Antworten.html

BMEL, 2017c: Zukunftsstrategie ökologischer Landbau – Impulse für mehr Nachhaltigkeit in Deutschland; http://www.bmel.de/SharedDocs/Downloads/Broschueren/Zukunftsstrategie-ökologischer-Landbau.pdf?__blob=publicationFile

BMEL, 2018a: Rinder; https://www.bmel.de/DE/Tier/Nutztierhaltung/Rinder/ rinder_node.html

BMEL, 2018b: Nach vorläufigen Zahlen sind Fleischerzeugung und Selbstversorgungsgrad 2017 rückläufig; https://www.bmel-statistik.de/de/ernaehrung-fischerei/versorgungsbilanzen/fleisch/

BMEL, 2018c: Deutschland, wie es isst – der BMEL-Ernährungsreport 2018; https://www.bmel.de/SharedDocs/Downloads/Broschueren/Ernaehrungsreport2018.pdf?__blob=publicationFile

BMEL, 2018d: Grundzüge der Gemeinsamen Agrarpolitik (GAP) und ihrer Umsetzung in Deutschland; https://www.bmel.de/DE/Landwirtschaft/Agrarpolitik/_Texte/GAP-NationaleUmsetzung.html

BMEL, 2018e: Eiweißpflanzenstrategie; https://www.bmel.de/DE/Landwirtschaft/Pflanzenbau/Ackerbau/_Texte/Eiweisspflanzenstrategie.html#doc 3743388bodyText1

BMEL, ZDG, 2015: Vereinbarung zur Verbesserung des Tierwohls, insbesondere zum Verzicht auf das Schnabelkürzen in der Haltung von Legehennen und Mastputen; http://www.bmel.de/SharedDocs/Downloads/Broschueren/VereinbarungVerbesserungTierwohl.pdf;jsessionid=9859D13BA5B9E3FDE5D2445 D59CBF30C.1_cid376?__blob=publicationFile

BMUB, 2007/2015: Nationale Strategie zur biologischen Vielfalt, Kabinettsbeschluss vom 7. November 2007, 4. Auflage; http://biologischevielfalt.bfn.de/ fileadmin/NBS/documents/broschuere_biolog_vielfalt_2015_strategie_bf.pdf

BMUB, 2016: Klimaschutzplan 2050 – Klimaschutzpolitische Grundsätze und Ziele der Bundesregierung; https://www.bmub.bund.de/publikation/klimaschutzplan-2050-klimaschutzpolitische-grundsaetze-und-ziele-der-bundesregierung/

BMUB, 2018: Das Internationale Übereinkommen über die biologische Vielfalt; https://www.bmub.bund.de/themen/natur-biologische-vielfalt-arten/naturschutz-biologische-vielfalt/internationales-eu/uebereinkommen-ueber-die-biologische-vielfalt/

BMUB, BMEL, 2017: Nitratbericht 2016; http://www.bmub.bund.de/fileadmin/ Daten_BMU/Download_PDF/Binnengewaesser/nitratbericht_2016_bf.pdf

Börnecke, S., 2014: Mit Vieh, Futter und Dünger in den Klimawandel, in: Heinrich-Böll-Stiftung/Bund für Umwelt und Naturschutz/Le Monde diplomatique

(Hrsg.): Fleischatlas – Daten und Fakten über Tiere als Nahrungsmittel 2013, 8. Auflage, S. 30–31; https://www.boell.de/de/content/fleischatlas-daten-und-fakten-ueber-tiere-als-nahrungsmittel

Borell, E. von, 2009: Grundlagen des Verhaltens, in: Hoy, S. (Hrsg.): Nutztier-ethologie, Verlag Eugen Ulmer, Stuttgart, S. 12–38

Brade, W., 2016: Brauchen wir spezialisierte Zuchtzielsetzungen für verschiedene Produktionssysteme bei Deutschen Holsteins?, Tierärztl. Umschau 71, S. 454–465

Brakensiek, S., 2016: Einleitung, in: Brakensiek, S./Kießling, R./Troßbach, W./Zimmermann, C. (Hrsg.): Grundzüge der Agrargeschichte Band 2, Böhlau-Verlag, Köln, S. 7–8

Brambell, F. W. R., Barbour, D. S., Lady Barnett, Ewer, T. K., Hobson, A., Pitchforth, H., Smith, W. R., Thorpe, W. H., Winship, F. J. W., 1965: Report of the Technical Committee to Enquire into the Welfare of Animals kept under Intensive Livestock Husbandry Systems; http://edepot.wur.nl/134379

Brendel, F., 2012: Sojaboom in deutschen Ställen, WWF Deutschland, Berlin; https://www.wwf.de/fileadmin/fm-wwf/Publikationen-PDF/WWF-Studie_Sojaboom_in_deutschen_Staellen.pdf

Brinkmann, J., Ivemeyer, S., Pelzer, A., Winckler, C., Zapf, R., 2016: Tierschutzindikatoren: Leitfaden für die Praxis – Rind, KTBL-Sonderveröffentlichung, Kuratorium für Technik und Bauwesen in der Landwirtschaft, Darmstadt

Brock, C., Leithold, G., 2013: Hat „Öko" mehr Humus? Einschätzung der aktuellen Humusbilanzen der ökologisch und der konventionell bewirtschafteten Ackerfläche in Deutschland, in: Neuhoff, D./Stumm, C./Ziegler, S./Rahmann, G./Hamm, U./Köpke, U. (Hrsg.): Ideal und Wirklichkeit – Perspektiven Ökologischer Landbewirtschaftung. Beiträge zur 12. Wissenschaftstagung Ökologischer Landbau, Bonn, 5.–8. März; S. 30–33; http://orgprints.org/view/projects/int-conf-wita-2013.html

Broom, D. M., 2017: Das Wohlergehen von Tieren in der Europäischen Union; Studie für das Europäische Parlament, DOI: 10.2861/989644; http://www.europarl.europa.eu/committees/de/supporting-analyses-search.html

Bruhn, D., Wollenteit, U., 2017: Rechtsgutachten zur Frage der Vereinbarkeit der Haltungsvorgaben für Mastschweine mit dem Tierschutzgesetz sowie zur Zulässigkeit einer Verschärfung der Haltungsvorgaben, erstellt im Auftrag von Greenpeace e.V.; https://www.greenpeace.de/sites/www.greenpeace.de/files/publications/gutachten-schweine-tierhaltung_0.pdf

Buchholtz, C., 1993: Das Handlungsbereitschaftsmodell – ein Konzept zur Beurteilung und Bewertung von Verhaltensstörungen, in: Buchholtz, C., Goetschel, A. F., Hassenstein, B., Loeffler, K., Loeper, E. von, Martin, G., Rohrmoser, G., Sambraus, H. H., Tschanz, B., Wechsler, B., Wolff, M.: Leiden und Verhaltensstörungen bei Tieren – Grundlagen zur Erfassung und Bewertung von Verhaltensabweichungen. Tierhaltung, Band 23, Birkhäuser Verlag, Basel, S. 93–109

Bund Deutscher Rassegeflügelzüchter e.V. (BDRG), 2018: https://www.bdrg.de/rasseverzeichnis-ringgroessen?redid=350467&seite=0

Bundesamt für Naturschutz, 2014: Grünland-Report – Alles im Grünen Bereich?; https://www.bfn.de/fileadmin/MDB/documents/presse/2014/PK_Gruenlandpapier_30.06.2014_final_layout_barrierefrei.pdf

Bundesamt für Naturschutz, 2017: Agrar-Report 2017 – Biologische Vielfalt in der Agrarlandschaft; https://www.bfn.de/fileadmin/BfN/landwirtschaft/Dokumente/ BfN-Agrar-Report_2017.pdf

Bundesinstitut für Risikobewertung, 2009: Studie zu Fleischverzehr und Sterblichkeit, Stellungnahme Nr. 023/2009 des BfR vom 29. Mai 2009; http://www. bfr.bund.de/cm/343/studie_zu_fleischverzehr_und_sterblichkeit.pdf

Bundeskartellamt, 2014: Sektoruntersuchung Lebensmitteleinzelhandel – Darstellung und Analyse der Strukturen und des Beschaffungsverhaltens auf den Märkten des Lebensmitteleinzelhandels in Deutschland; http://www.bundeskartellamt.de/Sektoruntersuchung_LEH.pdf%3F__blob%3DpublicationFile% 26v%3D7

Bundesrat, 2016: Plenarprotokoll, stenografischer Bericht 944. Sitzung, 22. April 2016; http://dipbt.bundestag.de/dip21/brp/944.pdf

Bundesregierung, 2016: Deutsche Nachhaltigkeitsstrategie, Neuauflage 2016; www.deutsche-nachhaltigkeitsstrategie.de

Bundestierärztekammer e. V., 2017: Positionspapier der Bundestierärztekammer zu notwendigen Weiterentwicklungen der Rechtsetzung zur Verbesserung des Tierschutzes bei Nutztieren; http://www.bundestieraerztekammer.de/index_ btk_presse_details.php?X=20170919103639

Bundesverband der Deutschen Fleischwarenindustrie e. V., 2018a: Fleischverbrauch und Fleischverzehr je Kopf der Bevölkerung; http://www.bvdf.de/in_ zahlen/tab_05

Bundesverband der Deutschen Fleischwarenindustrie e. V., 2018b: Fleischverzehr je Kopf der Bevölkerung (in kg) von 1990 bis 2016; https://www.bvdf.de/aktuell/fleischverzehr_1990-2016/

Bundesverfassungsgericht, 1999: Zur Hennenhaltungsverordnung; 06. Juli 1999: 2 BvF 3/90; http://www.bundesverfassungsgericht.de/SharedDocs/Entscheidungen/DE/1999/07/fs19990706_2bvf000390.html

Busch, B., 2006: Schweinehaltung, in: Richter, T. (Hrsg.): Krankheitsursache Haltung, Enke-Verlag, Stuttgart, S. 112–151

Caterwings, 2017: Fleischpreisindex; https://www.caterwings.de/caterers/2017-fleischpreis-index/

Craig, W. J., Mangels, A. R., 2009: Position of the American Dietetic Association: Vegetarian Diets, Journal of the American Dietetic Association, 109 (7), S. 1266–1282, DOI: 10.1016/j.jada.2009.05.027

DAFA, 2015: Fachforum Grünland, Forschungsstrategie der DAFA: Grünland innovativ nutzen und Ressourcen schützen; http://www.dafa.de/fileadmin/ dam_uploads/images/Fachforen/FF_Gruenland/ffg-2015-10-05-strategie.pdf

Damme, K., 2016a: Ökonomische Bewertung von Zweinutzungshühnern, Vortrag anlässlich der Tagung: Zweinutzungshuhn – Königsweg oder Sackgasse, Universität Hohenheim, 28. Juni 2016

Damme, K., 2016b: Mastgeflügel, in: Littmann, E./Hammerl, G./Adam, F. (Hrsg.): Landwirtschaftliche Tierhaltung, BLV Buchverlag, München, S. 791–802

Dayen, M., Petermann, S., 2012: Tierschutz, in: Siegmann, O./Neumann, U. (Hrsg.): Kompendium der Geflügelkrankheiten, Schlütersche Verlagsgesellschaft, Hannover, S. 66–73

Deschler-Erb, S., Schibler, J., 2012: Viehzucht und Jagd bei den Römern, in: Rupp, V./Birley, H. (Hrsg.): Landleben im römischen Deutschland, Konrad Theiss Verlag, Stuttgart, S. 38–41

Descovich, K. A., Wathan, J., Leach, M., Buchanan-Smith, H. M., Flecknell, P., Farningham, D., Vick, S.-J., 2017: Facial expression: An under-utilized tool for the assessment of welfare in mammals. ALTEX – Alternatives to animal experimentation 34, 3 (Feb. 2017), S. 409–429; DOI:10.14573/altex.1607161

Deutsche Gesellschaft für Ernährung e. V. (DGE), 2017: Vollwertig essen und trinken nach den 10 Regeln der DGE; http://www.dge.de/ernaehrungspraxis/vollwertige-ernaehrung/10-regeln-der-dge/

Deutschen Gesellschaft für Züchtungskunde e. V. (DGfZ), 2013: Stellungnahme der DGfZ zur Studie „Qualzucht bei Nutztieren – Probleme & Lösungen" von Prof. Dr. Hörning, Eberswalde; http://www.dgfz-bonn.de/stellungnahmen/

Deutsche Gesellschaft für Züchtungskunde e. V. (DGfZ) – Projektgruppe „Ökonomie und Tiergesundheit", 2013: Die Tierzucht im Spannungsfeld von Leistung und Tiergesundheit – interdisziplinäre Betrachtungen am Beispiel der Rinderzucht; http://www.dgfz-bonn.de/stellungnahmen/

Deutsche Landwirtschafts-Gesellschaft e. V. (DLG), 2017: Landwirtschaft 2030 – 10 Thesen: Signale erkennen. Weichen stellen. Vertrauen gewinnen; www.DLG.org/Landwirtschaft2030

Deutsche Landwirtschafts-Gesellschaft (DLG)-Ausschuss für Geflügelproduktion und Berk, J., 2014: Haltung von Masthühnern: Haltungsansprüche-Fütterung-Gesundheit, DLG-Merkblatt 406: http://www.dlg.org/dlg-merkblatt_46.html

Deutscher Bauernverband e. V. (DBV), 2017a: Situationsbericht 2017/18 – Trends und Fakten zur Landwirtschaft; http://www.bauernverband.de/situationsbericht-2017-18

Deutscher Bauernverband e. V. (DBV), 2017b: Obst und Gemüse; http://www.bauernverband.de/marktueberblick

Deutscher Bauernverband e. V. (DBV), 2017c: Faktencheck Haltung von Milchkühen; faktencheck-landwirtschaft.de ; http://www.bauernverband.de/milchviehhaltung

Deutscher Raiffeisenverband e. V., 2014: Stellungnahme zu Prüf- und Zulassungsverfahren für Stalleinrichtungen vom 21. November 2014; http://www.raiffeisen.de/pruef-und-zulassungsvefahren-fuer-stalleinrichtungen/

Deutscher Tierschutzbund e. V., 2018: Tierschutzlabel; https://www.tierschutzlabel.info/tierschutzlabel/

Deutscher Tourismusverband e. V., 2017: Zahlen-Daten-Fakten 2016; https://www.deutschertourismusverband.de/fileadmin/Mediendatenbank/Dateien/ZDF_2016.pdf

Deutscher Verband für Landschaftspflege e. V. (DVL), ohne Jahresangabe: Gemeinwohlprämie –Umweltleistungen der Landwirtschaft einen Preis geben, Konzept für eine zukunftsfähige Honorierung wirksamer Biodiversitäts-, Klima- und Wasserschutzleistungen in der Gemeinsamen EU-Agrarpolitik (GAP); https://www.lpv.de/fileadmin/user_upload/PP_Gemeinwohlpraemie_FIN_DE_web-neu.pdf

Diamond, C., 2008: Fleisch essen und Menschen essen, in: Wolf, U. (Hrsg.): Texte zur Tierethik, Philipp Reclam Verlag, Stuttgart, S. 318–330

Di Giminiani, P., Brierley, V. L. M. H., Scollo, A., Gottardo, F., Malcolm, E. M., Edwards, S. A., Leach M. C., 2016: The Assessment of Facial Expressions in Piglets Undergoing Tail Docking and Castration: Toward the Development of the Piglet Grimace Scale. Front. Vet. Sci. 3:100. DOI: 10.3389/fvets.2016.00100

Di Giminiani, P., Nasirahmadi, A., Malcolm, E. M., Leach, M. C., Edwards, S. A., 2017: Docking piglet tails: How much does it hurt and for how long? Physiology & Behavior, 182, S. 69–76

Dix, A., 2006: Einleitung: Grüne Revolutionen, in Dix, A./Langthaler, E. (Hrsg.): Grüne Revolutionen, Studien-Verlag Innsbruck, S. 7–16

Doll, M., 2003: Haustierhaltung und Schlachtsitten des Mittelalters und der Neuzeit, Internationale Archäologie, Band 78, Verlag Marie Leidorf, Rahden/Westf.

Donovan, J., 2008: Aufmerksamkeit für das Leiden, in: Wolf, U. (Hrsg.): Texte zur Tierethik, Philipp Reclam Verlag, Stuttgart, S. 105–120

Dorsch, K., 2017a: Bayern: Mehr Geld für Strohschweine, Top Agrar Südplus, Heft 8/2017, S. 42–44; https://www.topagrar.com/archiv/Bayern-Mehr-Geld-fuer-Strohschweine-8914812.html

Dorsch, K., 2017b: Bayern: Boni für GVO-freie Bullen, Top Agrar Südplus, Heft 7/2017, S. 32–33

Drangmeister, H., 2011: Fruchtfolge im Öko-Landbau: Grundsätzliche Organisationsmerkmale, in: Informationsmaterialien über den ökologischen Landbau (Landwirtschaft einschließlich Wein-, Obst- und Gemüsebau) für den Unterricht an landwirtschaftlichen Berufs- und Fachschulen; Bundesanstalt für Landwirtschaft und Ernährung (BLE)

Drösler, M., Freibauer, A., Adelmann, W., Augustin, J., Bergman, L., Beyer, C., Chojnicki, B., Förster, C., Giebels, M., Görlitz, S., Höper, H., Kantelhardt, J., Liebersbach, H., Hahn-Schöfl, M., Minke, M., Petschow, U., Pfadenhauer, J., Schaller, L., Schägner, J., Sommer, M., Thuille, A., Wehrhan, M., 2011: Klimaschutz durch Moorschutz in der Praxis: Ergebnisse aus dem BMBF-Verbundprojekt „Klimaschutz-Moornutzungsstrategien" 2006–2010, Arbeitsberichte aus dem vTI- Institut für Agrarrelevante Klimaforschung, Johann Heinrich von Thünen-Institut, Braunschweig; http://literatur.vti.bund.de/digbib_extern/bitv/dn049337.pdf

Düwel, O., Siebner, C. S., Utermann, J., Krone, F., 2007: Gehalte an organischer Substanz in Oberböden Deutschlands – Bericht über länderübergreifende Auswertungen von Punktinformationen im FISBo BGR, Bundesanstalt für Geowissenschaften und Rohstoffe; https://www.bgr.bund.de/DE/Themen/Boden/Produkte/Schriften/Downloads/Humusgehalte_Bericht.pdf?__blob=publicationFile

Eberhardinger, M., 2016: Von Kopf bis Fuß: Vollzerlegung und was für Gerichte daraus entstehen, in: Weiler. U., 2016: Fleisch essen? Eine Aufklärung, Westend Verlag, Frankfurt, S. 142–151

Eder, K., Roth, F. X., 2014: Geflügelfütterung, in: Kirchgeßner (Hrsg.): Tierernährung, 14., aktualisierte Auflage, DLG-Verlag, Frankfurt/Main, S. 579–623

Elmadfa, I., Leitzmann, C., 2015: Ernährung des Menschen, Verlag Eugen Ulmer, Stuttgart

Erb, K.-H., Lauk, C., Kastner, T., Mayer, A., Theurl, M. C., Haberl, H., 2016: Exploring the biophysical option space for feeding the world without deforestation, Nature communications, 7, 11382, S. 1–9; DOI:10.1038/ncomms11382

Ernährungskommission der Deutschen Gesellschaft für Kinder- und Jugendmedizin, 2014: Ernährung gesunder Säuglinge – Empfehlungen der Ernährungskommission der Deutschen Gesellschaft für Kinder- und Jugendmedizin, Monatsschr. Kinderheilkd., (6), S. 527–538; DOI: 10.1007/s00112-014-3129-2

Europäische Kommission, 2016a: Spezial Eurobarometer 442; Zusammenfassung – Einstellungen der Europäer zum Tierschutz; DOI: 10.2875/6839

Europäische Kommission, 2016b: Wasser: Kommission verklagt Deutschland vor dem Gerichtshof der EU wegen Gewässerverunreinigung durch Nitrat, Pressemitteilung vom 28. April 2016, Brüssel; http://europa.eu/rapid/press-release_IP-16-1453_de.htm

Europäische Kommission, 2016c: Special Eurobarometer 442; Report – Attitudes of Europeans towards Animal Welfare; DOI: 10.2875/884639

Europäische Kommission, 2017: Ernährung und Landwirtschaft der Zukunft, Mitteilung der Kommission an das Europäische Parlament, den Rat, den Europäischen Wirtschafts- und Sozialausschuss und den Ausschuss der Regionen, COM (2017) 713 final

FAO, 2001: Human energy requirements; Report of a Joint FAO/WHO/UNU Expert Consultation, Rome; http://www.fao.org/3/a-y5686e.pdf

FAO, 2006: Food security, Policy brief, http://www.fao.org/forestry/13128-0e6f-36f27e0091055bec28ebe830f46b3.pdf

FAO, 2009: How to feed the world in 2050; http://www.fao.org/fileadmin/templates/wsfs/docs/expert_paper/How_to_Feed_the_World_in_2050.pdf

FAO, 2011: The state of the world's land and water resources for food and agriculture – managing systems at risk; http://www.fao.org/docrep/015/i1688e/i1688e00.pdf

FAO, 2017: Food Outlook – Biannual report on global food markets; http://www.fao.org/3/a-i7343e.pdf

FAO, IFAD, UNICEF, WFP, WHO, 2017: The State of Food Security and Nutrition in the World 2017 – Building resilience for peace and food security, Rom, http://www.fao.org/state-of-food-security-nutrition/en/

FAO, WWC, 2015: Towards a water and food secure future – Critical Perspectives for Policy-makers; http://www.fao.org/3/a-i4560e.pdf

Feldmann, A., 2014: Erhaltung alter Haustierrassen als Aufgaben des Naturschutzes? In: Voget-Kleschin, L./Bossert, L./ Ott, K. (Hrsg.): Nachhaltige Lebensstile – Welchen Beitrag kann ein bewusster Fleischkonsum zu mehr Naturschutz, Klimaschutz und Gesundheit leisten? Metropolis-Verlag, Marburg, S. 175–187

Fiedler, H. J., 2001: Böden und Bodenfunktionen in Ökosystemen, Landschaften und Ballungsgebieten, Forum Eipos, Expert Verlag, Renningen

Fischer, J., 2015: Kognitive Ethologie, in: Ferrari, A./Petrus, K. (Hrsg.): Lexikon der Mensch-Tier-Beziehungen, Transcript Verlag, Bielefeld, S. 199–201

Flachowsky, G., 2001: Nutritional economic and ecological aspects in the production of edible protein of animal origin at different performance levels of farm livestock, Lohmann Information, 25, http://www.lohmann-information.com/archive_year_2001.html

Foer, J. S., 2010: Tiere essen, Verlag Kiepenheuer & Witsch, Köln

Forsa, 2017: Meinungen zum Thema Nutztierhaltung; https://www.bund.net/fileadmin/user_upload_bund/publikationen/massentierhaltung/Massentierhaltung_Umfrage_Haltungsvorgaben_Kennzeichnungspflicht_Antibiotika.pdf

Forum Fairer Handel e. V., GEPA –The Fair Trade Company GmbH, Misereor e. V., TransFair e. V., Weltladen-Dachverband e. V., 2014: Wer hat die Macht? Machtkonzentration und unlautere Handelspraktiken in landwirtschaftlichen Wertschöpfungsketten; https://www.fairtrade-deutschland.de/fileadmin/DE/mediathek/pdf/studie_wer_hat_die_macht_komplett.pdf

Fraunhofer-Institut für Grenzflächen- und Bioverfahrenstechnik, 2016: Gülle liefert Mineraldünger und Bodenverbesserer, Presseinformation vom 18. April 2016; https://www.igb.fraunhofer.de/de/presse-medien/presseinformationen/2016/guelle-liefert-mineralduenger-und-bodenverbesserer.html

Gall, P. von, 2016: Tierschutz als Agrarpolitik – wie das deutsche Tierschutzgesetz der industriellen Tierhaltung den Weg bereitet, Transcript Verlag, Bielefeld

Garnett, T., Godde, C., Muller, A., Röös E., Smith, P., Boer, I. J. M. de, Ermgassen, E. zu, Herrero, M., Middelaar, C. van, Schader, C., Zanten, H. van, 2017: Grazed and confused? Ruminating on cattle, grazing systems, methane, nitrous oxide, the soil carbon sequestration question – and what it all means for greenhouse gas emissions, Food Climate Research Network, Oxford Martin Programme on the Future of Food, Environmental Change Institute, University of Oxford; http://www.fcrn.org.uk/sites/default/files/project-files/fcrn_gnc_report.pdf

Geflügel-Charta, 2016: Die Deutschen stehen auf Geflügel: Hähnchen & Co werden immer beliebter; http://www.gefluegel-charta.de/blog/blogdetail/news/gefluegelland-deutschland/

Gerber, P. J., Steinfeld, H., Henderson, B., Mottet, A., Opio, C., Dijkman, J., Falcucci, A., Tempio, G., 2013: Tackling climate change through livestock – A global assessment of emissions and mitigation opportunities. Food and Agriculture Organization of the United Nations (FAO), Rome; http://www.fao.org/3/i3437e.pdf

Gesellschaft zur Erhaltung alter und gefährdeter Haustierrassen e. V. (GEH), 2018: http://www.g-e-h.de/die-geh1/rote-liste2

Gesellschaft zur Förderung des Tierwohls in der Nutztierhaltung mbH, 2018a: Die Initiative Tierwohl; https://initiative-tierwohl.de/

Gesellschaft zur Förderung des Tierwohls in der Nutztierhaltung mbH, 2018b: Siegel kennzeichnet Geflügelfleisch aus Tierwohl-Betrieben; https://initiative-tierwohl.de/siegel-kennzeichnet-gefluegelfleisch-aus-tierwohl-betrieben/

Gesellschaft zur Förderung des Tierwohls in der Nutztierhaltung mbH, 2018c: Die Initiative Tierwohl in Zahlen; https://initiative-tierwohl.de/zahlen-und-fakten/

Gilbert, N., 2012: One-third of our greenhouse gas emissions come from agriculture, Nature News, 31. Oktober 2012; DOI: 10.1038/nature.2012.11708; https://www.nature.com/news/one-third-of-our-greenhouse-gas-emissions-come-from-agriculture-1.11708

Gleerup, K. B., 2017: Identifying Pain Behaviors in Dairy Cattle, WCDS Advances in Dairy Technology, 29, S. 231–239; https://www.researchgate.net/publication/317400878

Gorsboth, M., 2017: Die Welt im Wasserstress – wie Wasserknappheit die Ernährungssicherheit bedroht, in AgrarBündnis e. V. (Hrsg.): Der kritische Agrarbericht 2017; http://www.kritischer-agrarbericht.de/2017.368.0.html

Grebmer, K. von, Bernstein, J., Hossain, N., Brown, T., Prasai, N., Yohannes, Y., Patterson, F., Sonntag, A., Zimmermann, S.-M., Towey, O., Foley, C., 2017: Welthunger-Index 2017: Wie Ungleichheit Hunger schafft. Internationales Forschungsinstitut für Ernährungs- und Entwicklungspolitik, Washington, D. C.; Welthungerhilfe, Bonn; Concern Worldwide, Dublin, https://www.welthungerhilfe.de/ueber-uns/mediathek/whh-artikel/whi-2017-pdf.html

Greve, D., 2018: Pubertierende Vielkräher, Kommentar, bioland 1/2018, S. 27

Grieb, B., Hofmann, F., Blumenstein, B., 2015: Fruchtbarer Boden auch im viehlosen Biolandbau, Ökologie und Landbau, 2/2015; http://orgprints.org/29558/

Grimm, H., Wild, M., 2016: Tierethik – zur Einführung, Junius-Verlag, Hamburg

Gruen, L., 2015a: Sich Tieren zuwenden: Empathischer Umgang mit der mehr als menschlichen Welt, in: Schmitz, F. (Hrsg.); Tierethik – Grundlagentexte, 2. Auflage, Suhrkamp Verlag, Berlin, S. 390–404

Gruen, L., 2015b: Entangled empathy – an alternative ethic for our relationship with animals, Lantern Book, New York

Grossarth, J., 2017: Eine Frage der Kultur – Landwirtschaft: Beim Streit über die Zukunft der Branche geht es um die Gesellschaft als Ganzes, Das Parlament, 67. Jahrgang, Nr. 46–47; https://www.das-parlament.de/2017/46_47/titelseite/-/531618

Grupe, G., Christiansen, K., Schröder, I., Wittwer-Backofen, U., 2012: Anthropologie, 2. Auflage, Springer-Verlag, Berlin und Heidelberg

Gundel, J., 2016: Europarechtliche Vorgaben für eine nationale Tierschutzkennzeichnung für Fleisch, Rechtsgutachten im Auftrag des Ministeriums für Ländlichen Raum und Verbraucherschutz Baden-Württemberg

Gura, S., 2015: Das Tierzucht Monopoly – ein Update, in: Kritischer Agrarbericht 2015, AbL-Bauernblatt Verlag, Hamm, S. 227–231

Gustavsson, J., Cederberg, C., Sonesson, U., Otterdijk, R. van, Meybeck, A., 2011: Global food losses and food waste – Extent, causes and prevention. Rome, http://www.fao.org/docrep/014/mb060e/mb060e00.pdf

Haiger, A., Storhas, R., Bartussek, H., 1988: Naturgemäße Viehwirtschaft – Zucht, Fütterung, Haltung von Rind und Schwein, Verlag Eugen Ulmer, Stuttgart

Hallmann, C. A., Sorg, M., Jongejans, E., Siepel, H., Hofland, N., Schwan, H., Stenmans, W., Müller, A., Sumser, H., Hörren, T., Goulson, D., Kroon, H. de, 2017: More than 75 percent decline over 27 years in total flying insect biomass in protected areas. PLoS ONE 12 (10): e0185809. https://doi.org/10.1371/journal.pone.0185809

Harrison, R., 1964: Animal Machines, Verlag Vincent Stuart, London

Heise, H., Overbeck, C., Theuvsen, L., 2017: Die Initiative Tierwohl aus der Sicht verschiedener Stakeholder: Bewertungen, Verbesserungsmöglichkeiten und zukünftige Entwicklungen, Berichte über Landwirtschaft – Zeitschrift für Agrarpolitik und Landwirtschaft, 95, 1, S. 1–35; http://buel.bmel.de

Henning, F.-W., 1994: Deutsche Agrargeschichte des Mittelalters – 9.bis 15. Jahrhundert, Verlag Eugen Ulmer, Stuttgart

Herren, H. R., 2016: So ernähren wir die Welt, Rüffer und Rub Sachbuchverlag, Zürich

Herrero, M., Thornton, P. K., 2013: Livestock and global change: Emerging issues for sustainable food systems, PNAS, 110, 52, S. 20878–20881; www.pnas.org/cgi/doi/10.1073/pnas.1321844111

Hirschfelder, G., Wittmann, B., 2015: Was der Mensch essen darf – Thematische Heranführung, in: Hirschfelder, G./Ploeger, A./Rückert-John, J./Schönberger, G. (Hrsg.): Was der Mensch essen darf – Ökonomischer Zwang, ökologisches Gewissen und globale Konflikte, Springer VS, Wiesbaden, S. 1–16

Hirt, A., Maisack, C., Moritz, J., 2016: Tierschutzgesetz – Kommentar, Verlag Franz Vahlen, München

Hofreiter, A., 2017: Fleischfabrik Deutschland, Taschenbuchausgabe, Wilhelm Goldmann Verlag, München

Honerlagen, H., 2017: Neuer Glanz für alte Ställe, Top Agrar Südplus, Heft 6/2017, S. 34–36

Hoy, S., 2009: Verhalten der Schweine, in: Hoy, S. (Hrsg.): Nutztierethologie, Verlag Eugen Ulmer, Stuttgart, S. 105–139

Huber, K., 2017: Nur gesunde Kälber werden gesunde Milchkühe – Über mögliche Ursachen für die hohe Krankheitsanfälligkeit heutiger Hochleistungskühe, in: Kritischer Agrarbericht 2017, AbL-Bauernblatt Verlag, Hamm, S. 148–152

Hülsbergen, K.-J., Küstermann, B., 2007: Ökologischer Landbau – Beitrag zum Klimaschutz, in: Wiesinger, K. (Hrsg.): Angewandte Forschung und Beratung für den ökologischen Landbau in Bayern, Bayerische Landesanstalt für Landwirtschaft (LfL), Freising, Schriftenreihe der Bayerischen Landesanstalt für Landwirtschaft, Nr. 3/2007, S. 9–21

Hülsbergen, K.-J., 2011: C-Sequestrierung in landwirtschaftlich genutzten Böden, H&K aktuell 01/2_2011, Seite 1–4

Hüttl, R., Prechtel, A., Bens, O., 2008: Humusversorgung von Böden in Deutschland, Publikationen des Umweltbundesamtes; https://www.umweltbundesamt.de/publikationen/humusversorgung-von-boeden-in-deutschland

Hursthouse, R., 2008: Die Anwendung der Tugendethik, in: Wolf, U. (Hrsg.): Texte zur Tierethik, Philipp Reclam Verlag, Stuttgart, S. 121–131

IAASTD (International Assessment of Agricultural Knowledge, Science and Technology for Development), 2009: Weltagrarbericht – Synthesebericht, Hamburg University Press; http://www.weltagrarbericht.de/original-berichte.html

Idel, A., 2014: Die Kuh ist kein Klimakiller, in: Voget-Kleschin, L./Bossert, L./Ott, K. (Hrsg.): Nachhaltige Lebensstile – Welchen Beitrag kann ein bewusster Fleischkonsum zu mehr Naturschutz, Klimaschutz und Gesundheit leisten? Metropolis-Verlag, Marburg, S. 151–160

Idel, A., 2016: Die Kuh ist kein Klima-Killer! Wie die Agrarindustrie die Erde verwüstet und was wir dagegen tun können; 6. Auflage, Metropolis-Verlag, Marburg

Industrieverband Agrar, 2016: Wichtige Zahlen: Düngemittel-Produktion, Markt, Landwirtschaft 2015–2016; http://www.iva.de/sites/default/files/benutzer/%25uid/publikationen/wiza_2015_2016_0.pdf

Ingensiep, H. W., Baranzke, H., 2008: Das Tier, Verlag Philipp Reclam jun., Stuttgart

Institut der deutschen Wirtschaft Köln, 2017: Deutschland in Zahlen 2017; https://www.deutschlandinzahlen.de/

Institut für Energie und Umweltforschung Heidelberg, 2017: CO2-Rechner; https://www.klimatarier.com/de/CO2_Rechner

IPCC, 2013/14: Klimaänderung 2013/2014, Zusammenfassungen für politische Entscheidungsträger, Beiträge der Arbeitsgruppen I, II und III zum fünften Sachstandsbericht des Zwischenstaatlichen Ausschusses für Klimaänderungen (IPCC), Anhang, Übersetzung durch Deutsche IPCC-Koordinierungsstelle, Bonn, 2016; https://www.ipcc.ch/pdf/reports-nonUN-translations/deutch/AR5-SPM_Anhang.pdf

IPCC, 2014: Klimaänderung 2014: Synthesebericht. Beitrag der Arbeitsgruppen I, II und III zum Fünften Sachstandsbericht des Zwischenstaatlichen Ausschusses für Klimaänderungen (IPCC) [Hauptautoren, Pachauri, R. K./Meyer, L. A. (Hrsg.)]. IPCC, Genf, Schweiz. Deutsche Übersetzung durch Deutsche IPCC-Koordinierungsstelle, Bonn, 2016; https://www.ipcc.ch/pdf/reports-nonUN-translations/deutch/IPCC-AR5_SYR_barrierefrei.pdf

Jais, C., Stalljohann, G., Schäffler, M., Wolfrum, W., 2016: Schweinehaltung und Fütterung, in: Littmann, E./Hammerl, G./Adam, F. (Hrsg): Landwirtschaftliche Tierhaltung, BLV Buchverlag, München, S. 599–754

Jäger, C., 2015: Tierschutzrecht – Eine Einführung für die praktische Anwendung aus amtstierärztlicher Sicht, Richard Boorberg Verlag, Stuttgart

Jäger, C., 2017: mündlicher Beitrag beim Ausschuss für Ländlichen Raum und Verbraucherschutz des Landtags von Baden-Württemberg am 22. März 2017, Protokoll der Landtagsverwaltung

Janssen, M., Rödiger, M., Hamm, U., 2016: Labels for Animal Husbandry Systems Meet Consumer Preferences: Results from a Meta-analysis of Consumer Studies, J Agric Environ Ethics, S. 1–30, DOI: 10.1007/s10806-016-9647-2

Jasper, U., 2018: Ideen für das Geld aus Brüssel – EU-Agrarpolitik, in: Heinrich-Böll-Stiftung/Bund für Umwelt und Naturschutz/Le Monde diplomatique (Hrsg.): Fleischatlas – Daten und Fakten über Tiere als Nahrungsmittel 2018, S. 38–39; https://www.boell.de/de/2018/01/10/fleischatlas-2018-rezepte-fuer-eine-bessere-tierhaltung

Jones, B., Manteca, X., 2009: First draft of an information resource: Practical strategies for improving farm animal welfare: an information resource, Welfare Quality® Project; http://www.welfarequalitynetwork.net/network/45848/7/0/40

Karl, H., Noleppa, S., 2017: Kosten europäischer Umweltstandards und von zusätzlichen Auflagen in der deutschen Landwirtschaft, HFFA Research Paper 05/2017; http://www.bauernverband.de/studie-kosten-landwirtschaft

KAT e.V., 2018: https://www.was-steht-auf-dem-ei.de/

Kießling, R., 2016: Strukturbildungen, in: Brakensiek, S./Kießling, R./Troßbach, W./Zimmermann, C. (Hrsg.): Grundzüge der Agrargeschichte Band 1, Böhlau-Verlag, Köln, S. 130–181

Kießling, R., Troßbach, W., 2016: Einführung, in: Brakensiek, S./Kießling, R./Troßbach, W./Zimmermann, C. (Hrsg.): Grundzüge der Agrargeschichte Band 1, Böhlau-Verlag, Köln, S. 9–14

Koblet, R., 1965: Der Landwirtschaftliche Pflanzenbau unter besonderer Berücksichtigung der schweizerischen Verhältnisse, Birkhäuser Verlag, Basel und Stuttgart

Konersmann, F., Kießling, R., Troßbach, W.: 2016: Bevölkerung, in: Brakensiek, S./Kießling, R./Troßbach, W./Zimmermann, C. (Hrsg.): Grundzüge der Agrargeschichte Band 1, Böhlau-Verlag, Köln, S. 15–16

Konersmann, F., Troßbach, W., 2016a: Die Bevölkerungsverluste des Spätmittelalters, in: Brakensiek, S./Kießling, R./Troßbach, W./Zimmermann, C. (Hrsg.): Grundzüge der Agrargeschichte Band 1, Böhlau-Verlag, Köln, S. 17–33

Konersmann, F., Troßbach, W., 2016b: Das Anwachsen der unterbäuerlichen Schichten, in: Brakensiek, S./Kießling, R./Troßbach, W./Zimmermann, C. (Hrsg.): Grundzüge der Agrargeschichte Band 1, Böhlau-Verlag, Köln, S. 4–44

Konersmann, F., Troßbach, W., 2016c: Krisen und gesellschaftliche Reaktionen, in: Brakensiek, S./Kießling, R./Troßbach, W./Zimmermann, C. (Hrsg.): Grundzüge der Agrargeschichte Band 1, Böhlau-Verlag, Köln, S. 46–51

Kranert, M., Hafner, G, Barabosz, J., Schneider, F., Lebersorger, S., Scherhaufer, S., Schuller, H., Leverenz, D., 2012: Ermittlung der weggeworfenen Lebensmittelmengen und Vorschläge zur Verminderung der Wegwerfrate bei Lebensmitteln in Deutschland (Kurzfassung); https://www.bmel.de/SharedDocs/Downloads/Ernaehrung/WvL/Studie_Lebensmittelabfaelle_Langfassung.pdf?__blob=publicationFile

Krause, M., Huesmann, K., 2016: Heute schon draußen gewesen? Tier und umweltgerechte Ausläufe, KTBL-Heft 114, Kuratorium für Technik und Bauwesen in der Landwirtschaft, Darmstadt

Krausmann, F., 2006: Vom Kreislauf zum Durchfluss, in Dix, A./Langthaler, E. (Hrsg.): Grüne Revolutionen, Studien-Verlag Innsbruck, S. 17–45

Krautwald-Junghanns, E., Fehlhaber, K., 2009: Abschlussbericht zum Forschungsauftrag 06HS015 „Indikatoren einer tiergerechten Mastputenhaltung"; https://service.ble.de/ptdb/index2.php?detail_id=11021&site_key=141&stichw=06HS015&zeilenzahl_zaehler=3#newContent

Kreuz, A., 2012: Ackerbau im römischen Deutschland, in Rupp, V./Birley, H. (Hrsg.): Landleben im römischen Deutschland, Konrad Theiss Verlag, Stuttgart, S. 35–37

Krzymowski, R., 1951: Geschichte der deutschen Landwirtschaft, 2., vermehrte Auflage, Verlag Eugen Ulmer, Stuttgart

KTBL, 2006: Nationaler Bewertungsrahmen Tierhaltungsverfahren, KTBL-Schrift 446 mit Internetzugang, Kuratorium für Technik und Bauwesen in der Landwirtschaft, Darmstadt

KTBL, 2016: Betriebsplanung Landwirtschaft 2016/2017, KTBL-Datensammlung, 25. Auflage, Kuratorium für Technik und Bauwesen in der Landwirtschaft, Darmstadt

Lamb, H. H., 1989: Klima und Kulturgeschichte – der Einfluss des Wetters auf den Gang der Geschichte, Rowohlt Taschenbuch Verlag, Reinbek

Landesbeauftragte für Tierschutz in Baden-Württemberg, 2015: Verzicht auf Schnabelkupieren bei Hühnern, Pressemitteilung vom 15.07.2017

Landeskuratorium der Erzeugerringe für tierische Veredelung in Bayern e. V. (LKV), 2017: LKV-Leistungsprüfung und LKV-Beratungsgesellschaft mbH in der

Milchviehhaltung in Bayern 2016; http://www.lkv.bayern.de/lkv/medien/Jahresberichte/mlp_jahresbericht2016.pdf

Landesverband Baden-Württemberg für Leistungs- und Qualitätsprüfungen in der Tierzucht e. V. (LKV), 2017: Jahresbericht Milchleistungsprüfung 2016; http://www.lkvbw.de/milchleistungspruefung/mlp-ergebnis-2017.html?highlight=jahresbericht

Landwirtschaftliches Technologiezentrum Augustenberg (LTZ), 2010: Anbindehaltung von Rindern im ökologischen Landbau, Merkblätter für Merkblätter für die Umweltgerechte Landbewirtschaftung Nr. 28; https://rp.baden-wuerttemberg.de/Themen/Landwirtschaft/Documents/oekol_anbindeh_merkblatt.pdf

Lanz, K., 2017: „Ich bin der Fluss – und der Fluss ist ich" – Zur Zukunft der Ressource Wasser und warum wir handeln müssen, in: Kritischer Agrarbericht 2017, AbL-Bauernblatt Verlag, Hamm, S. 8–12

Leithold, G., 2008: C-Sequestrierung und Humusbilanzierung im ökologischen Landbau, in: Hüttl, R./Prechtel, A./Bens, O. (Hrsg.): Humusversorgung von Böden in Deutschland, Publikationen des Umweltbundesamtes, S. 152–161

Leopold, S., 2017: So lange müssen Menschen für ein Kilogramm Fleisch arbeiten; Agrarmanager, 24.08.2017: https://www.agrarheute.com/tier/so-lange-muessen-menschen-fuer-kilogramm-fleisch-arbeiten-537635

Lidl, 2018: Deutschlandweit bei Lidl: Transparente Haltungskennzeichnung für Frischfleisch; https://www.lidl.de/de/haltungskompass/s7377909

Lindena, T., Elßel, R., Hansen, H., 2017: Steckbriefe zur Tierhaltung in Deutschland: Milchkühe, Johann Heinrich von Thünen-Institut; https://www.thuenen.de/de/thema/nutztiershyhaltung-und-aquakultur/nutztierhaltung-und-fleischproduktion-in-deutschland/

Löwenstein, Felix zu, 2015: Es ist genug da. Für alle, Knaur Taschenbuchverlag, München

Lohmann Tierzucht GmbH, 2017: Alternative Haltung; http://www.ltz.de/de/layers/alternative-housing/index.php

Lorz u. Metzger, 2008: Tierschutzgesetz, Kommentar, 6. Auflage, Verlag C. H. Beck, München

Lünenbürger, B., Benndorf, A., Börner, M., Burger, A., Ginzky, H., Ohl, C., Osiek, D., Schulz, D., Strogies, M., 2013: Klimaschutz und Emissionshandel in der Landwirtschaft, Umweltbundesamt; http://www.uba.de/uba-info-medien/4397.html

Machmuller, M. B., Kramer, M. G., Cyle, T. K., Hill, N., Hancock, D., & Aaron Thompson, A., 2015: Emerging land use practices rapidly increase soil organic matter, Nature communications, 6:6995; DOI: 10.1038/ncomms7995

Mäurer, H., 2011: Phänotypische Analyse der Nutzungsdauer in der Sauenhaltung, in: Sächsisches Landesamt für Umwelt, Landwirtschaft und Geologie (LfULG): Erarbeitung von Strategien zur Verbesserung der Stabilität und Nutzungsdauer in der Sauenhaltung Mitteldeutschlands, Schriftenreihe, Heft 32/2011; S. 116–127; https://publikationen.sachsen.de/bdb/artikel/15074/documents/18099

Mahlerwein, G., 2016: Die Moderne (1880-2010), in: Brakensiek, S./Kießling, R./Troßbach, W./Zimmermann, C. (Hrsg.): Grundzüge der Agrargeschichte Band 3, Böhlau-Verlag, Köln, S. 11–205

Marktinfo Eier und Geflügel, 2014: https://www.marktinfo-eier-gefluegel.de/Ak-tuelles/Der-Konsum-von-Gefluegelfleisch-in-Deutschland-steigt-weiter-an, TUFSSz1EZXIlMjBLb25zdW0lMjB2b24mQUlEPTQyNzYzMTImTUlEPTc0Mzg5.html

Martens, H., 2015: Stoffwechselbelastung und Gesundheitsrisiken der Milchkühe in der frühen Laktation, Tierärztl. Umschau 70, S. 496–504

Mathias, E., 2015: Protein aus Gras und Gestrüpp, in: Heinrich-Böll-Stiftung/Bund für Umwelt und Naturschutz/Le Monde diplomatique (Hrsg.): Fleischatlas – Daten und Fakten über Tiere als Nahrungsmittel 2014, 6. Auflage, S. 40–41; https://www.boell.de/de/content/fleischatlas-daten-und-fakten-ueber-tiere-als-nahrungsmittel

Maurer, L., 2018: Von Kopf bis Schwanz – Schlachtabschnitte, in: Heinrich-Böll-Stiftung/Bund für Umwelt und Naturschutz/Le Monde diplomatique (Hrsg.): Fleischatlas – Daten und Fakten über Tiere als Nahrungsmittel 2018, S. 18–19; https://www.boell.de/de/2018/01/10/fleischatlas-2018-rezepte-fuer-eine-bessere-tierhaltung

Metzner, J., Jedicke, E., Luick, R., Reisinger, E., Tischew, S., 2010: Extensive Weidewirtschaft und Forderungen an die neue Agrarpolitik, Naturschutz und Landschaftsplanung 42 (12), S. 357–366

Meyn, K., 2005: Entwicklung, Stand und Perspektiven der Rinder- und Schweineproduktion; Züchtungskunde 77 (6), S. 47–489

Ministère de l'agriculture, de l'agroalimentaire et de la forêt, 2018: Le label rouge; http://agriculture.gouv.fr/le-label-rouge,10506

Ministerium für Ländlichen Raum und Verbraucherschutz Baden-Württemberg, 2014: https://mlr.baden-wuerttemberg.de/de/unser-service/presse-und-oeffentlichkeitsarbeit/pressemitteilung/pid/deutlich-weniger-tierversuche-im-land/

Möhrke, C., 2014: Wie (un)gesund ist vegetarische/vegane Ernährung, in: Voget-Kleschin, L./Bossert, L./Ott, K. (Hrsg.): Nachhaltige Lebensstile – Welchen Beitrag kann ein bewusster Fleischkonsum zu mehr Naturschutz, Klimaschutz und Gesundheit leisten? Metropolis-Verlag, Marburg, S. 295–314

Mondon, M., Thöne-Reineke, C., Merle, R., 2017: Tierwohl und Wohlbefinden – Definition, Bewertung und Diskussion mit Fokussierung auf die Milchkuh, Berl Münch Tierärztl Wochenschr 130, S. 369–376, DOI: 10.2376/0005-9366-16080

Montanari, M., 1993: Der Hunger und der Überfluß – Kulturgeschichte der Ernährung in Europa, Verlag C. H. Beck, München

Mottet, A., Haan, C. de, Falcucci, A., Tempio, G., Opio, C., Gerber, P., 2017: Livestock: On our plates or eating at our table? A new analysis of the feed/food debate, Global Food Security 14, S. 1–8; http://dx.doi.org/10.1016/j.gfs.2017.01.001

Neely, C., Bunning, S., Wilkens, A., 2009: Review of evidence on drylands pastoral systems and climate change – Implications and opportunities for mitigation and adaptation, Land and water discussion paper 8, FAO, Rome; http://www.fao.org/3/a-i1135e.pdf

Niebuhr, K., Zaludik, K., Gruber, B., Thenmaier, I., Lugmair, A., Baumung, R., Troxler, J., 2006: Untersuchungen zum Auftreten von Kannibalismus und Federpicken in alternativen Legehennenhaltungen in Österreich – Empfehlungen für die Praxis, in: Ländlicher Raum, Online-Fachzeitschrift des Bundesministeriums für Land- und Forstwirtschaft, Umwelt und Wasserwirtschaft, Jahrgang 2006, S. 1–21

Niedersächsisches Ministerium für Ernährung, Landwirtschaft und Verbraucherschutz, 2017: Empfehlungen zur Verhinderung von Federpicken und Kannibalismus bei Jung- und Legehennen; www.ml.niedersachsen.de

Oberverwaltungsgericht Nordrhein-Westfalen, 2016: Zum Töten männlicher Eintagsküken der Legehennenrassen, 20.05.2016: 20 A 488/15

Oberverwaltungsgericht Sachsen-Anhalt, 2105: Zur Breite von Kastenständen in der Schweinehaltung, 24.11.2015: 3 L 386/14

OECD u. FAO, 2016: OECD-FAO Agricultural Outlook 2016-2025, OECD Publishing, Paris. http://dx.doi.org/10.1787/agr_outlook-2016-en

Office International des Epizooties (OIE), 2007/2008: A new definition for the Terrestrial Animal Health Code: 'animal welfare'; https://www.oie.int/doc/ged/D5517.PDF

Osterburg, B., Rüter, S., Freibauer, A., Witte, T. de, Elsasser, P., Kätsch, S., Leischner, B., Paulsen, H. M., Rock, J., Röder, N., Sanders, J., Schweinle, J., Steuk, J., Stichnothe, H., Stümer, W., Welling, J., Wolff, A., 2013 Handlungsoptionen für den Klimaschutz in der deutschen Agrar- und Forstwirtschaft, Thünen-Report 11, Johann Heinrich von Thünen-Institut, Braunschweig

Pandolfi, F., Stoddart, K., Wainwright, N., Kyriazakis, I., Edwards, S. A., 2017: The 'Real Welfare' scheme: benchmarking welfare outcomes for commercially farmed pigs, Animal, 11 (10), S. 1816-1824; DOI: 10.1017/S1751731117000246

Parrott, N., Marsden, T., 2002: The Real Green Revolution, Greenpeace Environmental Trust, London; http://www.greenpeace.org/international/Global/international/planet-2/report/2002/1/the-real-green-revolution.pdf

Petrus, K., 2015a: Tierrechtsbewegung, in: Ferrari, A./Petrus, K. (Hrsg.): Lexikon der Mensch-Tier-Beziehungen, Transcript-Verlag, Bielefeld, S. 364–369

Petrus, K., 2015b: Würde, in: Ferrari, A./Petrus, K. (Hrsg.): Lexikon der Mensch-Tier-Beziehungen, Transcript-Verlag, Bielefeld, S. 424–427

Planet-Wissen, 2017: Vegetarier; http://www.planet-wissen.de/gesellschaft/essen/vegetarier/index.html

Platz, B., 2017: Tierwohllabel: ein Ausweg aus der Massentierhaltung? ARD-Sendung [W] wie Wissen vom 7.10.2017; http://www.daserste.de/information/wissen-kultur/w-wie-wissen/tierwohllabel-100.html

Prass, R., 2016: Vom Dreißigjährigen Krieg bis zum Beginn der Moderne (1650-1880), in: Brakensiek, S./Kießling, R./Troßbach, W./Zimmermann, C. (Hrsg.): Grundzüge der Agrargeschichte Band 2, Böhlau-Verlag, Köln, S. 9–203

Precht, R. D., 2016: Tiere denken – Vom Recht der Tiere und den Grenzen der Menschen; Verlag Wilhelm Goldmann, München

Prechtel, A., Bens, O., 2008: Abschnitt I in: Hüttl, R./Prechtel, A./Bens, O. (Hrsg.): Humusversorgung von Böden in Deutschland, Publikationen des Umweltbundesamtes, S. 15–95

ProVeg, 2017: 41. Weltvegetariertag: Die Veggie-Bewegung wächst weiter; https://vebu.de/news/

Regierungspräsidium Tübingen, 2012: Merkblatt zur Schmerzbehandlung bei der Ferkelkastration; https://rp.baden-wuerttemberg.de/Themen/Verbraucher/SES/rpt-ses-merkbl-ferkelkastration.pdf

Regan, T., 2008: Wie man Rechte für Tiere begründet, in: Wolf, U. (Hrsg.): Texte zur Tierethik, Philipp Reclam Verlag, Stuttgart, S. 33–39

Reichel, A., Wandel, H., 2008: Modernisierung von Milchviehställen in kleinen Beständen, 2. überarbeitete Auflage, KTBL-Schrift 429, Kuratorium für Technik und Bauwesen in der Landwirtschaft, Darmstadt

Richter, M., Boeing H., Grünewald- Funk, D., Heseker, H., Kroke, A., Leschik-Bonnet, E., Oberritter, H., Strohm, D., Watzl, B. for the German Nutrition Society (DGE), 2016: Vegan diet. Position of the German Nutrition Society (DGE). Ernahrungs Umschau 63 (04), S. 92–102; DOI: 10.4455/eu.2016.021

Richter, T., Karrer, M., 2006: Rinderhaltung, in: Richter, T. (Hrsg.): Krankheitsursache Haltung, Enke-Verlag, Stuttgart, S. 64–111

Röös, E., Bajželj, B., Smith, P., Patel. M., Little, D., Garnett, T., 2017: Greedy or needy? Land use and climate impacts of food in 2050 under different livestock futures, Global Environmental Change, 47, S. 1-12; http://dx.doi.org/10.1016/j.gloenvcha.2017.09.001

Rogasik, J., Körschens, M., Rogasik, H., Schnug, E., 2008: C-Sequestrierungspotentiale agrarisch genutzter Böden in Deutschland, in: Hüttl, R./Prechtel, A./Bens, O. (Hrsg.): Humusversorgung von Böden in Deutschland, Publikationen des Umweltbundesamtes, S. 14–152

Ruh, H., 1997: Tierrechte – Neue Fragen der Tierethik, in: Sambraus, H. H./Steiger, A. (Hrsg.): Das Buch vom Tierschutz, Ferdinand Enke Verlag, Stuttgart, S. 18–29

Sachverständigenrat für Umweltfragen (SRU), 2008: Umweltgutachten 2008, Umweltschutz im Zeichen des Klimawandels – Kurzfassung; http://www.umweltrat.de/SharedDocs/Downloads/DE/01_Umweltgutachten/2008_Umweltgutachten_HD_Kurzfassung.pdf?__blob=publicationFile

Sachverständigenrat für Umweltfragen (SRU), 2015: Stickstoff: Lösungsstrategien für ein drängendes Umweltproblem, Sondergutachten; http://www.umweltrat.de/SharedDocs/Downloads/DE/02_Sondergutachten/2012_2016/2015_01_SG_Stickstoff_HD.pdf?__blob=publicationFile

Sachverständigenrat für Umweltfragen (SRU), Wissenschaftlicher Beirat für Waldpolitik (WBW) beim BMEL, 2017: SRU und WBW fordern mehr Geld für den Naturschutz, Pressemitteilung vom 25.04.2017; https://www.umweltrat.de/SharedDocs/Pressemitteilungen/DE/2016_2020/2017_04_Nr_31_Naturschutzfond.html?nn=9732658

Sächsisches Landesamt für Umwelt, Landwirtschaft und Geologie (LfULG), 2016: Regionale Humus- und Nährstoffdynamik: Dynamische Bilanzierung von Humushaushalt und Nährstoffaustrag im regionalen Maßstab im Kontext von Landnutzungs- und Klimawandel, Schriftenreihe, Heft 20/2016

Sambraus, H. H., 1997a: Geschichte des Tierschutzes, in: Sambraus, H. H./Steiger, A. (Hrsg.): Das Buch vom Tierschutz, Ferdinand Enke Verlag, Stuttgart, S. 1–17

Sambraus, H. H., 1997b: Normalverhalten und Verhaltensstörungen, in: Sambraus, H. H./Steiger, A. (Hrsg.): Das Buch vom Tierschutz, Ferdinand Enke Verlag, Stuttgart, S. 57–69

Schader, C., Muller, A., El-Hage-Scialabba, N., Hecht, J., Isensee, A., Erb, K. H., Smith, P., Makkar, H. P. S., Klocke, P., Leiber, F., Schwegler, P., Stolze, M., Niggli, U., 2015: Impacts of feeding less food-competing feedstuffs to livestock on global food system sustainability, J. R. Soc. Interface 12: 20150891. http://dx.doi.org/10.1098/rsif.2015.0891

Schlatzer, M., 2011: Tierproduktion und Klimawandel – ein wissenschaftlicher Diskurs zum Einfluss der Ernährung auf Umwelt und Klima, 2., überarbeitete Auflage, LIT-Verlag, Wien

Schmidt, H., 2003: Viehloser Ackerbau im ökologischen Landbau – Evaluierung des derzeitigen Erkenntnisstandes anhand von Betriebsbeispielen und Expertenbefragungen, Schlussbericht Forschungsprojekt Nr.: 02OE458; http://www.orgprints.org/5020/

Schmidtner, E., Dabbert, S., 2009: Nachhaltige Landwirtschaft und Ökologischer Landbau im Bericht des Weltagrarrates (International Assessment of Agricultural Knowledge, Science and Technology for Development, IAASTD 2008); http://www.orgprints.org/13998/

Schmitz, F., 2015: Tierethik – eine Einführung, in: Schmitz, F. (Hrsg.); Tierethik – Grundlagentexte, 2. Auflage, Suhrkamp Verlag, Berlin, S. 13–73

Schneider, R., Salzeder, G., Schmidt, M., Wiesinger, K., Urbatzka, P., 2013: Einfluss verschiedener Fruchtfolgen viehhaltender und viehloser Systeme auf Ertrag und Produktivität – Ergebnisse eines Dauerfeldversuches, in: Neuhoff, D./Stumm, C./Ziegler, S./Rahmann, G./Hamm, U./Köpke, U. (Hrsg.): Ideal und Wirklichkeit – Perspektiven Ökologischer Landbewirtschaftung. Beiträge zur 12. Wissenschaftstagung Ökologischer Landbau, Bonn, 5.–8. März; S. 54–57; http://orgprints.org/view/projects/int-conf-wita-2013.html

Schubert, S., 2018: Pflanzenernährung, 3. Auflage, Verlag Eugen Ulmer, Stuttgart

Schweitzer, A., 1963: Die Lehre der Ehrfurcht vor dem Leben, 3. Auflage, Union Verlag, Berlin

Schwinn, F., 2017: Tödliche Freundschaft – Was wir den Tieren schuldig sind und warum wir ohne sie nicht leben können, Westend Verlag, Frankfurt

Sekretariat der Convention on Biological Diversity, 2018: Quick Guides for the Aichi Biodiversity Targets; https://www.cbd.int/nbsap/training/quick-guides/

Sezgin, H., 2014: Artgerecht ist nur die Freiheit: Eine Ethik für Tiere oder warum wir umdenken müssen; Verlag C.H.Beck, München

Singer, P., 2008a: Rassismus und Speziesismus, in: Wolf, U. (Hrsg.): Texte zur Tierethik, Philipp Reclam Verlag, Stuttgart, S. 25–32

Singer, P., 2008b: Tierversuche, in: Wolf, U. (Hrsg.): Texte zur Tierethik, Philipp Reclam Verlag, Stuttgart, S. 232–235

Sirocko, F., 2012: Zusammenfassung und Bewertung des Einflusses von Klima und Wetter auf die Menschheitsentwicklung, in: Sirocko, F. (Hrsg.): Wetter, Klima, Menschheitsentwicklung, 3. Aufl., Wissenschaftliche Buchgesellschaft, Darmstadt, S. 181–192

Smil, V., 2014: Eating meat: Constants and changes. Global Food Security http://dx.doi.org/10.1016/j. gfs.2014.06.001i

Socher, S. A., Prati, D., Boch, S., Müller, J., Baumbach, H., Gockel, S., Hemp, A., Schöning, I., Wells, K., Buscot, F., Kalko, E. K. V., Linsenmair, K. E., Schulze, E.-D., Weisser, W. W., Fischer, M. (2013): Interacting effects of fertilization, mowing and grazing on plant species diversity of 1500 grasslands in Germany differ between regions. Basic and Applied Ecology 14 (2), S. 126–136

Sol, D., 2009: Opinion piece: Revisiting the cognitive buffer hypothesis for the evolution of large brains, Biology Letters, 5, S. 130–133; DOI:10.1098/rsbl.2008.0621

Soussana, J. F., Allard V., Pilegaard, K., Ambus, P., C. Amman, C., Campbell, C., Ceschia E., J. Clifton-Brown, J., Czobel, S., Domingues, R., Flechard, C., Fuhrer, J., Hensen, A., Horvath, L., Jones, M., Kasper, G., Martin, C., Nagy Z., Neftel, A., Raschi, A., Baronti S., Rees, R. M., Skiba, U., Stefani, P., Manca, G., Sutton M., Tuba, Z., Valentini, R., 2007: Full accounting of the greenhouse gas (CO2, N2O, CH4) budget of nine European grassland sites, Agriculture, Ecosystems and Environment, 121, S. 121–134

Spiegel online, 2017: Nur vier Prozent der Menschen in Deutschland leben vegetarisch; http://www.spiegel.de/gesundhcit/ernaehrung/vegetarier-nur-vier-prozent-der-menschen-in-deutschland-leben-fleischlos-a-1128290.html

Sprandel, R., 1987: Grundlinien einer mittelalterlichen Bevölkerungsentwicklung, in: Herrmann, B./Sprandel, R. (Hrsg.): Determinanten der Bevölkerungsentwicklung im Mittelalter, Verlagsgesellschaft VCH, Weinheim, S. 25–35

Stahr, K., Kandeler, E., Herrmann, L., Streck, T., 2016: Bodenkunde und Standortlehre, 3., überarbeitete Auflage, Verlag Eugen Ulmer, Stuttgart

Stangl, G. I., 2014: Die Nährstoffe und ihr Stoffwechsel, in: Kirchgeßner (Hrsg.): Tierernährung, 14., aktualisierte Auflage, DLG-Verlag, Frankfurt/Main, S. 47–176

Statista, 2017a: Statistiken zum Thema Fleisch; https://de.statista.com/themen/1315/fleisch/

Statista, 2017b: Pro-Kopf-Konsum von Eiern in Deutschland in den Jahren 2006 bis 2017 (in Stück); https://de.statista.com/statistik/daten/studie/208591/umfrage/eier-nahrungsverbrauch-pro-kopf-seit-2004/

Statista, 2018a: Anteil von Bio-Lebensmitteln am Lebensmittelumsatz in Deutschland in den Jahren 2006 bis 2017; https://de.statista.com/statistik/daten/studie/360581/umfrage/marktanteil-von-biolebensmitteln-in-deutschland/

Statista, 2018b: Anzahl der Legehennen in Deutschland im Juni 2017 nach Haltungsformen (in Millionen); https://de.statista.com/statistik/daten/studie/150895/umfrage/anzahl-der-legehennen-nach-haltungsformen-in-deutschland/

Statistisches Bundesamt (Destatis), 2017a: Land- und Forstwirtschaft, Fischerei: Viehbestand, Fachserie 3 Reihe 4.1

Statistisches Bundesamt (Destatis), 2017b: Eierproduktion im Jahr 2017 erneut gestiegen; https://www.destatis.de/DE/ZahlenFakten/Wirtschaftsbereiche/Land ForstwirtschaftFischerei/TiereundtierischeErzeugung/AktuellGefluegel.html

Statistisches Bundesamt (Destatis), 2017c: Tiere und tierische Erzeugung: Geflügelfleischerzeugung nach Geflügelarten, Herrichtungsform und Angebotszustand in Deutschland im Jahr 2016; https://www.destatis.de/DE/Zahlen-Fakten/Wirtschaftsbereiche/LandForstwirtschaftFischerei/Tiereundtierische-Erzeugung/Tabellen/Gefluegelfleisch.html

Statistisches Bundesamt (Destatis), 2017d: Die Hälfte der Landwirte düngt mit Gülle; https://www.destatis.de/DE/ZahlenFakten/Wirtschaftsbereiche/Land-ForstwirtschaftFischerei/Produktionsmethoden/AktuellDuengung.html

Statistisches Bundesamt (Destatis), 2017e: Umweltökonomische Gesamtrechnungen – Flächenbelegung von Ernährungsgütern tierischen Ursprungs 2008–2015; https://www.destatis.de/DE/Publikationen/Thematisch/Umweltoekonomischegesamtrechnungen/LandwirtschaftundUmwelt/Flaechenbelegung PDF_5851309.pdf?__blob=publicationFile

Statistisches Bundesamt (Destatis), 2017f: Volkswirtschaftliche Gesamtrechnungen: Private Konsumausgaben und Verfügbares Einkommen, 3. Vierteljahr 2017, Beiheft zur Fachserie 18

Statistisches Bundesamt (Destatis), 2018a: Landwirtschaftlich genutzte Fläche: über ein Viertel ist Dauergrünland; https://www.destatis.de/DE/ZahlenFakten/Wirtschaftsbereiche/LandForstwirtschaftFischerei/FeldfruechteGruenland/AktuellGruenland2.html

Statistisches Bundesamt (Destatis), 2018b: Feldfrüchte und Grünland: Dauergrünland nach Art der Nutzung im Zeitvergleich; https://www.destatis.de/DE/ZahlenFakten/Wirtschaftsbereiche/LandForstwirtschaftFischerei/FeldfruechteGruenland/Tabellen/ZeitreiheDauergruenlandNachNutzung.html

Statistisches Bundesamt (Destatis), 2018c: Fleischerzeugung geht im Jahr 2017 deutlich zurück; https://www.destatis.de/DE/ZahlenFakten/Wirtschaftsbereiche/LandForstwirtschaftFischerei/TiereundtierischeErzeugung/Aktuell-Schlachtungen.html

Stöckmann, A., 2014: Weidetiere als Landschaftspfleger, in: Voget-Kleschin, L./Bossert, L./Ott, K. (Hrsg.): Nachhaltige Lebensstile – Welchen Beitrag kann ein bewusster Fleischkonsum zu mehr Naturschutz, Klimaschutz und Gesundheit leisten? Metropolis-Verlag, Marburg, S. 161–174

Taube, F., 2009: Klimawandel und Futterbau, Vortrag bei der Jahrestagung der Arbeitsgemeinschaft für Grünland und Futterbau (AGGF) der Gesellschaft für Pflanzenbauwissenschaften e. V. in Kleve vom 27. bis 29. August 2009; https://www.lfl.bayern.de/mam/cms07/ipz/dateien/aggf_2009_riswick_taube.pdf

Thornton, P. K., 2010: Livestock production: recent trends, future prospects, Phil. Trans. R. Soc. B (2010) 365, S. 2853–2867; DOI:10.1098/rstb.2010.0134

Top Agrar, 2013: Lang lebe die Sau!, Heft 2013/7, S. S6–S8

topagrar online, 2017a: EU-Kommission erlaubt Handel mit Phosphatrechten; https://www.topagrar.com/news/Home-top-News-EU-Kommission-erlaubt-Handel-mit-Phosphatrechten-8954574.html

topagrar online, 2017b: GAP 2020 soll mehr Spielräume für Mitgliedstaaten und Bauern bringen; https://www.topagrar.com/news/Home-top-News-GAP-2020-soll-mehr-Spielraeume-fuer-Mitgliedstaaten-und-Bauern-bringen-8899553.html

topagrar online, 2018: Taube gegen Flächenprämien ohne ökologische Gegenleistung; https://www.topagrar.com/news/Home-top-News-Taube-gegen-Flaechenpraemien-ohne-oekologische-Gegenleistung-9048554.html

Top Agrar-Ratgeber, 2017: Neue Düngeverordnung, 2. Auflage, Landwirtschaftsverlag, Münster

Top Agrar Südplus, 2017: Heumilch: 40 Cent für fünf Jahre, Heft 7/2017, S. 8

Traoré, M., Thompson, B., Thomas, G., 2012: Sustainable nutrition security – Restoring the bridge between agriculture and health; http://www.fao.org/docrep/017/me785e/me785e.pdf

Trillo, Y., Quintela, L. A., Barrio, M., Becerra, J. J., Peña, A. I., Vigo, M., Garcia Herradon, P., 2017: Benchmarking welfare indicators in 73 free-stall dairy farms in north-western Spain. Veterinary Record Open 2017;4:e000178.; DOI:10.1136/vetreco-2016-000178

Troßbach, W., 2016a: Probleme und Potentiale der Agrarmodernisierung, in: Brakensiek, S./Kießling, R./Troßbach, W./Zimmermann, C. (Hrsg.): Grundzüge der Agrargeschichte Band 1, Böhlau-Verlag, Köln, S. 77–84

Troßbach, W., 2016b: Tierhaltung, in: Brakensiek, S./Kießling, R./Troßbach, W./Zimmermann, C. (Hrsg.): Grundzüge der Agrargeschichte Band 1, Böhlau-Verlag, Köln, S. 98–108

Trummer, M., 2015: Die kulturellen Schranken des Gewissens, in: Hirschfelder, G./Ploeger, A./Rückert-John, J./Schönberger, G. (Hrsg.): Was der Mensch essen darf – Ökonomischer Zwang, ökologisches Gewissen und globale Konflikte, Verlag Springer Fachmedien, Wiesbaden, S. 63–79

Uekötter, F., 2006: Die Chemie, der Humus und das Wissen der Bauern, in Dix, A./Langthaler, E. (Hrsg.): Grüne Revolutionen, Studien-Verlag Innsbruck, S. 102–128

Umweltbundesamt, 2009: Hintergrundpapier zu einer multimedialen Stickstoff-Emissionsminderungsstrategie; https://www.umweltbundesamt.de/sites/default/files/medien/publikation/long/3982.pdf

United Nations (UN), 1948: Resolution 217 A (III) der Generalversammlung vom 10. Dezember 1948: Allgemeine Erklärung der Menschenrechte; http://www.ohchr.org/EN/UDHR/Documents/UDHR_Translations/ger.pdf

United Nations (UN), 1992: Übereinkommen über die Biologische Vielfalt (Übersetzung der Convention on Biological Diversity); https://www.bfn.de/fileadmin/ABS/documents/0.451.43.de.pdf

United Nations (UN), 2015: Millenniums-Entwicklungsziele Bericht 2015; New York; http://www.un.org/depts/german/millennium/MDG%20Report%202015%20German.pdf

United Nations (UN), Department of Economic and Social Affairs, Population Division, 2017: World Population Prospects: The 2017 Revision, Key Findings and Advance Tables. Working Paper No. ESA/P/WP/248; http://www.db.zs-intern.de/uploads/1498112224-WPP2017KeyFindings.pdf

United Nations (UN), 2018: Goal 15: Sustainably manage forests, combat desertification, halt and reverse land degradation, halt biodiversity loss; http://www.un.org/sustainabledevelopment/biodiversity/

USDA Food Composition Databases, 2016: National Nutrient Database for Standard Reference Release 28, United States Department of Agriculture, Agricultural Research Service; https://ndb.nal.usda.gov/ndb/

Ussiri, D. A. N., Lal, R., 2017: Carbon sequestration for climate change mitigation and adaptation, Springer International Publishing, Cham, Schweiz

Verband der Putenerzeuger, 2013: Bundeseinheitliche Eckwerte für eine freiwillige Vereinbarung zur Haltung von Mastputen; http://www.zdg-online.de/up-

loads/tx_userzdgdocs/VDP_Broschuere_EckwerteMastputen_29-04_1_ohne_
Unterschriften.pdf

Vion Food Group, 2018: Beter Leven – eine Erfolgsgeschichte für alle; https://
www.vion-tierschutz.de/beter-leven-eine-erfolgsgeschichte-fuer-alle.php

Wagner, A., 2015: Zu wenig Mastleistung: Werden Bullenkälber der Milchviehras-
sen entsorgt? http://www.wir-sind-tierarzt.de/2015/06/bullenkaelber_fuer-
die-tonne/

Wahnbaeck, T., Fan, S., MacSorlay, D., 2017: Vorwort, in: Grebmer, K. von, Bernstein, J., Hossain, N., Brown, T., Prasai, N., Yohannes, Y., Patterson, F., Sonntag, A., Zimmermann, S.-M., Towey, O., Foley, C., 2017: Welthunger-Index
2017: Wie Ungleichheit Hunger schafft. Internationales Forschungsinstitut für
Ernährungs- und Entwicklungspolitik, Washington, D. C.; Welthungerhilfe,
Bonn; Concern Worldwide, Dublin, S. 3

Wechsler, B., 1993: Verhaltensstörungen und Wohlbefinden: ethologische Überlegungen, in: Buchholtz, C., Goetschel, A. F., Hassenstein, B., Loeffler, K., Loeper,
E. von, Martin, G., Rohrmoser, G., Sambraus, H. H., Tschanz, B., Wechsler, B.,
Wolff, M.: Leiden und Verhaltensstörungen bei Tieren Grundlagen zur Erfassung und Bewertung von Verhaltensabweichungen. Tierhaltung, Band 23, Birkhäuser Verlag, Basel, S. 50–64

Welfare Quality®, 2009: Welfare Quality® assessment protocol for cattle, Welfare
Quality®, Consortium, Lelystad, Netherlands; http://www.welfarequalitynet-
work.net/network/45848/7/0/40

Weingärtner, L., Trentmann, C., 2011: Handbuch Welternährung, Deutsche Welthungerhilfe (Hrsg.), Campus-Verlag, Frankfurt

Weltbank, 2007: World development report 2008: Agriculture for Development;
Washington D. C.; https://siteresources.worldbank.org/INTWDR2008/Resour
ces/WDR_00_book.pdf

Wessolek, G., Kaupenjohann, M., Dominik, P., Ilg, K., Schmitt, A., Zeitz, J., Gahre,
F., Schulz, E., Ellerbrock, R., Utermann, J., Düwel, O., Siebner, C., 2008:
Ermittlung von Optimalgehalten an organischer Substanz landwirtschaftlich
genutzter Böden nach § 17 (2) Nr. 7 BBodSchG, Publikationen des Umweltbundesamtes; https://www.umweltbundesamt.de/sites/default/files/medien/
publikation/long/3707.pdf

WHO, 2007: Protein and amino acid requirements in human nutrition: report of a
joint FAO/WHO/UNU expert consultation, 2002, Geneva, Switzerland; WHO
technical report series; no. 935; http://www.who.int/nutrition/publications/
nutrientrequirements/WHO_TRS_935/en/

WHO, 2015: Healthy diet, Fact sheet N°394; http://www.who.int/mediacentre/
factsheets/fs394/en/ üwel

WHO, 2017: Drinking-water, Fact sheet N°391; http://www.who.int/mediacen-
tre/factsheets/fs391/en/

Wikipedia, 2017: Internationaler Pakt über wirtschaftliche, soziale und kulturelle
Rechte; https://de.wikipedia.org/wiki/Internationaler_Pakt_über_wirtschaftli-
che,_soziale_und_kulturelle_Rechte

Wikipedia, 2018a: Treibhauspotential; https://de.wikipedia.org/wiki/Treibhaus-
potential

Wikipedia, 2018b: Gemeinsame Agrarpolitik; https://de.wikipedia.org/wiki/Gemeinsame_Agrarpolitik

Wild, M., 2015: Geist der Tiere, in: Ferrari, A./Petrus, K. (Hrsg.): Lexikon der Mensch-Tier-Beziehungen, Transcript-Verlag, Bielefeld, S. 121–123

Willerding, U., 2003: Grundlagen der landwirtschaftlichen Produktion, in: Benecke, N./Donat, P./Gringmuth-Dallmer, E./Willerding, U. (Hrsg.): Frühgeschichte der Landwirtschaft in Deutschland, Verlag Beier & Beran, Langenweissbach, S. 3–34

Winckler, C., 2009: Verhalten der Rinder, in: Hoy, S. (Hrsg.): Nutztierethologie, Verlag Eugen Ulmer, Stuttgart, S. 78–104

Wirz, A., Kasperczyk, N., Thomas, F., 2017: Kursbuch Agrarwende 2050 – ökologisierte Landwirtschaft in Deutschland; Forschungsinstitut für biologischen Landbau (FiBL), Frankfurt/M.; https://www.greenpeace.de/sites/www.greenpeace.de/files/publications/20170105_studie_agrarwende2050_lf.pdf

Wissenschaftlicher Beirat für Agrarpolitik beim BMEL, 2015: Wege zu einer gesellschaftlich akzeptierten Nutztierhaltung, Gutachten, Berlin; http://www.bmel.de/SharedDocs/Downloads/Ministerium/Bciraete/Agrarpolitik/GutachtenNutztierhaltung.pdf?__blob=publicationFile

Wissenschaftlicher Beirat für Agrarpolitik, Ernährung und gesundheitlichen Verbraucherschutz beim BMEL, Wissenschaftlicher Beirat für Waldpolitik beim BMEL, 2016: Klimaschutz in der Land- und Forstwirtschaft sowie den nachgelagerten Bereichen Ernährung und Holzverwendung, Gutachten, Berlin; http://www.bmel.de/DE/Ministerium/Organisation/Beiraete/_Texte/AgrVeroeffentlichungen.html

Wissenschaftlicher Beirat für Biodiversität und Genetische Ressourcen beim BMELV, 2013: Biodiversität im Grünland – unverzichtbar für Landwirtschaft und Gesellschaft. Stellungnahme des Wissenschaftlichen Beirats für Biodiversität und Genetische Ressourcen beim Bundesministerium für Ernährung, Landwirtschaft und Verbraucherschutz; https://beirat-gr.genres.de/fileadmin/SITE_GENRES/downloads/docs/Beirat-GR/Gutachten_Stellungnahmen/beirat_11_2013_druck.pdf

Wissenschaftlicher Beirat für Biodiversität und Genetische Ressourcen beim BMEL, 2015: Perspektiven für das artenreiche Grünland – Alternativen zum Rückfall in die Belohnung einer Überschussproduktion bei Milch. Kurzstellungnahme des Wissenschaftlichen Beirats für Biodiversität und Genetische Ressourcen beim Bundesministerium für Ernährung und Landwirtschaft, Kurzstellungnahme, Bonn; https://beirat-gr.genres.de/fileadmin/SITE_GENRES/downloads/docs/Beirat-GR/Gutachten_Stellungnahmen/Gutachten_Milchpreis_NeuerTitel.pdf

Wissenschaftlichen Beirat für Verbraucher- und Ernährungspolitik des BMELV, Wissenschaftlicher Beirat für Agrarpolitik des BMELV, 2011: Politikstrategie Foodlabelling, Gemeinsame Stellungnahme; https://www.bmel.de/SharedDocs/Downloads/Ministerium/Beiraete/Agrarpolitik/2011_10_PolitikstrategieFoodLabelling.pdf?__blob=publicationFile

Woitowitz, A., 2007: Auswirkungen einer Einschränkung des Verzehrs von Lebensmitteln tierischer Herkunft auf ausgewählte Nachhaltigkeitsindikatoren dargestellt am Beispiel konventioneller und ökologischer Wirtschaftsweise.

Diss. oec.-troph., Technische Universität München, Weihenstephan; https://www.itas.kit.edu/pub/v/2008/woit08a.pdf

Wolf, U., 2008a: Einleitung, in: Wolf, U. (Hrsg.): Texte zur Tierethik, Philipp Reclam Verlag, Stuttgart, S. 9–22

Wolf, U., 2008b: Die Mensch-Tier-Beziehung und ihre Ethik, in: Wolf, U. (Hrsg.): Texte zur Tierethik, Philipp Reclam Verlag, Stuttgart, S. 170–192

WWF Deutschland, 2016: Hintergrundinformationen Rote Listen der bedrohten Tier- und Pflanzenarten; http://www.wwf.de/fileadmin/fm-wwf/Publikationen-PDF/WWF-Hintergrundinformation-Rote-Liste-IUCN-und-Deutschland.pdf

Zanten, H. H. E. van, Meerburg, B. G., Bikker, P., Herrero, M., Boer, I. J. M. de, 2016: Opinion paper: The role of livestock in a sustainable diet: a land-use perspective, Animal (2016), 10:4, S. 547–549; DOI: 10.1017/S1751731115002694

Zapf, R., Schultheiß, U., Achilles, W., Schrader, L., Knierim, U., Herrmann, H.-J., Brinkmann, J., Winckler, C., 2015: Tierschutzindikatoren, KTBL-Schrift 507, Kuratorium für Technik und Bauwesen in der Landwirtschaft, Darmstadt

Zeebe, R. E., Ridgwell, A., Zachos, J. C., 2016: Anthropogenic carbon release rate unprecedented during the past 66 million years, Nature Geoscience, 9, S. 325–329; DOI: 10.1038/NGEO2681

Zentralverband der Deutschen Geflügelwirtschaft e. V. (ZDG), 2013: Eierwirtschaft befürwortet europaweite Herkunftskennzeichnung von Lebensmitteln, die Eier oder Eiprodukte enthalten, Pressemitteilung vom 22. März 2013; http://www.zdg-online.de/uploads/tx_userzdgdocs/Eierwirtschaft_setzt_sich_fuer_umfassende_Kennzeichnung_ein.pdf

Zentralverband der Deutschen Geflügelwirtschaft e. V. (ZDG), 2018: Tierschutz ist Staatsziel und unser aller Aufgabe: Wir brauchen ein neues Verständnis und die gemeinschaftliche Verantwortung der Gesellschaft, Positionspapier; http://www.zdg-online.de/presse/detailansicht/?user_zdgdocs_pi2[entry]=937

Ziegler, J., 2012: Wir lassen sie verhungern: Die Massenvernichtung in der Dritten Welt, C. Bertelsmann Verlag, München

Zühlsdorf, A., Spiller, A., Gauly, S., Kühl, S., 2016: Wie wichtig ist Verbrauchern das Thema Tierschutz? Präferenzen, Verantwortlichkeiten, Handlungskompetenzen und Politikoptionen, Projekt im Auftrag des Verbraucherzentrale Bundesverbandes e. V.; https://www.vzbv.de/sites/default/files/downloads/Tierschutz-Umfrage-Ergebnisbericht-vzbv-2016-01.pdf

Zukunftsstiftung Landwirtschaft, 2013: Wege aus der Hungerkrise – Die Erkenntnisse und Folgen des Weltagrarberichts: Vorschläge für eine Landwirtschaft von morgen; http://www.weltagrarbericht.de/fileadmin/files/weltagrarbericht/Neuauflage/WegeausderHungerkrise_klein.pdf

Verwendete Rechtstexte

EU

Beschluss Nr. 1386/2013/EU des europäischen Parlaments und des Rates vom 20. November 2013 über ein allgemeines Umweltaktionsprogramm der Union für die Zeit bis 2020 „Gut leben innerhalb der Belastbarkeitsgrenzen unseres Planeten" (7. EU-Umweltaktionsprogramm)

Richtlinie 91/676/EWG des Rates vom 12. Dezember 1991 zum Schutz der Gewässer vor Verunreinigung durch Nitrat aus landwirtschaftlichen Quellen (Nitratrichtlinie)

Richtlinie 2000/60/EG des europäischen Parlaments und des Rates vom 23. Oktober 2000 zur Schaffung eines Ordnungsrahmens für Maßnahmen der Gemeinschaft im Bereich der Wasserpolitik (Wasserrahmenrichtlinie)

Richtlinie 2001/81/EG des europäischen Parlaments und des Rates vom 23. Oktober 2001 über nationale Emissionshöchstmengen für bestimmte Luftschadstoffe

Richtlinie 2002/4/EG der Kommission vom 30. Januar 2002 über die Registrierung von Legehennenbetrieben gemäß der Richtlinie 1999/74/EG des Rates

Richtlinie 2008/119/EG des Rates vom 18. Dezember 2008 über Mindestanforderungen für den Schutz von Kälbern

Richtlinie 2008/120/EG des Rates vom 18. Dezember 2008 über Mindestanforderungen für den Schutz von Schweinen

Richtlinie (EU) 2016/2284 des europäischen Parlaments und des Rates vom 14. Dezember 2016 über die Reduktion der nationalen Emissionen bestimmter Luftschadstoffe, zur Änderung der Richtlinie 2003/35/EG und zur Aufhebung der Richtlinie 2001/81/EG

Verordnung (EG) Nr. 589/2008 der Kommission vom 23. Juni 2008 mit Durchführungsbestimmungen zur Verordnung (EG) Nr. 1234/2007 des Rates hinsichtlich der Vermarktungsnormen für Eier

Verordnung (EU) Nr. 1169/2011 des europäischen Parlaments und des Rates vom 25. Oktober 2011 betreffend die Information der Verbraucher über Lebensmittel und zur Änderung der Verordnungen (EG) Nr. 1924/2006 und (EG) Nr. 1925/2006 des Europäischen Parlaments und des Rates und zur Aufhebung der Richtlinie 87/250/EWG der Kommission, der Richtlinie 90/496/EWG des Rates, der Richtlinie 1999/10/EG der Kommission, der Richtlinie 2000/13/EG des Europäischen Parlaments und des Rates, der Richtlinien 2002/67/EG und 2008/5/EG der Kommission und der Verordnung (EG) Nr. 608/2004 der Kommission

Verordnung (EU) Nr. 1308/2013 des europäischen Parlaments und des Rates vom 17. Dezember 2013 über eine gemeinsame Marktorganisation für landwirtschaftliche Erzeugnisse und zur Aufhebung der Verordnungen (EWG) Nr. 922/72, (EWG) Nr. 234/79, (EG) Nr. 1037/2001 und (EG) Nr. 1234/2007

Deutschland

Arzneimittelgesetz in der Fassung der Bekanntmachung vom 12. Dezember 2005 (BGBl. I S. 3394), das zuletzt durch Artikel 1 des Gesetzes vom 18. Juli 2017 (BGBl. I S. 2757) geändert worden ist

Bürgerliches Gesetzbuch (BGB) in der Fassung der Bekanntmachung vom 2. Januar 2002 (BGBl. I S. 42, 2909; 2003 I S. 738), das zuletzt durch Artikel 1 des Gesetzes vom 20. Juli 2017 (BGBl. I S. 2787) geändert worden ist

Bundes-Bodenschutzgesetz vom 17. März 1998 (BGBl. I S. 502), das zuletzt durch Artikel 3 Absatz 3 der Verordnung vom 27. September 2017 (BGBl. I S. 3465) geändert worden ist

Düngegesetz vom 9. Januar 2009 (BGBl. I S. 54, 136), das zuletzt durch Artikel 1 des Gesetzes vom 5. Mai 2017 (BGBl. I S. 1068) geändert worden ist

Grundgesetz für die Bundesrepublik Deutschland in der im Bundesgesetzblatt Teil III, Gliederungsnummer 100-1, veröffentlichten bereinigten Fassung, das zuletzt durch Artikel 1 des Gesetzes vom 13. Juli 2017 (BGBl. I S. 2347) geändert worden ist

Strafgesetzbuch für das Deutsche Reich, Fassung vom 15. Mai 1871, bekannt gemacht am 14. Juni 1871, Deutsches Reichsgesetzblatt Band 1871, Nr. 24, S. 127–205

Tierschutzgesetz in der Fassung der Bekanntmachung vom 18. Mai 2006 (BGBl. I S. 1206, 1313), zuletzt durch Artikel 141 des Gesetzes vom 29. März 2017 (BGBl. I S. 626) geändert

Trinkwasserverordnung in der Fassung der Bekanntmachung vom 10. März 2016 (BGBl. I S. 459), die zuletzt durch Artikel 2 des Gesetzes vom 17. Juli 2017 (BGBl. I S. 2615) geändert worden ist

Verordnung zum Schutz landwirtschaftlicher Nutztiere und anderer zur Erzeugung tierischer Produkte gehaltener Tiere bei ihrer Haltung (Tierschutz-Nutztierhaltungsverordnung) in der Fassung der Bekanntmachung vom 22. August 2006 (BGBl. I S. 2043), die zuletzt durch Artikel 3 Absatz 2 des Gesetzes vom 30. Juni 2017 (BGBl. I S. 2147) geändert worden ist

Verordnung über die Anwendung von Düngemitteln, Bodenhilfsstoffen, Kultursubstraten und Pflanzenhilfsmitteln nach den Grundsätzen der guten fachlichen Praxis beim Düngen (Düngeverordnung) vom 26. Mai 2017 (BGBl. I S. 1305)

Verordnung über den Umgang mit Nährstoffen im Betrieb und betriebliche Stoffstrombilanzen (Stoffstrombilanzverordnung) vom 14. Dezember 2017 (BGBl. I S. 3942)

Österreich

Bundesgesetz über den Schutz der Tiere (Tierschutzgesetz – TSchG) StF: BGBl. I
Nr. 118/2004 (NR: GP XXII RV 446 AB 509 S. 62. BR: 7044 AB 7045 S. 710.),
Fassung vom 29. Oktober 2017
Verordnung der Bundesministerin für Gesundheit und Frauen über die Mindestanforderungen für die Haltung von Pferden und Pferdeartigen, Schweinen, Rindern, Schafen, Ziegen, Schalenwild, Lamas, Kaninchen, Hausgeflügel, Straußen
und Nutzfischen (1. Tierhaltungsverordnung) StF: BGBl. II Nr. 485/2004, Fassung vom 29. Oktober 2017

Schweiz

Tierschutzgesetz (TSchG) vom 16. Dezember 2005 (Stand am 1. Mai 2017)
Tierschutzverordnung (TSchV) vom 23. April 2008 (Stand am 1. Mai 2017)

Parlamentarische Drucksachen

Bundesrats-Drucksache 548/15: Entschließung des Bundesrates zum Verbot der
ganzjährigen Anbindehaltung von Rindern, Antrag des Landes Hessen, 13. No-
vember 2015
Bundestags-Drucksache IV/2559: Entwurf eines Tierschutzgesetzes (Entwurf der
Bundesregierung), 7. September 1971
zu Bundestags-Drucksache VI/3556: Schriftlicher Bericht des Ausschusses für Er-
nährung, Landwirtschaft und Forsten (9. Ausschuß) über den von der Bundes-
regierung eingebrachten Entwurf eines Tierschutzgesetzes – Drucksache
VI/2559, 16. Juni 1972
Bundestags-Drucksache 14/8860: Entwurf eines Gesetzes zur Änderung des
Grundgesetzes (Staatsziel Tierschutz), 23. April 2002
Bundestags-Drucksache 17/10021: Tierschutz bei der Tötung von Schlachttieren
(Antwort der Bundesregierung), 15. Juni 2012

Register

Bildquelle Umschlag:
1exey/Shutterstock.com

Bibliografische Information der Deutschen Nationalbibliothek
Die Deutsche Nationalbibliothek verzeichnet diese Publikation in der Deutschen Nationalbibliografie; detaillierte bibliografische Daten sind im Internet über http://dnb.d-nb.de abrufbar.

© 2018 Eugen Ulmer KG
Wollgrasweg 41, 70599 Stuttgart (Hohenheim)
E-Mail: info@ulmer.de
Internet: www.ulmer.de
Lektorat: Antje Krause, Volker Hühn
Herstellung: Isabell Scherrieble
Umschlag-Konzeption: Ruska, Martín, Associates GmbH, Berlin
Umschlag-Gestaltung: hißmann, heilmann, hamburg
Satz: r&p digitale medien, Echterdingen
Druck und Bindung: Pustet, Regensburg
Printed in Germany

ISBN 978-3-8186-0369-4